设计：语意学转向

[美] 克劳斯·克里彭多夫　著
胡飞　高飞　黄小南　　　译
胡飞等　　　　　　　　校

中国建筑工业出版社

著作权合同登记图字：01–2011–7572号

图书在版编目（CIP）数据

设计：语意学转向 /（美）克劳斯·克里彭多夫著；胡飞，
高飞，黄小南译. —北京：中国建筑工业出版社，2016.11
ISBN 978-7-112-20057-3

Ⅰ.①设… Ⅱ.①克… ②胡… ③高… ④黄… Ⅲ.①产品设计
Ⅳ.①TB472

中国版本图书馆CIP数据核字（2016）第261957号

责任编辑：陈仁杰　程素荣　李东禧
责任校对：王宇枢　张　颖

设计：语意学转向
[美]克劳斯·克里彭多夫　著
胡飞　高飞　黄小南　　　译
胡飞等　　　　　　　　　校
＊
中国建筑工业出版社出版、发行（北京海淀三里河路9号）
各地新华书店、建筑书店经销
北京锋尚制版有限公司制版
北京中科印刷有限公司印刷
＊
开本：787×1092毫米　1/16　印张：18½　字数：401千字
2017年5月第一版　　2017年5月第一次印刷
定价：79.00元
ISBN 978-7-112-20057-3
（29519）
版权所有　翻印必究
如有印装质量问题，可寄本社退换
（邮政编码　100037）

献辞

致赫斯特·里特尔（Horst Rittel）[1]

作为一位具有奉献精神和鼓舞人心的老师，一位针对复杂设计问题的热情探索者，他总是用顽皮的笑容去问候每一个新的发现，但最重要的是，他让我相信了我自己的想法。

致约翰·瑞恩弗兰克（John Rheinfrank）[2]

他通过前沿的项目将我再次介绍给了设计——他总是有很多想法，并在协助团队成员推动事情实现的同时力求清晰明了。

致莱因哈特·布特（Reinhart Butter）[3]

他在产品语意学被命名之前就已经有所实践，同时将他与他的学生们一同学到的东西教给了我，并对语意学转向的价值从未迟疑。如果没有他长期的协作、鼓励和实践项目，这本书几乎不可能问世。

致玛吉·苏尔（Marge Thorell）

她倾听我关于写这本书的兴奋和烦闷，也慷慨地奉献自己的时间为我所用。

---

[1] 赫斯特·里特尔（1930—1990），著名设计理论家。生于德国柏林。1949年至1954年在哥廷根大学主修数学和理论物理，1954年至1956年在曼斯特大学主修数学和社会学。1958年起先后任教于乌尔姆设计学院、加州大学伯克利分校、华盛顿大学、海德堡大学和斯图加特大学等学校，主讲产品、建筑和设计方法学等课程。1958年，里特尔在乌尔姆设计学院开始了他的设计方法学研究，受到比尔（Max Bill）和马尔多纳多（Tomás Maldonado）的影响。里特尔在强化先前理论课程的基础上又进一步引入了系统分析和运筹学等决策性的理论知识，将理论研究与设计实践联系起来，并且将乌尔姆设计学院的设计方法学研究上升到策略分析的层面。1963年离开乌尔姆设计学院后，里特尔来到了加州大学伯克利分校的建筑学院，同亚历山大（Christopher Alexander）、阿克（Bruce Archer）等人发起了第一代设计方法学运动；并随后于1970年代初促成了设计方法学研究由第一代向第二代的转变，使设计方法学研究的思维模式由纯理性和线性转向有限理性和对话的思维模式，使设计方法学研究的目的由建立"设计科学（Design Science）"转向科学的描述设计，即"有关设计的科学（Science of Design）"。里特尔的设计方法学思想深刻地影响了当前工业设计、工程设计和信息系统领域的方法学研究。——译者注。

[2] 约翰·瑞恩弗兰克（1945—2004），著名设计顾问、交互设计领域的重要奠基人。他和妻子谢莉·埃文斯顿（Shelley Evanson）建立了seeSpace公司。他是ACM、SIG、CHI领域软件设计期刊《交互》（Interactions）的创始编辑。在特里·威诺格拉德（Terry Winograd）编辑的经典著作《软件设计的艺术》（Bringing Design to Software）中，约翰·瑞恩弗兰克和妻子共同撰写了《设计语言》（Design Languages）这一章。——译者注。

[3] 莱因哈特·布特，美国俄亥俄州立大学设计系荣誉教授，产品语意学的代表人物。在乌尔姆设计学院学习室内设计，并获硕士学位后；作为DAAD学者赴英国皇家艺术学院。布特尤其关注设计的"意义"问题，并讲授核心课程"产品语意学"。——译者注。

哲学家仅仅在解释世界……

关键在于要去改变世界。

卡尔·马克思（Karl Marx），1845[①]

让我们成为人（laß us menschlich sein）

路德维奇·维特根斯坦（Ludwig Wittgenstein），1937[②]

……词汇——所有词汇都是人类创造的，甚至包括那些我们最认真对待、对自我描述最不可缺少的单词；它们是创造其他人工物的工具，如诗歌、乌托邦社会、科学理论和子孙后代……它们改变着我们的说话方式，改变着我们想去做的事情和我们对自己的看法。

理查德·罗蒂（Richard Rorty），1988[③]

---

① 《德意志意识形态》中论费尔巴哈的第11篇论文，卡尔·马克思（1845）。

② 从字面上来说这并不隐晦，"让我们成为人"，《文化与价值》，维特根斯坦（1980:30）。

③ 《偶然、反讽与团结》，罗蒂（1989:53,20）。

中译版序

　　21世纪80年代中期，宾夕法尼亚大学克劳斯·克里彭多夫（Klaus Krippendorff）教授和俄亥俄州立大学的莱因哈特·布特（Reinhart Butter）教授共同提出了"产品语意学"的概念。2006年，克里彭多夫教授出版了《The Semantic Turn: A New Foundation for Design》(《设计：语意学转向》)，为这一相对抽象的概念进行了系统的理论梳理和诠释，当属这一领域的经典之作。用原著作序者布鲁斯·阿克（Bruce Archer）教授的话来说，产品语意学为我们重新认识设计对象、重新规划设计过程、重新审视设计准则提供了一个全新的范式。实际上，克里彭多夫教授、布特教授和阿克教授是乌尔姆设计学院的同学。其中，阿克教授作为代表人物之一领导了20世纪60年代初到70年代中期的设计方法运动，并在此基础上成立了设计研究协会（DRS: Design Research Society）。1974年，阿克教授出版了他在一系列会议上的演讲录《Design Awareness and Planned Creativity in Industry》(《设计意识和企业里有计划创新》)。布特教授虽不为国内多数学者所知，但其所在的俄亥俄州立大学以及所在城市哥伦布市却是20世纪八九十年代美国设计教育研究的前沿阵地，出现了包括布特教授本人和利兹·桑德斯（Liz Sanders）教授在内的一批领导了以用户为中心的设计理念的学者和领导行业的设计顾问公司，如FITCH，这或许就是学术领袖的影响所致。

　　除了阿克和布特教授之外，原著献词中所提及的赫斯特·里特尔（Horst Rittel）教授是另一位值得我们了解和尊重的重要学者。作为数学家和设计理论家，里特尔首先把哲学中的诡异问题（wicked problem）概念引入到设计学领域，并指出大部分设计问题都是诡异问题。近年来，不少学者常常用更加通俗易懂的"复杂问题"替代"诡异问题"的提法。然而，"诡异问题"虽然复杂，但复杂的问题未必诡异。《设计：语意学转向》为"诡异问题"的本质以及其在设计实践中的应用提供了深入探讨的理论基础。书中第二章"以人为中心的设计的基本概念"中所提到的"利益相关者"概念就深刻体现了诡异问题的复杂性。每一个诡异问题都可能有从不同角度和利益出发点的不同解读，每一种解读又对应着解决该复杂问题的不同可能性。克里彭多夫在书中提倡专业设计师为他人——无论是利益相关方、使用者还是受设计影响的人——提供可以对自身所处环境进行设计的可能性。这种"使能（enable）"的设计理念一方面体现了产品语意学根本思想，"人工物的实际用途并不是由其设计师对该物品功能的设计初衷所决定，而是由使用者的理解、听取别人对该物品的描述和旁观者对它的评价来决定"，同时也反映了影响产品语意学产生的符号互动论的精髓：意义是社会的产物，是"社交互动塑造了人工物的意义和语言的表达"。借此机会，推荐两篇关于诡异问题和符号互动论的重要文献：理查德·布坎南（Richard Buchannan）教授1992年发表的《设计思维中的诡异问题》（*Wicked Problem in Design Thinking*）和赫伯特·布鲁默（Herbert Blumer）教授1969年出版的《符号互动论：观点和方法》（*Symbolic Interactionism：Perspective and Method*）。

国内设计界关注产品语意学已有时日，但胡飞教授翻译的《设计：语意学转向》却将是这一研究领域在中国真正确立的标志性事件。受胡飞教授邀请为其译著作推荐序，虽谈不上诚惶诚恐，但也着实兴奋。和在美国的教育背景有关，个人也深受产品语意学的影响，并有幸和对作者有重要影响的莱因哈特·布特教授和约翰·瑞恩弗兰克（John Rheinfrank）教授各有数面之缘。此外，持相近观点，但用不同言语表述相关理论的重要学者理查德·布坎南教授、克莱格·沃格（Craig Vogel）教授又恰好是我的导师。本人从2012~2016年期间倡导和组织的"设计教育再设计"系列国际会议以及在江南大学主持的各项设计教育改革也无不受产品语意学相关理论的影响。诸多改革举措中，用"培养有责任感、受尊重的设计师"的理念替代原先的"培养精英型设计师"教育目标恰恰回应了本书原作者克里彭多夫教授在为其中文版的自序中提到的"设计师不应只考虑有意义的人工物本身，而是要将更多的注意力放在所设计的人工物对使用者或他们所在的群体可能造成的影响上面；同时，设计师们需要摈弃固有的民族文化优越感，打破鼠目寸光的局限，不再把别人的不同观点武断地认定为错误。"

感谢胡飞教授对我的信任！有充分理由相信这一重要译著将对中国设计教育界，尤其是理论研究者产生重要和持久的影响，它也将为我们蓬勃发展的设计行业从业者的经验总结和反思能力的提升提供重要的思想指导。

辛向阳

江南大学设计学院教授、卡耐基梅隆大学设计哲学博士

中文版序

《设计：语意学转向》一书为设计提供了新的基础。我对于设计的反思始于1950年代末，那时我正在著名的德国乌尔姆设计学院进修。我以工程师的身份前往乌尔姆，目的是为了寻求一个出口，好让我逃离那种将精力全部投入在只为实现预先设定之功能的职业。乌尔姆当时正处在一个由极简功能主义方式向产品设计转型的时期，这表示设计将转向于考虑更广泛的社会技术体系、将图解作为公众交流的框架、将城市建筑对环境的影响纳入考量，并把设计概念转化成一种规划创新的新方向。这项极富挑战又新奇的任务吸引了来自世界各地的前沿思想家与实践家纷纷来此任教、发表演讲或提出挑战。而这一专业与社会学、心理学、文化政治、信息哲学和控制论的密切关联又极大地影响了该专业学生的职业发展方向。于我，它大大拓宽了可行之事的范围。

对于这种可能性的认知促使我前往美国攻读了传播学博士学位。在那里，我开始尝试将设计理念应用于人类传播建构主义理论的发展研究，并同时将传播的理念引入设计领域。1980年代中期，我和莱因哈特·布特（Reinhart Butter）教授[1]共同提出"产品语意学"这一专业概念。此概念一经提出便立刻引起高度的国际关注，出版社、学术会议及研讨会邀约不断。我们认为，一个人工物的实际用途并不是由其设计师对该物品功能的设计初衷所决定，而是由使用者的理解、听取别人对该物品的描述和旁观者对它的评价来决定的。"旁观者"的概念是由布鲁斯·阿克（Bruce Archer）教授[2]提出的。产品语意学承认了设计出的人工物在其使用及公众舆论中所获得的"意义"这一角色的存在。

《设计：语意学转向》出版于2006年，本书对该观点的阐述和研究比之前更为广泛和深入。书中提出，设计师不应只考虑有意义的人工物本身，而是要将更多的注意力放在所设计的人工物对使用者或他们所在的群体可能造成的影响上面。

首先我们应该记得，在工业革命时期——一个实则匮乏但却对科技发展的无限可能有着坚定信心的时期，制造业随着产品的大规模生产而不断发展。这个时期需要不断扩大的市场、不断增加的买家和用户，消费者也迫切期待着生活质量的改进，但这些都是工业时代的标志。设计行业就诞生于这个时期。从表面上看，通过设计让产品更加美观十分重要，但实际上只有当设计师设计出具有竞争力、能够扩大市场并进行大规模生产的产品时，才能真正

---

[1] 美国俄亥俄州立大学教授。
[2] 英国皇家艺术学院知名设计理论学家。

拥有一席之地。这个时期也见证了殖民主义的诞生，它将科技进步的概念向外引入到那些被视为下等落后的国家。这种号称"文化中立"的功能主义不断扩张，直到新科技的复杂程度超越了一般使用者的接受能力，扩张的速度才被迫减缓。在工业时期，制造商解决新科技复杂性问题的方法是选择性地对使用者进行培训，让他们理解产品的设计目的和功能。因此，秘书需要考取使用打字机的资格证，而司机要学习如何修理汽车。这种情况一直持续到1960年代，那时候大型计算机都只能由专门技术人员操作。不过，诞生于1970年代美国加利福尼亚洲的个人电脑的概念为之提供了一种全新的解决方法。电脑硬件对于大多数人来说一直都是难以理解的存在，为了让电脑适应当代社会，就必须对其可用性进行设计，因而孕育出"人机介面"这一产物。电脑介面变得可以通过人类的一些简单日常举动进行操作，比如打字、指引和点击等；介面上还出现了生活中常见的物品，例如"垃圾桶"；还有以真实世界物品命名的任务项目，例如"桌面"和"文件夹"等。若非此举大大简化了人类与数字产品之间的互动方式，我们也不可能迎来至今仍未停止的伟大的信息革命。

《设计：语意学转向》认为传统设计师把工业化产品看作当务之急的做法太过局限，并为设计提出了新的发展方向，即转化为支持带有科技人工物的自证介面的形式。这一看似简单的提议却拥有相当的认识论意义，它让我们了解到，人类自身是永远无法认知事物的客观面貌的。我们对世界的体验主要来自于和世界的互动。过去我们一直以为世界是由我们所能看见的事物构成，然而介面这一产物却完全不同，它是一种存在于人类、人类物质世界和他人这三者之间的互动实践。介面产生出不同的观点和有意义的行为，并对有意义的诠释循环做出回应。

带有人工物的用户介面具有一定的不可预测性，比如，回形针有成千上万的人使用；椅子也不可能只有让人坐下这一个用途，还可能晚上用来搭衣服，当垫脚石去拿高处的东西，或者给孩子拿来当玩过家家的玩具屋。需要对某种设计可能衍生出的多种介面进行考虑，这一点大大地增加了设计的复杂性，单纯依靠美学理论和生产规格两者已无法完成。使用者可以为一个设计添加个人的理解、意义和功能，通过这种方式有效地参与至设计规格的撰写过程当中。这样一来，需要关注的问题就变成，设计形式是否能够满足相应的期待从而得到成功的介面，或者是否会对用户群体造成危害。不同于仅仅把预设的文化中立功能付诸实践，这种对设计的新思考必须考虑到多元的文化传统。现有的一切文化都符合J.J.吉布森（J. J. Gibson）①所提出的"生态拟合"理论，即我们之所见、遵循的观念和使这两者得以实现的环境之间的生态拟合。要根据使用者既有或者迫切渴求的概念来设计可供性，就需要设计师们摈弃固有的民族文化优越感，打破鼠目寸光的局限，不再把别人的不同观点武断地认定为错

---

① James Jerome Gibson（1904.01.27—1979.11.11），美国实验心理学家，专长知觉心理学研究，创立了生态光学理论。

误。如果设计师把自己的观念当作标准或者认为它优于别人，并以此对别人的观念横加论断的话，他往往很难理解自己提出的设计在互动方面可能造成的结果。

作为传播学学者，我非常清楚人对于事物的看法和其遣词造句之间的关联。我们往往只关注自己对事物的看法，因此，我意识到我们需要一种设计论述，让设计师们能够尊重彼此对现实的不同理解，并且有能力为自己的方案对人类或文化可能造成的影响负起责任。

在这种相互关联中，有一个现象是我希望在《设计：语意学转向》一书中特别探讨的，即"色觉"。我在书中提到了歌德，他所提出的以人类为中心的色觉理论恰好与牛顿的客观主义色谱理论针锋相对。歌德总结性地提出，颜色并不存在于观察者独立的物理学世界，而是人类观念所产生的结果，在这一点上我同意歌德的观点。过去的几个世纪里，我们都把色彩视为理所当然的存在。但盖伊·多伊彻①最近搜集到的惊人历史证据显示，古伊利亚特的希腊人除了黑色、白色和黑白之间不同程度的灰色以外，并没有我们所熟知的任何一种描述颜色的词汇。不少人类学的研究也印证过颜色其实是一种与文化密切相关的现象。颜色是根植于语言中的习得性的抽象概念。我们对于颜色的区分虽然受到视网膜的生理限制，但很大程度上却是由深受文化影响的语言使用所决定，我们用这些语言来区分不同物体的外观。所以，把自己对颜色的观念当作唯一标准是绝对错误的。

《设计：语意学转向》一书承认是社交互动塑造了人工物的意义和语言的表达，提出了实现"超文化设计"功能主义理想的另一种途径。它尊重使用者的文化多元性，并接纳对互动的各种物质形式之可供性进行设计的可能：公众身份、服务、活动、金融产品、互联网平台、商务企业，以及那些将人们组织起来实现某个共同目标的项目。我认为，设计在这条路上早已领先一步，只是过去从未将这些非物质的形式当作设计来探讨而已。但现在我们完全可以有意识地从专业的角度来进行这件事，包括对设计论述的思考，以求它能带来我们所期待的变化。

以此为研究方向，本书极大地依赖于语言学、民族志、人类学和社会学的调查方法，对人们的思考、行为和想象力进行研究。成功的设计师总是善于聆听别人的需求，但不必以科学家的方法来观察。诺贝尔奖得主赫伯特·A·西蒙将科学与设计进行了明确地区分。科学寻求对事物本质的描述，而设计追求将既有事物变得更好。由此我们可以断定，设计师们所感兴趣的民族志等研究方法，绝不能只局限于研究人们的生活方式这一个方面，尽管这也很重要，但它还应该包括对于能激发人进步的动力、人们所经历的困难和阻碍、让人觉得无聊或浪费时间的事情，以及常常在无意识中困扰我们的社会壁垒类型等方面的研究。我把这种研究称为"可能性民族志"，因为其目的在于激发设计师的创造灵感，从而设计出对人们的生活有意义的事物。

---

① 以色列语言学家（1969 — ）。

　　《设计：语意学转向》的优势在于，它对可教学的设计方法进行了阐述，这些方法能够帮助设计师解读人们的言行举止和想象，从而以创新的方式设计出对人们有所助益的东西。本书不仅限于为以使用者为中心的个案设计提供帮助。书中明确指出，即使设计师们认为自己是天才，也绝无可能单凭一己之力将某个设计付诸现实。设计师们在与创意团队合作的过程中往往能够取得最好的成果，但除此之外，如果他们能和非设计师的其他人——预期用户，或者与最终设计目的相关领域的专门人才——合作时效果可能会更好，因为所有的设计最终都必须足以吸引利益相关方的参与。霍斯特·瑞特尔①告诉我们，一个好的设计方案必须是有理可循的。一个设计所涉及到的所有利益相关方，无论是业务经理、工程师、流水线工人、供应商还是分销商，都必须对该设计感兴趣才足以使其成为现实。利益相关方感兴趣的地方可能与设计师完全不同，并且他们可能拥有让人意想不到的资源，足以支持或反对一个方案。业务经理感兴趣的是一个设计是否值得投入人力；工程师看中的是能否发明出可使用且可被制造的机械；政治家关心的是能否为他们的选民带来福利；环保主义者在乎的是会否对环境造成威胁。尽管需求各不相同，利益相关方却构成了一个能够催生出成功设计的网络，让参与其中有建设性贡献的每一方都能获利，若非如此，一个设计将永远也不可能成为现实。无法让利益相关方获利的设计是行不通的，而不懂得和利益相关方合作的设计师将处于十分被动的地位，甚至可能永远无法有所作为。

　　本书还探讨了有关"设计是人之所以为人的基础"这一主张的社会影响力。书中提到，设计实践不能只局限于专业设计师。实际上，普通人在设计自己所处的环境方面往往有着惊人的创造力。就像意义不会从树上长出来一样，它也并不依附于任何设计物的形式。意义是人们在适应自身所处环境的过程中产生的。从设计客厅家具的摆放，购买适合某种场合的服装，到设立一家公司或支持某个政治运动，甚至连进行科学实验都离不开设计。日常设计主要与个人或个人所在的群体利益相关，而专业设计必须能为他人带来益处方为合理。本着这一宗旨，《设计：语意学转向》一书提倡专业设计师鼓励日常设计的存在，为他人——无论是利益相关方、使用者还是受设计影响的人——提供可以对自身所处环境进行设计的可能性。我们要记住，在过去的工业和殖民时代，工业可以主宰其产品的功能性使用。然而，今天这个数字化的时代已不太可能如此。首先，个人电脑是开放式的，它的个性化在于用户可以在多种软件中选择适合自己的并进行个性化地调整，使其成为个人所独有的。互联网也不只局限于一种语言、一次使用，或者一个被认证的用户群体。我们生活在设计的文化里。由别人设计的设计能力并不会如某些人所担心的那样动摇设计专业的地位，正好相反，它可以凸显出优秀设计师的价值。正如先锋派诗人、高瞻远瞩的政治哲学家或者顶尖科学家们一样，他们贡献出自己最优秀的能力，让其他人也能做同样的事情。

---

① 德国设计理论家

最后，《设计：语意学转向》还提出了一个新奇的社会科技概念，即当设计也加入其他人工物所在的宏大而复杂的生态圈参与竞争、相互关联，并促进形成多元文化繁荣的科技基础设施的发展时，将会出现何种局面。尽管在这一生态系统中，设计师的贡献并不容易被追踪，但却是保持文化可行性的重要原因。它承担着不对脆弱群体造成伤害的责任，而这种责任唯有在对"设计究竟可以做什么"这一问题进行更加宏观且深远的研究时才能设想。

本书原为英文。除此中译本之外，已有日语和德语译本，西班牙语的翻译也已在进行中。我想借此机会感谢胡飞教授及其团队对设计事业的贡献，以及对翻译并出版《设计：语意学转向》一书的用心与坚持。这是一项了不起的成就。我衷心地希望，在这个因信息科技而充满前所未有的挑战与机遇的时代，本书能够对拓宽中国的设计实践、教学和研究格局有所帮助。我也鼓励设计师们将过去"形式追随功能"的口号改为"让物质（建设性社交互动的）可供性追随人们的智慧"。

克劳斯·克里彭多夫

2016年7月30日

序

当托马斯·库恩（Thomas Kuhn）将范式转移（*paradigm shift*）的概念引入公开辩论时，他描述了科学探究公认的想法、角色和过程的周期性重建。[①]他所说的大部分内容也同样适用于设计思想。但当设计行业接纳了沙利文（Sullivan）的1896原则（形式追随功能）之后，[②]1920年代对由包豪斯产生的大批量生产的形式颂扬；1930年代设计与市场联盟后产生的"流线型"的矫揉造作；1940年代晚期运筹学研究带来的影响；1950年代、1960年代在乌尔姆设计学院进行的极简主义的实践；1970年代系统方法的优势；1980年代、1990年代对于并行工程的关注，这些都是当时设计思维方法上最大的进步。不过即便如此，它与我们现在所看到的设计中的范式转移相比也相形见绌。

或许局外人难以理解的是理论家和实践者在从一个范式过渡到另一个范式的过程中产生的冲突与痛苦。当盛行的实用主义的范式开始被质疑并开始瓦解时，莱因哈特·布特、克劳斯·克里彭多夫和我，于1960年到1961年恰巧都在乌尔姆设计学院。乌尔姆设计学院远远地走在了时代的前面，这里是"形式追随功能"和极简主义的提倡者，一方面，这里聚集了相当多的格式塔心理学、运筹学、系统理论和技术社会学的支持者，另一方面，他们参与的持续的、激烈的辩论，也为后来许多更大的设计团体提供了燃料。虽然这个流行范式的解散看起来一触即发，但一个新的综合体并没有形成在望。

重大的想法与发明总有它们的孕育期。为了能生根发芽，范式转移需要新一代的支持者，需要浓厚的文化氛围，也需要巨大的科技进步。因此，"产品语意学"这个术语直到1984年才出现并不奇怪。[③]一些人认为语意要素只是仅仅附加在设计话语上。然而，语意要素不仅仅是设计人机交互介面的关键，现在也是信息技术的主要推动器。我在俄亥俄州立大学观察到他们所讲授的产品语意学，仅仅是向期待已久的结合迈出了第一步。

《设计：语意学转向》回顾了有关设计语意的历史，陈述了其哲学根基，清晰地介绍了一些令人信服的设计方法，强化了克劳斯·克里彭多夫认为的不言自明的以人为中心的设计——人们不会向物体的物理性质（它们的形状、结构和功能）做出回应，但会对它们的个

① 托马斯·库恩（1962），《科学革命的结构》，芝加哥：芝加哥大学出版社。
② 路易斯·亨利·沙利文（Louis Henry Sullivan）1896，高大办公楼的艺术性思量，《利平科特杂志》，1896年3月刊。http://www.njit.edu/v2/Library/arcgkub/pub-domain/sullivan–1896-tall-badg.html。
③ 克劳斯·克里彭多夫和莱因哈特·巴特，英国方言学会，1984，产品语意学，《创新》特刊3,2。

体和文化意义做出回应。这个假设根本上打破了设计上的实用主义者传统。当一个新范式的依据显而易见是真实的，同时它使之前的事实作废，那么它就会被承认。我完全同意这本书的假设和它意义深远的内涵。

《设计：语意学转向》大胆地为设计描绘了一门新的科学，它为设计者陈述和验证他们的主张提供了坚实的基石——这与"硬"学科没有什么不同，但避免了赫伯特·西蒙（Herbert Simon）的1969提议的缺憾。[①]我特别高兴地看到其中包含了系统设计方法，就好像它们根植于我自己的研究一样。作为公认的设计师、杰出的人类传播学和语用学学者，克劳斯·克里彭多夫完成了这个综合。莱因哈特·布特根据他在俄亥俄州的开创性探索而贡献了不少案例。

《设计：语意学转向》是设计行业未来不可或缺的指南，也是设计专业的学生、老师、从业者、雇主的必读书目。我为这项为设计进行卓越的再设计的工作而喝彩。

布鲁斯·阿克（Bruce Archer）

伦敦

2005年5月15日

---

① 赫伯特A.西蒙（Herbert A.Simon）1969,《关于人为事物的科学》，剑桥、马萨诸塞州和伦敦：麻省理工学院出版社。

概述

本书介绍了一种新的关于设计概念的理解方式，即将设计作为一种专业实践和由人类从事的一项活动。当然，"设计"的语源可以追溯到拉丁文*de+signare*，意思是通过将其分配给用途、使用者或拥有者从而标记出、区分开来或赋予意义。设计（design）与"符号"（sign）和"意指"（designate）具有相同的词源，这唤起了人们对不同于独立观察者存在自身的某种东西的注意：意义。16世纪英国人强调设计的目的性，因为设计通常包括绘画，或者"标记"，所以17世纪设计的发展更接近艺术。基于这些最初的意义，我们可以说：

设计赋予物体以意义。[①]

这种措辞是一种合宜的模棱两可的说法。它可以被理解为"设计是一种感觉创造的活动"，它需要将洞察力、经验，或许还包括外观作为基本的考量因素，这种解释显然是刻意的。另一种可能的理解是"设计的产品需要能被用户理解"，这种解释更符合本书的主旨。这种说法涉及人类创造的人工物，包括工匠、产业和其他社会团体的实体产品。赋予意义也是人类活动的结果，但并不像通常的人工物般易于被感知。认同人工物和意义与人的行为不可分割，是为了消除人工物的主观解释和客观属性间的传统差别。这种差别会以不同的形式不断出现，比如知觉和察觉的区别或者艺术与工程的不同。由于我们不能言不及义，本书中会清晰地承诺避免无意义和辨别主客观。

尊重语源学是十分重要的，因为语源学承认言语会随着它们所经历的不同用处、不同时间、不同情境、不同人的生活而改变它们的意义，毕竟，言语也是一种人工产物。随着这些经历的发生，言语会指代或实现不同的事物。工业革命时期，作为一个机械技术发生史无前例的巨大变革的历史时代，为了满足大众对大批量生产的急切需求并为产品销售扩大市场，人们挪用了"设计"这个词。设计师变成了"工业"设计师。为了使实物产品适宜于被大批量生产，设计师们（包括工业、家具、平面和时尚设计师）使自己屈从于大批量生产的要求并开始生活在工业的阴影下。"设计"这个词的当代意义，有时候被认为是"应用艺术"，仍然带着工业革命的印记。其实没必要这样。事实上，设计的概念使它自己越来越像一个时代错误，引发了当代社会对设计重新定位的提议。

---

① 这句话是克里彭多夫（1969）的标题的一部分。

我们可以很公平地说，设计，至少是那些专业艺术学院和大学的教学中，以及工业生产的实践中所体现出来的设计，已经穷尽了自己的形式语言，因为设计还没有从它的工业背景中解放出来。这些有竞争力的学校曾加速了本世纪设计的发展——威廉·莫里斯（William Morris）发起的工艺美术运动、德绍包豪斯、乌尔姆设计学院[①]、斯堪的纳维亚设计和孟菲斯——现在却大大丢失了它们的独特性与势头。大多数教学计划在给学生提供的内容中什么都包含了一点点。引人注目的宣言不复存在。数目上迅速增长的设计期刊变成枯燥无味的静态影印复制品。它们宣传产品、生产者或者设计者，却在社会影响力方面明显大不如前。消费者研究将自身定位为设计产品的评判准则，鼓励明智的消费而不是单纯的消费，市场策略中使用设计这个词是为了能卖出更高价的品牌。

关于视觉审美的那些清晰的、至高无上的共识已经不复存在，任何想恢复这种统一性的希望都只是徒劳。MTV、朋克和互联网都靠违反之前的视觉惯例而成长起来。甚至在设计行业，比如工业设计师和平面设计师之间的传统差别也很大程度上变成过去时。科技已经部分取代了设计师们自以为拥有的技能，就像台式印刷系统强制重新定义了设计技能和技术手段的界限。[②]一些设计师们本可以依赖将其自己工作合理化的学科，像认知心理学、人体工学和工程科学，都逐渐显露了它们的局限性，也充满了认识论的疑惑。过去判断产品设计的功能、美学和市场的考量更多地被其他社会、政治和文化的考量所代替，或者说相比之下黯然失色，比如生态的可持续性和文化认同。

在感受到了新兴科技可能带来的机遇之后，一些新兴学科，比如人工智能、通信科学、各种跨领域专业、认知工程、设计管理，以及像计算机介面设计之类的专业技术，已经如雨后春笋般繁荣起来且渗入之前设计师们所认为自己独占的领域。在这个资讯丰富、日新月异、越来越个人化的文化中，当代设计话语已经不再引人注目。因此，工业设计发现它自己处在一个很关键的转折点。

无论如何，设计的识别危机不在于后现代的不确定性、不在于一些评论家所说的当下盛行的文化混沌（以上的种种其实并未消除外界的这种印象），而在于在错误地追求安稳所做的无用功，在于有形人工物表面不再与传统观念相符。当大批量生产被融入大众传媒，实现了大工业将自己的产品和服务渗入全球市场的梦想的时候，产品已经变得无形化、信息化、娱乐化。但当这一切开始发生的时候，分层的社会形态和信息网络，如互联网，正从根本上侵蚀着传统的社会等级和大众传媒的单向交流，开始鼓励一种新型的与每个人息息相关的科技，使现实的另一种概念成为可能，创造和复制了多样化的实践。

这并不能说明我们知道信息社会"到底"是什么——大部分未来主义者提到它时常常伴

---

① 乌尔姆设计学院（1953~1968年）。

② 关于桌面排版系统怎样在仅仅10年之间让印刷语言变得稀松平常，从而将它从它原本的行业中分离出来，参照法贝尔出版社，1998年。

以信念和热情——但我们可以得出这样的结论：在当代社会，设计师已经失去了他们引以为
豪的专业技能，因为他们固守着已经迅速落伍的工业时代的标准并忙于创造畅销产品，无助
地飘荡在科技变革的浪潮中，或者被一些宣称自己对新兴的议题了如指掌，实际上却只是假
装了解未来方向的人牵着鼻子走。

　　这本书指出设计不能继续走在它预先铺好的道路上了。设计必须完成从"为工业装备制
造的机械产品进行外观造型"到"从材料或者社会层面构思人为事物的设计"的转变，这样
才有机会给他们的用户提供有意义的东西、援助更大的社区、支持社会以史无前例的方式和
速度进行自我重建。至少在西方，"作为人类意味着什么"的新兴概念以及科技在这些概念
中扮演的角色，包括当代民主化生活方式的倾向，给设计师提供一个独特的舞台去施展才
华，其影响和贡献将远超越工业时代。为了合乎情理、具有意义、产生社会影响而设计人工
物，实际上回到了我们曾遗失的最原始的拉丁文"设计"的含义，并承担着设计实践的根本
性转变。这是一个朝向意义的考量的转变——语意学转向。它承诺重振设计，并在后工业社
会中给它一个重要的位置。

　　鉴于此，第1章，从产品语意开始，回顾了设计所面对的已改变了的现实的各个方面，因
为我们现在认识到这只是更深层次的语意学转向中的一个方面；第2章，描述了几种以人为中
心的设计的关键概念，提出了4种相互重叠的理论去阐释人工物可以意味着什么；第3章，涉
及人工物的使用意义；第4章，人工物的语言意义；第5章，人工物的生命意义；第6章，人工
物的生态意义——简而言之，是在人工物或科技的关系网络中；第7章，总结了这些意义的路
径，并提出设计科学，尤其关注对意义敏感的设计方法上；第8章，清楚解释了语意学转向与
关注设计的其他学科有怎样的不同；第9章，最后提出了一些观察，在1968年乌尔姆设计学院
被过早地关闭以前，语意学转向是如何和多大程度上根植于乌尔姆设计学院的学术氛围。

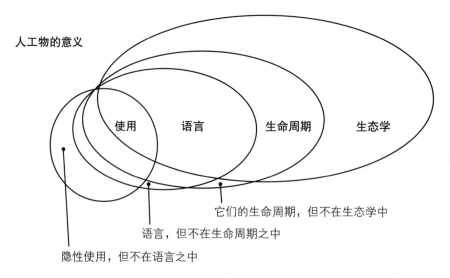

图0-1　关于人工物意义的4种理论的相互关系

目录

献辞 iii

中译版序 v

中文版序 vii

序 xii

概述 xiv

第 1 章　历史与目标 1

1.1　产品语意学简史 1

1.2　人工物的轨迹 4

　　1.2.1　产品 6

　　1.2.2　商品、服务和识别 6

　　1.2.3　介面 7

　　1.2.4　多用户系统和网络 8

　　1.2.5　项目 8

　　1.2.6　话语 9

1.3　设计环境的变化 11

　　1.3.1　社会 11

　　1.3.2　技术 12

　　1.3.3　制造 13

　　1.3.4　计算机辅助设计（CAD） 14

　　1.3.5　设计管理 15

　　1.3.6　市场研究 16

　　1.3.7　哲学的语言学转向 17

1.4　设计的再设计（话语） 19

　　1.4.1　话语 19

　　1.4.2　设计 21

  1.4.3 设计话语 27

第2章 "以人为中心的设计"的基本概念 33

 2.1 先行者 34

 2.2 意义的公理性 39

 2.3 感知、意义和语境 42

  2.3.1 感知 42

  2.3.2 意义 44

  2.3.3 语境 49

 2.4 设计中的利益相关者 53

 2.5 二序理解 55

 2.6 设计文化中的道德标准 59

第3章 人工物的使用意义 63

 3.1 介面 64

 3.2 破坏和可用性 69

 3.3 认知 74

  3.3.1 类别 75

  3.3.2 视觉隐喻 78

  3.3.3 吸引力 83

 3.4 探索 85

  3.4.1 用户概念模型 86

  3.4.2 约束条件 88

  3.4.3 可供性 91

  3.4.4 换喻 93

  3.4.5 情报 95

  3.4.6 语意学层面 104

 3.5 依赖 106

  3.5.1 情境 107

  3.5.2 内在动机 109

 3.6 可用性设计的原则 113

  3.6.1 以人为中心 113

  3.6.2 有意义的介面 113

3.6.3　二序理解 114

3.6.4　可供性 114

3.6.5　约束性 114

3.6.6　反馈性 114

3.6.7　一致性 114

3.6.8　可学习性 115

3.6.9　多重感官冗余 115

3.6.10　多变性—多样性 116

3.6.11　稳健性 116

3.6.12　设计的委托 116

第 4 章　人工物的语言意义 119

4.1　语言 121

4.2　范畴 123

4.3　特点 125

4.4　身份识别 131

4.5　文字隐喻 134

4.6　叙事 137

4.7　文化 141

第 5 章　人工物的生命意义 143

5.1　生命周期 145

5.2　利益相关者网络 146

5.3　项目 148

5.4　基因意义 149

5.5　支持团体的临界大小 151

5.6　着眼整个生命周期 153

第 6 章　人工物的生态意义 155

6.1　生态 155

6.2　人工物的生态 156

6.3　生态意义 159

6.4　技术合作 162

6.5 迷思 163

第 7 章　设计方法、设计研究与设计科学 **165**

7.1 设计的新科学途径 166

7.2 创造未来的方式 169

　　7.2.1 头脑风暴 169

　　7.2.2 重新构造 170

　　7.2.3 组合学 172

7.3 探寻利益相关者的概念和意图的方法 175

　　7.3.1 对理想未来的描述 175

　　7.3.2 问卷调查和结构式访谈 176

　　7.3.3 非结构式访谈 176

　　7.3.4 焦点小组 177

　　7.3.5 观察法 177

　　7.3.6 口语分析 178

　　7.3.7 民族志研究 178

　　7.3.8 三角定位法 179

　　7.3.9 参与式设计 180

7.4 以人为中心的设计方法 181

　　7.4.1 （重新）设计产品特征 182

　　7.4.2 让产品展现其工作信息 188

　　7.4.3 利用故事和隐喻设计原创产品 192

　　7.4.4 制定以人为中心的设计策略 199

　　7.4.5 通过对话的方式进行设计 202

7.5 确认语意内容要求 204

7.6 前进中的设计话语 209

　　7.6.1 后设计研究 210

　　7.6.2 设计文献 211

　　7.6.3 制度化 211

　　7.6.4 自我反省 211

第 8 章　距离化 **213**

8.1 符号学 213

8.2　认知主义 217

8.3　人机工程学 218

8.4　美学 221

8.5　功能主义 222

8.6　市场学 224

8.7　文本主义 227

第 9 章　根植于乌尔姆设计学院? **231**

9.1　比尔的功能主义 231

9.2　本泽的信息哲学 235

9.3　马尔多纳多的符号学 237

9.4　车尔尼雪夫斯基的政治经济美学 239

9.5　里特尔的方法论 242

9.6　意义考量的障碍和一些特例 243

参考文献 **253**

图片提供者 **265**

译后记 **267**

译者简介 **274**

第1章

历史与目标

为了给书提供一个合适的语境，首先我会简要介绍产品语意学的产生，然后回顾设计问题和设计师工作环境是怎样变化的，最后落脚于我们需要做什么。

1.1 产品语意学简史

产品语意学源自几位有思想的设计师的合作，也是提出重新定义设计的出发点。"产品语意学" 这一术语首先出现在美国工业设计师协会（IDSA） 发行的《创新》 杂志中（Krippendorffand Butter，1984）。莱因哈特·布特和我将"产品语意学"定义为人工物的象征特性的探究，同时也是提升人工物的文化品质的设计工具。由于这两个目的和符号学认识论相悖，我们用回希腊词汇来研究物品的意义或语意，并将产品作为我们最初的关注点加入进来。这个关于产品语意学的话题汇聚了一些设计师和设计研究者的成果。在讨论工业产品时，他们并不会将工业产品看作具有审美的可仿效性的物品，而是具有沟通功能和意义的物品，他们关注产品可以向用户传达什么。这个话题的参与者们预见这将是设计领域一个崭新的开始，它认识到一个并非属于设计师基本认识的基本认识。

然而对我来说，设计语意的想法可以追溯到比这本书所说的还要远，可追溯到两篇论文（"Krippendorff"，1961a，b）和我在乌尔姆设计学院研究生学位论文中[1]（"Krippendorff"，1961c）。这篇论文的想法一直蛰伏到1980年代早期，与我一直在这个想法上保持着联系的莱因哈特·布特认为是时候一起努力并编辑这本《创新》特刊了。

1984年《创新》特刊出版后不久，美国工业设计师协会邀请了相关工业设计师参加克兰布鲁克艺术学院夏季工作坊，活动由莱因哈特·布特、尤里·弗里德兰德（Uri Friedlander）、麦克·麦克罗伊（Michael McCoy）、约翰·莱茵弗兰克（John Rheinfrank）和我主持。本次工作坊不仅大获成功，而且吸引了荷兰埃因霍温的飞利浦公司设计总监罗伯特·布莱赫（Robert Blaich）的注意。该工作坊在荷兰再次举办，与会者只有微小的改变，同时世界各地的飞利浦

---

[1] 乌尔姆设计学院（HfG）Ulm,Germany,1953—1968。

设计师也参加了这次活动。这次活动不仅给飞利浦公司带来了一些产品创意（其中一个是现在著名的"滚石收音机"），更重要的是，这次活动形成了新的动力、新的概念定位、新的方法论基础和新的组织认定。[①]

1987年，这些创意在全世界范围内引起了共鸣。孟买的印度理工大学（IIT）工业设计中心邀请设计从业者和学者们参加命名为"Arthaya"的产品语意学工作坊，"Arthaya"是古印地语，意为"意义"。印度不仅是一个多语言多文化的国家，而且拥有灿烂的神话故事，因此印度设计师们很容易地就接受了"语意学转向"理论。因为语意学转向可以提供概念、方法和标准，不仅满足工业利益而且更加尊重多样化社会和文化传统，支持发展的本土形式。在西方工业化国家盛行的普遍主义诋毁文化多样性，是落后和野蛮的标志。对人工物文化意义多样性的重新接受，将设计推向了文化发展的中心。

1989年，我和莱因哈特·布特主编了两期合刊《设计议题》（*Design Issues*）（Krippendorff & Butter，1989），后来《设计议题》成为产品语意学文献[②]的标准参考文献。文中，我们一致将产品语意学定义为：

- 一种关于人们如何将意义赋予人工物及相应地与其互动的系统研究；
- 一种关于将从用户及其利益相关者团体中获取的意义用于设计人工物的的词汇和方法论。

上述定义指出了问题的关键。我们希望避免产品"意义"的唯心理解，并将意义融入人工物的实际使用中，实现意义——行为循环。很快，我们意识到"意义"的概念不能局限于用户对人工物的行为，也适用于设计者对人工物的行为，尽管设计者有其自己的意义——行为循环。最后，我们希望产品语意学不仅用于科学描述，还能成为设计者的概念工具，成为对"意义制造"过程起到有益作用的词汇。该刊物恰好赶上首届欧洲产品语意工作坊，该工作坊由当时的工业艺术大学，即现在的阿尔托大学艺术、设计与建筑学院[③]组织举办。会上汉斯·于尔根·朗诺何（Hans-Jürgen Lannoch）教授和罗伯特·布莱赫加入了原创组织。这些想法（Vakeva，1990；Vihmaa.b）催生了后来的赫尔辛基工作坊、越来越多的国际参与者和各种出版物（Vihma，1992；Tahcokallio & Vihma，1995）。从此，奠定了赫尔辛基艺术与设计学院在产品语意学转向中的领先地位。

另外，哥伦比亚、德国、瑞士、日本、韩国、美国，以及中国台湾也纷纷举办工作坊。语意学已进入一些设计系的课程里，比如俄亥俄州哥伦布市的俄亥俄州立大学，密歇根州克兰布鲁克市的克兰布鲁克艺术学院和宾夕法尼亚州的费城艺术大学。艺术大学的课程推出了

---

① 可能由这次会议和它的概念及结果得到的几份报告中，最具权威性的那份来自Blaich（1989）。
② 其关键的文章被转载在Margolin和Buchanan（1995）。
③ 即赫尔辛基艺术与设计学院。2010年1月，赫尔辛基艺术设计大学、赫尔辛基理工大学和赫尔辛基经济学院合并成一所新大学，名为阿尔托大学——译者注。

教学参考书（Krippendorff, 1993b），该书现业已被其他大学用于教学中。

1996年，美国国家科学基金会（NSF）发起了一项大型工作坊，大会主要涉及设计师如何普及信息制作技术。美国国家科学基金会正从国家议程或政策建议层面为《信息时代的设计》在国家中所起的作用寻求共识。《信息时代的设计》（Krippendorff, 1997）这篇报告概述了日益增多的技术机会、新的设计原理和教育挑战，同时提出若干重点研究任务。新的信息技术设计原理几乎全部成为语意学议题：为增强协作、尊重多样化以及支持创造性冲突而形成的理解、意义和介面。教育建议书主要关注对以人为中心的设计课程的需求，以及研究议程来确定哪些重大知识缺陷需要用研究资金弥补。人们认为语意学对于普及发展中的信息革命至关重要。

就在1996年的夏天，纽约库柏·海威特国家设计博物馆邀请一小群设计史学家、心理学家、传播学学者、建筑师、艺术编辑和博物馆馆长参加关于"事物的意义"的跨学科会议和工作坊。该博物馆在美国设计博物馆中首屈一指，它认为意义是设计中一个全新的统一概念。与会者通过这些人工物寻找共同思路，如公共空间、工业产品、博物馆展览、大屠杀纪念馆、电脑介面和民间风俗等。

1998年秋天，西门子公司（Siemens AG）和宝马汽车公司（BMW）在德国慕尼黑发起了名为"设计中的语意学"专题研讨会。共有来自传播学领域、市场调查领域、创新研究领域和新媒体技术领域的12名设计者和专家讨论了各自关于人工物获取意义的方法。本次工作坊在确认一些词汇的同时，将"意义"作为设计的核心问题以处理其概念上的挑战，后文中我会详细说明这一观点。

情感已成为语意学中日益重要的一个概念。1994年赫尔辛基会议中以"娱乐或责任"为主题的工作坊提出了这一概念。2001年在新加坡举行的"情感人因设计国际会议"（Helander等, 2001）将人因研究者齐聚一堂。会上我发表了一篇关于"内在动机和人本设计"的专题演讲（Krippendorff, 2004b）。关于人工物的意义的问题自然引出了使用人工物时如何激发情感和激发哪些情感这一问题。因此，许多文章开始研究语意学这一议题，其中包括一条日本路径，感性工学。2003年该会议再次举行。同时，唐纳德·诺曼（Donald Norman）撰写的《情感化设计》（2004）成为畅销书。

除了以上提到的论文，产品语意学还有其他方面的发展，例如奥芬巴赫设计学院提出了"产品语言理论"。随后还出现了一些不太普及的相关专论，如理查德·菲舍尔（Richard Fischer）关于"符号功能"的专著（1984），约亨·格罗斯（Jochen Gros）关于"象征功能"的专著（1987）以及达格玛·斯蒂芬（Dagmar Steffen）编写了该理论的综合概述（2000）。在8.7节中，我对该方法做了评论。德国慕尼黑西门子公司以形式和产品内容之间的比喻差异为基础，撰写了一套内部专用指南（Kao & Lengert, 1984）。

因为对意义能为工业产品"增值"这一想法的兴趣（Karrnasin, 1993, 1994），语意学也引起了市场营销领域的关注，最少出现了6篇相关方面的论文①。直至最近，语意学转向领域两位前辈所著的论文才引起了人们的关注，一篇由埃灵厄（Ellinger，1966）撰写，大多数人都忽略了产品向客户传递信息的渠道，而埃灵厄的论文深入讨论了这一主题；一篇由阿贝特（Abend，1973）撰写，他提出测量各种产品外观的观点。值得一提的是，1960年代，意大利研究者们提出了关于建筑意义的议题（Bunt & Jencks，1980）；关于这点，还应提到马丁·克朗蓬（Martin Krampen，1979）的论文《城市环境下的意义》，与此同时，诺曼（1988，1998）从心理学角度阐释议题时也提出了类似的研究目的。一本近期出版的书（Gerdurn，1999）从经济学角度阐释设计，这本书使"意义"和"产品语意学"成为人工物的文化动力学的核心解释。显然，语意学转向已经萌芽，它正扎根于肥沃的土地茁壮成长。

产品语意学和语意学转向研究的这些发展可追溯到20世纪60年代的乌尔姆设计学院，本书第9章对此将有详细阐述。正因如此，布特、菲舍尔、朗诺何、克朗蓬和我都由此开始了我们的研究生涯而绝非偶然，同样Arthaya会议中的重要研究者苏达卡·纳德卡尼（Sudhakar Nadkarni）②，和在日本武藏野大学长期致力于建立设计学科的向井周太郎（Shutaro Mukai，1991）将符号学思想运用于视觉现象，也不是偶然事件。③

1.2 人工物的轨迹

由上文可见，工业革命将设计与产品大规模生产和图形层面的人工信息产品联系起来。技术开发提高人们的生活水平且有助于美学方面物质文化的发展，因此设计师的工作既没有反映他们在西方工业理论扩张大背景下的地位，也不会取代其他地方的不同文化传统。似乎设计师们笃信的和他们实际做的总是有所出入。例如，据说包豪斯学校以使大众文化人性化为目标，但只有极少数设计成为大众产品；相反的，由于对几何形状和非写实艺术品（抽象和实验艺术）的迷恋，包豪斯学校独特的设计仅仅成为博物馆内的收藏品。乌尔姆设计学校是公立包豪斯学校的继承者，它信奉大规模生产，甚至其建筑学部也是如此，并且它成功塑造了第二次世界大战后的工业文化。但它并没有意识到自身的生存依赖于新兴战后文化精英们的需求，精英们需要用新型的消费品来凸显他们与战争一代的不同。当这种需求被满足时，他们就不再支持乌尔姆设计学院，因此乌尔姆设计学院也渐渐衰落——当然这并非乌尔姆设计学院衰落的唯一原因。尽管设计领域的这些尝试不尽相同，但实际上他们都遵循功能主义原则，简言之就是路易斯·沙利文（1896）的名言：

① 设计方面由Vakeva（1987）和Vihma（1990）完成，市场影响方面由Reinmoller（1995）完成，建筑方面由Yagou（1999）完成，工程科学方面由Yammiyavar（2000）完成，在人类学和设计方面由Diaz-Kommonen（2002）完成。
② 原书人名为SudhakarNadkarni，疑笔误——译者注。
③ Idea and Formation of Design 6：由Mukai和Kobayashi于东京的武藏野大写的《设计科学的35年》。

形式追随功能

将这句名言提升至设计原理的高度，简单说来，就是在确定产品功能后自然产生实物产品的形式。产品服务的用途、功能的由来以及设计委托者的合理性都不重要，设计师只是盲目接受社会，尤其是雇主给他们安排的角色。这句名言也反映了一个等级社会，即上层制定规格说明，逐级传递，每级都按照该说明执行，就好像这个规格说明代表着某种隐形权威一样。詹·米希尔（Jan Michl，1995）在一篇犀利的评论文章中将功能概念定义为"全权委托"，这是一个形而上学的概念，如果这个概念用在完善的概念结构中，建筑师和设计师可以随意证明几乎所有事物，包括他们的设计和自然物（Krippendorff 和 Butter，1993 年）。至今人们仍然相信这句名言的正确性并常常引用。2005 年 5 月 13 日，在谷歌搜索引擎上搜索"形式追随功能"会出现 122000 条链接。设计师盲目服从于这种稳定的功能主义社会秩序，是当今社会所经历的一种时代错误，而语意学转向对其发出了挑战。

诚然，相比于这句名言出现的时代，今天的世界更加复杂，更非实体化，也更公开化。设计的发展已经超出了这句名言的范围，设计师们正面临着前所未有的挑战。图 1-1 中是这

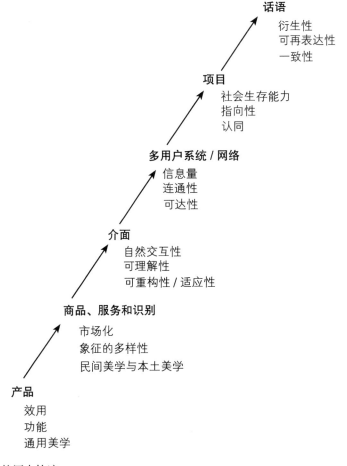

图 1-1　人工物的历史轨迹

些设计议题的历史轨迹。从物质产品设计开始，到5个主要类型的人工物，每一级都增加了设计师的处理方法。这个发展轨迹图没有描述这些不可逆的进程，但描述了新型人工物对应的各个阶段扩展了的设计考量，每个阶段承接上一阶段，并在上一阶段的基础上，增加新的设计准则，这样就形成了人工物的历史轨迹：

1.2.1 产品

在字典中产品的定义为"生产者所制造的"，是制造过程的最终结果。

产品设计应符合厂家标准。例如，产品生产的成本低于产品在市场上的售价，在利润动机驱使下的合理扩张，以及产品对用户有用。工业时代背景下，这种"生产者—产品—利润"逻辑在决策时占有重要地位（Simon，1969/2001：25–49），工业时代是等级制社会结构，缺乏物质资源，人们将技术进步奉为圭臬，更不用说频繁的战争以及多数人日益加剧带来的贫困。

当然，设计师尤其是优秀的设计师并没有停止对美学研究的探索。他们改进生产商提供的产品说明，但由于生产商是产品失败后的财务风险的承担者，所以最终决定权还是掌握在生产商的手中。各种误用滥用使人感到气馁，如果人们在产品使用中遇到了麻烦，生产商并不需要负责，而可以归咎于用户没有正确地使用产品。为了防止人们不会使用产品或使用不当，特别是对于当时使用方法复杂的人工物，如打字机和洗衣机的使用方法，用户可参加培训；制造商通常会对其产品进行培训和专家认证。所有这些措施说明生产商为产品的"正确"使用负责，当设计师提到功能性产品时，他们不得不将制造商的意图作为他们的设计标准。

产品设计师与艺术关系密切，他们主要负责用美观的外形包装丑陋的工程机械。德语"Formgeber"的字面翻译是"形式赋予者"，"Formgeber"一直使用至1970年代才出现"设计师"这个词。在不断变化的美学理论下，出现了许多关于形式的设计话语，如良好的外形和令人愉悦的外形。准确地说，这是因为设计师必须证明大规模生产的产品美学，这些产品理论上每个人都会使用，而非个人艺术作品；并证明工业产品美学是普遍主义美学，不受文化限制，且对每个人都适用。普遍主义美学的出现不仅让工业化西方国家否定了他们过去的文化，而且他们认为其他国家尤其是非工业化国家的文化是原始落后的，需要工业化发展。因此，在工业时代，产品设计理念隐藏着的潜台词是：注重市场扩张，注重向不发达地区传播西方科技理念，并拒绝对意外后果负责；人们以这种意识形态的接受程度为标准来判断其现代化的程度。

1.2.2 商品、服务和识别

1940年代，从式样（styling）作为新的专业名称开始，商品、服务和识别成为设计者关注的焦点。从那以后，产品、服务和识别成了一种新型的人工物。制造物品的目的是进行贸易和销售，而不仅仅是使用。在市场上功能居于次位，仅作为销售参数使用。服务需要设计得可以让人认同和信赖，这样客户就会回来并成为服务提供方的拥护者。通过商标、品牌名称或企业形象进行编码，识别被用于创造各种类型的承诺。因此，商品、服务和识别只是隐喻意义上的产品。当人工物成为商品，它们将可交换和获得使用价值；当实践成为服务，它们将被制度化，比如医生使用的白色制服和医疗器械就是他们提供服务的特性和专业的标志。商标、产品和识别联系起来就催生了品牌，也就形成了客户纽带或承诺。而商品、服务和识别的品质并非具体有形的东西。

在设计商品、服务和各种识别的过程中，设计师关注其市场化，也就是吸引相关人群的能力，以其多样化象征性的品质，鼓动目标客户群获取某样东西、走到某个地方、使用某项服务、认同某个品牌，或者成为某个卖家、组织或文化习俗的忠实拥护者。商品、服务和识别设计基本上引导了商业、工业和企业文化的发展。而这些类型的人工物从根本上涉及不同人群的观念，也就是说，来自不同社会团体的人有不同习惯和生活目标，商品、服务和识别设计不能继续依赖于普适美学。因此，产生了各种较少形式化的、因不同社会团体而变化的民间美学和本土美学。一项有效的市场调查显示，不存在普适的审美准则，只有喜欢和不喜欢的不规则分布，该调查结果还包括造成这种现象的原因。所以，因为有上述的特点，这种设计标准并不由支配产品设计的人决定。1940年代以前，人们并非不知道市场优势、品牌认同感和服务使用承诺这些概念，其实工业化以前手工艺者就靠信誉做生意，符号化他们的产品，但这些并非普遍关注，也不是专门知识。产品在生命周期的不同阶段可以成为商品或消费品，从这一点来看，它们是不同类型的人工物。

1.2.3 介面

当代科技的微型化、数字化和电子化特点显示了当代技术的非凡之处。对于一些人来说当代科技是电脑、飞机以及核电站，而对于另一些人来说则是商品、投资和自尊。但大多数人仍然难以理解如何操作这些当代科技产品。尽管如此，非专业人士使用科技产品时引入了另一种类型的人工物，即在复杂科技设备和用户之间起调节作用的人机介面。介面在电脑使用中十分常见，通常指我们在电脑屏幕上看到的。人机介面使电脑的普及成为可能，并宣告了信息社会的到来。其实到处都存在着介面的身影，核电站的控制室、汽车的驾驶舱、掌上电脑的触摸屏，甚至在一些手边的常用工具里，这些介面都无法与装置的使用相分离，人必须通过介面才能使用装置。介面设计将设计师的注意力从内部构造和技术外观转移到用户和科技的中介过程上，这种中介就需要介面的介入。

介面有三个最重要的特点：交互性、流动性和自主性。交互性是指行为—应答顺序、指令和执行循环，或者是人使用机器本身需要的输入和获取。流动性涉及时间，指人们使用人工物时几乎不会返回人工物使用的起始点。自主性强调对进程的控制。不证自明和自我指导意味着那些需要继续"有效地舞蹈"的操作将呈现在介面中，在理想状态下不需要外界发出指令。进一步说，介面将人类能力延伸到未知的领域，比如电脑介面，它扩大了用户的精神世界。

介面构成了一种全新的人工物，形成了人类与科技不可分割的互利共生关系。对于设计师来说介面最重要的特点是可理解性。用户对于科技的理解不必再和技术的生产商、工程师或设计师的知识一模一样，用户可以尽量自然轻松地与科技进行互动，而不用担心造成破坏或失败。流行词"用户友好"是指交互理解和无缝连续使用。"可用性（Usability）"也是与此有类似性质的另一个词汇。

介面的一个重要特点是可配置性或可重构性，尽管工业革命时的大多数产品都没有这个特点。可配置性或可重构性是指用户与机器互动的能力，使机器能够按照用户的指令工作。电脑编程是可配置性的早期模型。电脑是一种通用机器，程序设计员能够通过编程让电脑执行很多完全不同的任务。但编程要求掌握一种非常难学的专业语言。相应地，介面设计师更加关注适应性或使用过程中介面的自我调整能力。这些特性由一项能了解用户习惯和预测用户行为的技术实现了，所以用户不用掌握编程技术即可使用电脑。这种"一次一用户"的介面发展顶峰就是虚拟现实（的理念）。

1.2.4　多用户系统和网络

多用户系统和网络让跨越时间、空间、多人活动的协作变得更加容易，包括符号系统（如交通指挥和建筑物内路线查找的符号系统）、信息系统（如科技图书馆、电子资料库、会计系统以及票务和航班控制）、通信网络（如电话、因特网或世界性新闻组网络），以及传统的单向大众传媒网络（如报刊出版、广播和电视）。与介面仅出现在单一用户与机器之间的介面设计过程不同的是，多用户系统设计需考虑该系统提供给参与者的信息，而这些信息又取决于参与者的文化、背景、关注点的多样性和不同的个人目标。然而，信息量仅处于该系统体验的边缘领域。大多数多用户系统都会让他们的参与者建立联系，而且务必使这种联系更通俗易懂。信息量、便利性和连通性也是影响该系统人群产生的一些条件。电话网就是一个人们熟悉且相对简单的例子。世界性新闻组网络（USENET）是一套基于因特网的电子发言讨论系统。系统内的讨论组由各种各样的讨论主题形成，包括严谨的科学、政治、文学，甚至各种业余爱好。用户们不仅能阅读组里成员的文章，还能将他们在系统中所学的运用到现实生活中。设计师不再能够决定系统该如何使用，但未来设计师必须为用户提供这样一套设施，让用户自己组织使用系统。

1.2.5　项目

项目是一种更加难以理解的人工物。例如，通常用户想要改变某样东西或开发某项技术时就会形成项目，而项目会为那些在外部的直接参与者留下一些有用的东西。项目作为一种人工物在某些交流过程中引起了用户的注意。设计人类登月技术、启动设计领域研究生教育方案，以及政坛选举最受欢迎的候选人，这些都需要人们的协调合作。管理者也提出了这样的设计议题，诸如调研（R & D）、业务和政治或者广告活动。虽然这些属于设计议题范畴，设计师们却将注意力转移到如何在保证项目主题的情况下保证参与者能够协调合作。一项技术开发项目可能包括设计师、工程师、科学家、金融专家、社会学家、市场研究员等，项目虽然不能满足每个参与者的期望，但也应满足大多数参与者。即使是普通人工物也需许多人的协同合作才能完成，详见本书第5章。

设计师既可以自己面对这些挑战，也可以帮助其他参与者。项目通常都是在语言交流中完成的，在对需要去改变什么、去做什么、怎么做、谁去做、什么时候去做这些问题进行阐述的过程中完成。并且项目有着其目标、要点、对象，尽管开始可能并不明朗。要理解其目标必须吸引人们，激发他们提建议，协调其贡献，并引导活动继续开展。一个项目不可能由某一个人单独负责就可以完成，比如只指定一个设计师，给其指导，事情会怎样？设计师可以推动项目进行，但不能够完全掌控它。实际上一个项目的细节是非常开放的，这种开放性推动项目发展并且极力使每一个参与者最大限度地发挥其作用。在一个项目中设计师所需要做的是提供一个发展方向，为其他参与者提供发挥的空间，使其在项目中发挥作用，以及获取有效资源以完成项目。项目是社会性的可行组织，由人的行为所构成，能长期延续并留下一些遗产：某一个特定的设计，某个新技术或某个自我持续的机构。项目是参与式设计的典范。

1.2.6　话语

话语，大体上是指经过组织的讲话、写作及其相关行为。更正式的定义详见1.4.1。生活中有很多清晰明了的、专业的、政治的、宗教的，以及经济的话语。一个话语可以被一个多用户系统支持——信息系统、出版刊物、专业会议——但并不依赖这个系统。话语可以应用到项目中，但这样的应用并不一定需要特定的目的。话语存在于一定的团体之中，团体成员相互协作构成了这一团体并维持其运作，因此他们做着作为团体成员需要关注的每一件事情。而话语正好引导着团体成员的关注点，组织团体成员的行为，建构团体成员看待、表达以及所撰写世界的方式。

人们并不能完全察觉到自己的所说、所想和所行。正因为如此，一个团体的话语可为其成员提供一些思考的作用。话语在保守、建成形式的再利用和新方法创新三者之间承担了一种张力。团结一致是指关注某一团体。这通常表示抗拒变化，遵从团体成员的习惯，保留团体成员的爱好、传统、习俗。传承是指话语对新的词汇和隐喻的开放接受性。它改变了团体成员所建构的组织形式，多半以其他成员为代价改善了某些成员的生活。尽管他们彼此之间做出了专业承诺，设计师也不能使其逃离和剥夺他们作为设计话语团体的一部分的识别。

因为语言、人和行为如此复杂地联系到一起，所以重新设计一种话语似乎十分困难，至少从传统观念来看如此。想想当年出于好意而设计出来的国际语言"世界语"的命运吧，它经历了多少年之后才摆脱了其所承担的支持等级制度、世袭制度、独裁制度等阶级结构的责任和义务。然而，创造并且运用新的隐喻、新的词汇或者新的语言方式并非不可能，比如诗人和科幻小说作者，就带来了全新的认识世界和创新实践的方式。①话语可以接受变化的要求是话语本身是可以重述的，并且其使用者能够理解、实践并讨论这些变化。

对设计而言，语意学转向是一粒种子，使设计通过其自身的话语进行自我再设计。

不同人工物在不同设计标准的发展轨迹告诉了我们关于设计的什么？请看以下四个观察点：

- 为了满足当前的变化，设计不能将自身局限在工业时代的产品概念，使产品成为工业生产尤其是大批量生产字面意义上的终点。当人工物成为商品、服务或者品牌之后，衡量生产力的标准就逐步转变为产品的流动性、销售力、被记住、忠诚度，以及所带来的相关消费场所。在1940年代，式样迎合了制造商的需求：不仅提供功能性产品，还有竞争。在加入市场考虑的情况下，工业设计师最终将自己局限于设计令人愉悦的外观。这种转化正是现今正在进行的人工物非物质化的第一步，将工业生产标准置于一个次要的位置。尽管介面、多用户系统、项目，以及话语都不可避免的以技术为基础，但它们都不能被工业化地生产出来。

- 沿着这条轨迹，人工物越来越关注变化的、不确定的、非物质的或虚拟的特质。一个设计出色的工业产品迄今仍可以被拍照和出版。而一个好的设计品牌很大程度上是留在客户记忆之中的。比如不包括任何标志的图像。比如一个人可以在飞机驾驶室拍摄飞行员和驾驶操作工具之间的互动，但这种互动并非是在互联网上进行的。项目或许是谈论那些没有被问及的客观事实，并且这些事实部分是可感知的、部分是政治上的、部分是交互性的。项目设计者并不能完全预知结果。

- 在这条轨迹中，人工物越来越被包含在语言之中。在销售场所协商产品的售价仍然与产品本身有关，尽管它的自身价值和售价并没有本质联系。在人机交互介面、文本、图标，以及图形安排都是轨迹的一部分。在多用户系统中，信息是它们的货币；在一个项目中，参与者以他们能够和应该做的事情的方式来构成这个项目。这条轨迹表明产品从一个功能性装置的生产到语言的建设性使用的转变。在这个轨迹的进程中，因果模型，即对实在的唯一判断，已经普遍被语言模型所替代，而这种语言模型展示了多重世界是如何产生并持续下去的。

- 这条轨迹说明了技术决定论向人为世界论（the artificiality of the world）发展，技术决定论认为技术是通过自己的逻辑规律自然而然进行发展，而人为世界论则认为世界

---

① 在哲学方面，关于范式转移最善表达的支持者是Rorty（1989）。

是在不断构建、再构建、重构建，在这个过程中有所贡献的因素既是构建不断演变的原因，又是构建发展的结果。一种变化正在呈现：以前人类不得不适应技术发展，而设计师则减少该适应的痛苦；现在则是人类能够影响技术发展的方向，而设计师为生活、社团，以及个人必要的感受提供各种实践的可能，从而使人们感觉像在家里一样。这是一场转向以人为中心的运动，承认意义的重要性，这正是语意学转向的核心。

1.3 设计环境的变化

可能预见的是，设计正在进行的语意学转向与几种专业知识、文化和哲学的转向相关，随后的章节会加以阐释。社会和技术环境的巨变也为设计的变化铺平了道路，而设计正践行其中。

1.3.1 社会

生活在当下的人很难想像先辈们的生活状况。社会创造了工业革命——然后进入了一个不可想像的技术飞速发展时代，并且这最大的受益者毫无疑问是人类自身——随之而来的压迫和不友好也远远超出了人类的想像。工厂大量吸引着农业人口进入拥挤的城市，手工艺者失去了他们工作的独立性和骄傲。社会哲学家卡尔·马克思描述，正在发展的经济在生产工具占有者和不得不售卖自己劳动力的劳动者之间是不平等的。工业掠夺了地球的不可替代资源，还污染了直至今天都不能恢复的环境。当时货币的增长是被资本所控制的，而这种资本被视为基于物质和能量的稀缺资源。随后，社会学家马克思·韦伯（Max Weber）发现，不断发展的官僚制度下的白领工人乐于像机器一样工作。等级制度成为控制的主要形式。工厂、商业、政府等社会组织中，等级制度依赖于契约条例。在社会学中，合逻辑的等级制度变得自然，并被重新列入日常生活结构中。理论和实践相辅相成。工程师知道技术进步的所在，制造业者知道生产什么来获得利润，并且大量的不断增长的平均化人群热衷于此，那些东西看似可用、表面上属于他们，实际上在为制造业的成长贡献利益。烟囱林立的工厂、拥挤城市的艰苦生活，这些照片再现了当时人们的生活状况。通过大量生产致命的武器系统，以战争扩大市场和建立殖民地变得越来越可怕。军队里的等级制度和当时的独裁者也许是工业时代组织形式的最后残余。

以当代标准来看，当有限的市场慢慢打开，市场竞争削弱了令人压抑的理性，设计便随之出现。后工业时代社会的巨大变化在图1-2中可见。尽管能源问题自工业化以来从未消失，更为关键的瓶颈已转向个体时间。为了收入而工作、炫耀性消费、娱乐、网络冲浪、与家人和朋友的聚会都变成消磨时间的一种选择。注意力成为新的货币。由个体义务所组成的网络，已经大大削弱了还未完全消失的等级制度，这些个体义务网络是由参与者之间横向地做出的承诺构成的。相比于自上而下制定的那些功能，电话、交互媒体、社团惯例以及公共事件，这些社交技术更能激发人们参与到这个社交网络中来。

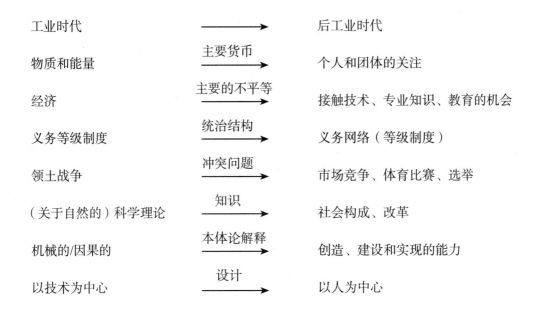

图1-2 社会维度中的转向

我们抱着一种想法，只要足够多的人愿意投入自己的心智和精力，就可以完成任何事情。这样一种信念为我们带来了前所未有的机遇，比如工程（如外太空探索、开发电脑硬件）、医药（如干细胞、药品）、科学（如基因测序、小型粒子加速器），以及最重要的，以人为中心的设计（如前面所描述的）。我们希望这个世界如家一般温暖，我们愿意为了所有拥有同样理想的人的幸福而共同努力，这样的意愿正是后工业社会的标志。这使得设计成了后工业社会的驱动力。正如前面所讲的人工物的发展轨迹，设计已经从以产品和生产为中心转向以人为中心。

1.3.2 技术

新技术的剧烈变化带来了工业社会向后工业社会的转变，这种转变强调要从辅助人类行为的各种机械转向提升人类智慧的复杂的自我调节系统，从需要使用手册来指导的工具到自身包含着信息的系统。后者或多或少是自组织式的，即自身有着一定的智能，他们的出现标志着低端科技向高端科技的发展。在这里，高科技不能被理解成一种风格。

在这种演变的背景下，电子产品已经完全摧毁了形式的自然属性。一个电子技术已经带来的结果就是微型化。30年前那些大块体积的桌面计算机已经缩小到了腕表的大小，如果不是为了方便阅读和使用触屏笔，它们甚至可以变得更小。限制这些高科技产品的形态的是我们人类的操作、观察和理解的范围。除了人们能感知到的特性，这些产品的内部机制已经和产品的用户无关了。实际上，这相当不可思议——如果用户真的能够充分掌控而不惧怕这些产品。想想驾驶员并不知道汽车能够前进的原理，小型个人电脑（PC）使用者也不明白所使用的硬件架构，战斗机驾驶员也不懂飞行的原理。这些设备的形态不再由生产和功能来决定，而是由用户理解和操作它的能力来决定。用以控制手指活动的数字手套，和图1-3中展示的可穿戴计算器，都是将技术极度弱化到人类感觉不到它的存在的实例。虚拟现实带来了比人们在现实生活中更加自由的世界。

高科技的魅力并非源自设计师的艺术修养和他们对于产品形态的专制，而是来自于将用户融入进去的新品质。观察电玩城的游客，他们在其控制的交互世界中获得兴奋感和沉浸感，都是由可以带来丰富想像的技术所支撑的。电玩的熟练玩家在游戏中和科技融为一体，就像他们真的在驾驶汽车和飞机、在和他们一起占领领土、在像水手或者滑雪者一样运动。产品本身就可以激发多样的表现、自然的交互、多感官的浸入、持续的学习、清晰的位置感及方向感等（Krippendorff，2004b）。如果没有以人为中心的迅猛发展，新技术的到来也会更缓慢。

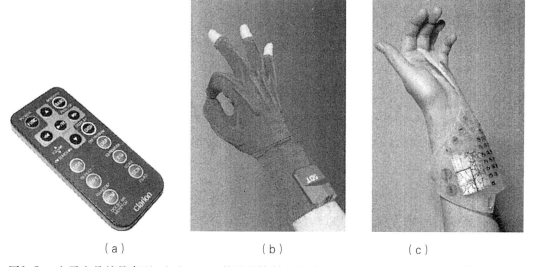

（a）　　　　　　　　　　　　（b）　　　　　　　　　　　　（c）

图1-3　电子产品就是介面：（a）Clarion的远程控制　（b）Fifth Dimension Technology的数字手套，2005年　（c）Lisa Kronhn Design的手腕计算机，1987年

1.3.3　制造

制造是技术的必然产物，而且同样经过了彻底的变化。列举3个相互关联的发展就足以说明。1950年代汽车组装线开始推出各种色彩和外观方案，这是非常简单的定制。这种想法已经扩展到其他产品线上，从而更容易、更快速地面对多样的客户偏好。鞋业制造商开始收

集客户的尺寸就是很好的佐证。这使得工业与手工艺的关系更加紧密，即使工业是非个人的。客户可以在制造商的网站上设计自己的衣服，这样的系统已经出现。同样，个性化家具的定制也已经出现。

设计师所扮演的角色受到了市场和制造业之间关系的影响。如果购买者可以引导生产，就不再需要传统的设计师了，现在设计师设计的是融合各产品的系统和为这种系统服务的多用户介面，以达到系统间的交流。现在，信息有效性、可用性、易接触性成为产品的重点，同样，不同买家、客户、用户均能理解同一系统，并以自己的方式发现使用方法。这种情况下，设计开始以买家的思考维度及将其与制造商的生产能力相联系的方式关注复杂多变的系统。

可编程制造（programmable manufacture）使得生产与市场的配对成为可能，它最大限度地降低了产品组装的成本，从而使其在经济上可行。实际上，在半个世纪以前的工业化生产中就可以在一条装配线上生产独一无二的产品。例如图书出版商可以在生产之前维持一定数量的书稿和订单，以减少仓库存货的成本。小批量产品的编程制造通过确定最大公分母而减少给用户带来的压力，使设计师可以集中精力到可用性和购买欲等变量上来，并保持产品的多样性。

倾听用户的声音或许是制造商最不关心的方面，但了解用户的需要可以帮助他们在高速变化的市场中保持竞争力。可编程制造的第二个优势是可缩短适应的时间。在1980年代的美国大萧条期间，汽车工业的衰落只能部分归咎于过度的质量控制、员工士气低落，以及政府海外补贴下降。更重要的原因是美国汽车工业比德国、日本的汽车工业需要更长的时间来应对市场变化和推出新产品。制造商应用了计算机辅助技术以更快速度推出新产品，但更重要的是，模块化设计和相对标准的系统或可独立开发的部件可以重新组合出不同的新产品，其主要区别不过是部件之间的排列组合。大众的"兔子"（Rabbit）就是第一款设计师能够从中发展多个模块的产品，其长时间在高尔夫的各种版本中广为使用。本田思域起步于私人轿车，却以其模块发展出了小客车、单排轿车、跑车、越野车、CR-V，以及混合动力车，所有这些类型的产品都是基于思域的框架。这些工程系统无意中追随了汽车该如何变化的民间观念。除了考察安全、舒适、方便、经济之外，驾驶者还要考虑汽车的引擎、转向机械、刹车系统、音响系统、全球定位系统以及其他性能。这些特点是驾驶者相互谈及并用以区分其他汽车的地方，因此工程师会分别研发这些部件，并将它们组合成不同的汽车。

1.3.4 计算机辅助设计（CAD）

计算机辅助设计（CAD）的起源是纯粹作为计算机辅助绘图，但很快发展到三维图像、建模和模拟仿真（Bhavani and John，1997）。计算机辅助设计系统可以帮助设计师在短时间内创造和探究与以往完全不同的设计方案，以此加速设计进程、减少失败的可能。计算机辅助设计同样从质量上改变了设计的进程。而且最重要的优点在于计算机辅助设计达到了可视化，这样就可以将设计分享给那些关注的人。它使设计在客户和用户中进行提前测试成为可能，比如通过在复杂产品或者建筑中虚拟"行走"，在使用中考察产品部件之间的相互作用和支持，甚至在潜在用户中考察将来可能的使用体验。快速原型（rapid prototyping）是计算机辅助设计的自然扩展，它可以做出三维实体模型，并让潜在用户实际地感受模型。快速原型革命性地缩短了产品开发的周期。

《信息时代的设计》（Krippendroff，1997）中提及的工作坊指出了创造视觉数据库的需要和可能，这个视觉数据库使得设计研究项目产生的视觉信息，如电子文档般易于被接受。因为一个设计师最突出的能力之一就是从多元复杂的资源和原则中抽取信息，CAD以及视觉数据库的融合将传统的主要在自己头脑中组织信息的设计师转变为可以从任何地方获取并利用信息的设计师。

此外，人们越来越认识到设计涉及协调以人为中心的技术发展中不同专业扮演的不同角色。以往的人工物开发是一种序列模式——前一个阶段完成后，新的阶段才会开始，所有阶段都有着共同的目标，并且经常造成不同专业间难以协同。协同软件（cooperative software）的出现将这种模式转变为平行模式，在这个过程中，参与者们可以平行地调整各自的设计方向。在不同地方工作的团队成员们可以就可能影响各方工作的内容交换信息，并在冲突出现之前讨论出折衷方案（Galuszka and Dykstra-Erickson，1997）。当然，正是大型软件系统的开发者领导了协同软件等计算机辅助系统的开发。对设计师而言，协同软件具有在设计过程中囊括各种用户的潜力，这些软件以统计数据和不同角色——相关领域的专家、拥有创造力的合作者、主题——来呈现不同用户，简而言之，就是作为通过评估结果来导引研发的利益相关者。孤军奋战且足智多谋的设计师，不需要倾听他人意见而包办所有事情的设计师，已经成了历史。

1.3.5　设计管理

30年前，"设计管理"这一术语实际上还未被人所知，而且管理设计被认为是对设计师创造力的诅咒。而现今，设计管理已经有了一系列的组织方法以激励创新和技术研发，并在大型商业机构中管理设计部门。专业的设计管理发展很大程度上归功于位于马萨诸塞州波士顿的设计管理研究院（DMI）出版的《设计管理》（*Design Management Journal*）杂志。该院推动设计研究、组织学术会议和工作坊，旨在帮助设计管理者们成为更有效的领导者，并倡导将设计作为一种实现负责任的经济增长途径。早期它就已经意识到管理本身就是一个设计的过程，涉及一个有目的的人类活动。设计管理正如设计一样探究策略性的目标，但比产品研发的层级要高。实际上，就人工物轨迹的角度而言，它将设计作为有组织的项目来探究。这同样改变了今天的设计是什么和可以做什么。

1.3.6 市场研究

设计产品需要考虑生产。设计商品和服务需要关注销售。这致使"市场"成为决定生产什么的仲裁。营销——推动、促进以及监测商品或服务的销售——在1950年代进入设计思考的范畴，并发展成为数万亿美元的产业。市场研究试图预测市场行为，并将客户的需求以及同类商品竞争产品的销售情况告知制造商。

对设计师而言，市场研究数据并不一定有用。早期的市场研究模型基于民意调查，试图以社会经济学的角色来评估消费者群体的态度和意见。因为人们所言与所为之间的差别、得到认同的理论和真正存活的理论之间的差异（Argyris and Schön，1978），消费意见非常难以预测。于是有了消费者研究。消费者研究试图寻找出激发消费者选择的原因。但消费者选择只能在已提供的商品中进行调研，也只能在消费者察觉到可选择的时候描述原因，而这种可选择性正是设计师要创造的。因此，观察和问卷对创新设计和人工物的帮助微乎其微，因为它不能提供产品、原型、模型和概念的对比。此外，试图抓住大市场的出发点总是偏袒最大众的表达而排斥小众的期待，而后者往往是真正意义上的创新。由一位主持人引导和小部分客户参与的焦点小组开放地讨论生活中使用产品所遇到的问题，相较而言，更能得到一些意料之外的回应。然而焦点小组同样存在着上述观点和行为之间差别（Zaltman，2003）、提供样本问题的弊端，因此也并非一直可靠。不管怎样，虽然设计师意识到而且忽略了市场研究数据的结构性局限，制造商还是很大程度上依赖这些数据来减少生产的风险。因此，对创新设计而言，市场研究本身就是保守的，不能为创新设计提供支持。1957年福特公司推出edsel汽车，设计是在当时最周密的市场研究之后进行的，这个历史上著名的失败案例佐证了上述观点。

不管怎样，营销一直是存在的，而设计师也学会了如何适应这种新的环境。他们一方面努力超越对销售的狭隘关注，一方面倡导设计从文化上影响使用者个体。乌尔姆设计学院将自身视为营销统治观点的对抗者和工业文化的倡导者。近年来，除了传统的人机工程和美学考量，设计师开始为个性化用户谈及用户友好性、可用性。"易于使用（ease of use）"的表述开始被接受。国际标准组织（ISO）于1998年将"可用性（usability）"定义为"特定的用户在特定的环境下能有效、快速、满意地达到特定的目标"。不幸的是，这样的定义再一次将工业时代的功能主义、目标理性带入了后工业时代的话语。除了这些良好的愿望，可用性研究的成功在于给营销者提供了额外的营销宣传——谁会不在乎那些号称友好的、易用的设计呢？毫无疑问，对文化意义和人工物使用的研究并没有像市场研究那样受到极大的追捧。市场研究不仅抑制了设计创新，还将关注点局限在销售上，而它只是人工物生命周期的一个非常有限的阶段，因此设计师对市场研究感到失望。

1.3.7 哲学的语言学转向

哲学的语言学转向[1]，即哲学向着语言的方向发展，以及后现代主义——不要与建筑学中后现代主义运动或者孟菲斯集团的后现代主义相混淆——已经系统地削弱了文艺复兴时期建立的对于科学这一概念的认识基础，这一认识基础建构了技术，并使工业设计发展至今。显微镜、望远镜、手写笔、媒体、计算机、信息系统、虚拟现实等技术的出现，扩展、激发甚至替代了那些我们曾经认为只有我们人类才拥有的能力。促进这些技术发展的学科和理论，如控制论、人工智能、认知学等，见证了人类社会的全新景象，也注定将见证设计学科对这种新景象的回应。

这种人类新景象最重要的部分在于其已经开始尝试利用语言、对话和话语。语言是人类社会的文化造物，语言使得人类有能力去协调自己的想法并用实践不断地改造着客观世界。在运用语言的时候，言语、动作、感觉都是建立人们理解的不可或缺的部分。只有将其概念化，人们才能认识其所见的事物，这是一个毋庸置疑的道理。语言是概念的主要来源。这当然也意味着肢体语言的加入。语言是说、写以及交流。将人类带入这种真实概念也包括这种自我注释：人类的语言演变即人类进化的一部分。这种自我注释是非常重要的，它将语言作为理解人类自身、理解其他生物的重要条件，并使一个人可以理解他人对现实的理解。被理解的现实常常是由那些声称具有理解能力，即语言能力的人所建立的。哲学中语言学转向说明，试图将客观自然和主观概念作比较是一种语言错误，这种语言错误会导致这样或那样的在认识论上有问题的建构。同时它也说明哲学家们寻找的是过去哲学家提出过和考虑过的问题的语言学基础。这些问题在语言学之外是不存在的（Rotry，1979）。语言学转向也指出，已知世界是某个人或常常是某个团体建构的可观察的、可经验的、可与他人交谈和扮演的人工物。现实和语言都是循环往复相互交织的人工物。它们不是等待被发现它们是什么，而是通过人们说的和做的来被推动（Rotry，1970），这当中也包括设计师的工作。

希腊人尤其是柏拉图，认为真理可以在对话中建立。对于柏拉图而言，语言是一个命题的容器，与观察并无联系，只是纯粹表象背后的意识世界。现代哲学家们提出要解决形而上学的问题，要么将人的精神作为理论的核心（René Descartes），要么诉诸纯粹的理性（Immanuel Kant），要么将科学观察作为问题的基础（Bertrand Russell）。这些试图发现一个稳定基础的尝试无一成功。卡尔·马克思则像他自己说的一样，彻底颠覆了唯心主义的世界，并把"物质基础"作为其哲学的根基。对设计而言，他是一个重要的哲学家，因为他认为"哲学家仅仅在用不同的方式解释世界；关键在于要去改变世界。"[2]这确实是设计的关键。

---

[1] Rorty（1970）和Lafont（1999）在哲学的范式转移中命名了这两个概念。
[2] 关于费尔巴哈的论文，发表于他的《德意志形态》上，Marx,（1845）。

但他的社会理论是决定论的，这不仅不符合他对自己作为一个特殊观察者的识别定位，同时也没有解释清楚他的作品和话语是如何塑造他所设想的世界，并且为什么这个曾被承诺过会变成现实的世界最终还是失败了。

与20世纪的其他哲学家不同，路易韦德·维特根斯坦指出所有的哲学体系都是在语言的摇晃中折腾。他指出，试图逃脱无处不在的语言组织去寻找语言之外的真理是徒劳的，并开始将语言作为人们在"生活方式"中彼此之间的交互实践。也许并非偶然，维特根斯坦确实做过设计师，虽然时间很短，但可以从他研究语言学的方法中反映出来。维特根斯坦认为，词汇和话语的意义不在于它们本身代表了什么，而在于它们是如何被使用的。言辞的使用是通过完成交流、对话以及话语来实现的，这些活动被维特根斯坦称之为"文字游戏"。文字可以行事，可以造物，也可以改变世界。后现代主义哲学家们（Rorty，1989）正确地指出，哲学上的语言学转向结束了哲学家们长期以来殚精竭虑的思考，这些思考是关于试图寻找终极真理、主导性叙述、整体世界观，以及试图建立一个唯一的"世界"，一个不需要对观察者做出任何解释的世界，也不会赋予观察者神一样的特权。所有这些都不是在人们交流中产生的话语建构。在抽象意义上，它们并不存在。

考虑到设计的工业起源，设计的词汇中充满了普遍主义思想也并非惊奇。前文提及了美学的文化独立性。但普遍主义还存在于许多看起来理所当然的概念中，比如物质、形态、完形、色彩、美和前面提及的对功能的看法。所有工业时代的观念都宣称描述一个对象的客观属性，这里的客观指的是在观察、文化和语言上的独立。像这样的概念其实来自于对语言的错误使用，这种错误使用承认了笛卡尔的二元论，并最终指向了本体论[①]。这种语言的使用是如何不知不觉地把人们引入本体论中的？步骤如下：

1．在对话中。所有的问题都产生于真实的人际对话中。来看一个科学实验。通常，它由一个关于研究者与受试者之间的彼此期望的对话开始。试想实验者用色彩小木片引出色彩表达。这个步骤产生第一人称的叙述如"我看见一个紫色的小木片。"即便受试者只是命名了他们看到的颜色，依然暗含着第一人称的视角。这样所产生的色彩表达实际上是对关于认知的问题的回应，是包含在对话中的。

2．进入笛卡尔共识。一是相信一个不以观察者意志为转移的物质宇宙是存在的并可知的，二是相信语言的力量来自对其对象的精确描述。这两点信念使得受试者认为对于其观察的描述和对问题中物体的描述（这里就是小木片的颜色）可以划为等同。受试者所不认同的描述往往是由不可靠的或者不称职的观察者给出的，这些观察者要么没有理解他们的任务

---

① 本体论，按定义是科学；更专业的解释是，一个假定没有观察者或构造函数存在的世界建构。相比之下，认识论是科学的认识。客观主义认识论研究人类大脑是如何理解和准确地表示本体。相比之下，建构主义认识论研究人类或者一个团体成员如何开始了解世界。它的标准不是本体论，而是可行性，认识者成功地制定自己的理解能力。

（语言能力不足），要么回应的是与当前任务无关的内容。正是这两个信念，也仅仅是因为这两个信念，会导致我们认为共识是由实在事物引起的，并将缺乏共识理解为主观和不可信赖的。

3．共识本体化。共识允许他人去复述第一人称的观点，这时第一人称的描述变成了关于木片颜色的命题："我看到……"变成了"它是……"。第一人称的描述来自于体验和经历，对于对话的参与者来说是可以接受的；而命题要么是真的，要么是假的。命题不再涉及实验者和受试者的感知和交流，它忽略了色彩表达的本质是语言的，而无论是受试者、实验者还是研究结果的读者都没有意识到这一点，并且认为这是理所当然的。

4．为了结果而否定前面的步骤：这个结果就是所谓的本体论，由实在事物和他们的属性（这里就是颜色）构成，他们的属性现在看起来是独立于任何观察者而存在的，并且也和引起以上步骤的语言无关。

将对话中只有人类才能观察、感知到的现象的描述通过关于现实的二元论概念变为本体论的命题，这种变形是现在很多关于客观事实的一般性描述的基础。色彩仅仅是这些现象的一个例子，它与任何物理量的测量都没有关系，如果没有人的感知和认知，色彩的概念也就无从存在。形式、格式塔（完型，即将没有意义的一些部分合起来作为有意义的整体来理解）、美、重量、功能，尤其是意义，都是以人为中心的，而不是自然属性。试图去想当然地、盲目地将以人为中心的思想进行客观化，是一个认识论上的根本错误。语言学转向反对这样的客观化。这是一种尝试，在产生已知世界的对话（或者说语言游戏）中找到已知世界的定位，包括物理学抽象理论和哲学家曾经纠结过的问题。

语意学转向需要在使用技术时认真地发挥语言的角色。正是语言的使用让我们可以辨别形式、材料、功能和问题，并引导设计师关注它们的所作所为。可能显而易见的是，人工物无法脱离制造者而存在，而颜色也是人工物，是人类感官的产物。没有语言我们就无法了解其他人感知到了什么。但语言也能够让对话陷入客观化。哲学上的语言学转向让人们意识到了语言的使用。

1.4 设计的再设计（话语）

1.4.1 话语

在上文中提到关于人工物的发展轨迹时，我谈到把话语看作一个设计问题。让我来给话语下一个定义，通过关于话语的五点相互建构的特征[①]来延展维特根斯坦的语言游戏观点，并给出一些案例。

---

① 下文将回到有关当前设计论述的机会和异常状态的长篇分析（Krippendorff,1955）。

1. **话语浮于文本的表层**，在人工物中，话语的构建和存在是为了被检查与审视，被搜索和研究，被表达与复述，以及各种变体的产生和复制。文本是话语的文字遗产。文本的互涉性，即这些人工物之间创造的联系，明显地（a）依靠共同的词汇。（b）在不同的文本之间创建参考系并将对任一人工物的识别建立在其他人工物的基础上。（c）在不断产生重新组织的文本或重新的角度展现人工物的评论、历史记录和研究报告。在一个正在活跃的话语中。（d）文本（即，该话语创造或者指向的人工物）总是不完善的，有待于进一步详尽说明和增加。

字典中对话语的定义仅仅局限于文本形式，并且文学研究强化了这种定义。这里给出的定义中将文本扩展至所有形式的人工物，即话语所建构的物体，并且添加了以下4点必要因素，使话语具备作为一种社会建构的特征。

2. **话语在其实践者团体中能保持生机**，在团体的对话中，（a）文本持续地被阅读与再读、书写与再写（改写）、创作与再创作（复制）、工作与再工作（重做）、探索与再探索（研究）、阐明与再阐明（重述）、设计与再设计，然后要么根据其典型性对其作出评估，要么将其丢弃。（b）在充实其文本内容的过程中，话语建立起了它的团体并发展其成员。（c）话语团体内的成员能够理解文本和人工物对于彼此的意义。（d）话语团体内的成员们不断地检验彼此的能力及对共有团体的义务，并且激发归属感。

3. **话语建立其经常性的实践**。经常性的实践会被习惯性地重复，或者按照人们所期待（或者要求）的那样成为话语的典型特征。（a）反复实践使社会组织不断茁壮成长，将个人实践规律化并转化为合理的程序，包括用技术代替它们。（b）这些社会组织反过来又会保证成员可以如他们所愿的管理社会组织，并且控制有关彼此的贡献、方法、职责的知识的选择性传播。（c）实践也能支撑定义话语的公理、样本和范式，确保话语衍生的文本和人工物与话语保持一致，依据共同认定的指导方针向着"正确的"方向前进。

4. **话语界定了它自己的范围**，是否归属于其内的事物之间有所区别。所有关于话语的一切事物都是如此，包括（a）有关的文本、所构建的实物，以及所解决的问题，（b）话语团体内个体成员的资格标准，（c）关于服务并发展文本的方式以及关于与话语保持一致的制度实践的示范性实践。

5. **话语向外来者证明自己识别的合理性**，尤其当它的成员和非成员或是其他话语的成员之间发生联系或者必须共同工作时。此处，社会中话语所扮演的角色已经成为一个话题。通过话语自己的美德（价值）、能力（专业）以及现实（真理）的构成，一个成功的话语可以证明自己的合理性。如果一种话语在这方面失败了，它将会失去它受人尊敬的地位、它的成员、它可实现的目标，进而会失去它的生存能力。

总之，按照这里的构想，话语不仅仅是说的和写的，而是拥有自我生命的社会系统。话语可以高效地产生巨量的新的人工物，也可能会丧失精力，或者紧靠自我复制苟且度日。它们的产物丰富多彩，从抽象理论到医疗实践，再到非常实体的物质组合。话语团体有可能成长，也可能衰落。当低于某个临界阈值时，话语会消失，其留下的人工物可能会被其他话语所占有，就像考古学对灭绝的文化所遗留下来的人工物所做的一样。话语或多或少地都可以被组织起来，维持着或强或弱的特征，加强有效的组织机构去管理话语实践或支持个人主义。例如，数学是一种高度缜密的话语；而公共话语却不是。虽然话语从组织上来说是自治的，他们仍然通过重新定义其识别和重新界定其范围的方式回应其他的话语。在这样一个范围中，话语团体中的成员知道他们是谁并且有归属感。然而，话语的边界或多或少具有可渗透性。弱的边界会被植入其他的话语。例如，文艺复兴以后，宗教话语已经让位于科学话语，这种让位不是说宗教丧失了大量的信徒，而是体现在人们对日常生活的谈论和组织中。当某种话语到了需要依赖其他话语的程度的时候——招募新成员，获取用于生产的资源或者用于实践的资金——它就需要用其他话语也可接受的方法来证明自己并验证其产品的有效性。话语的主要目的是保持可行性。

1.4.2　设计

话语可以支撑的设计是什么？赫伯特·西蒙认为，设计是对现状的改进。他认为："为了改善现存问题而想出行动方案的活动就是设计"（Simon 1969 / 2001：111）。这个定义是一个好的开始，但需要进一步充实。除非设计能够带来无法自发产生的事物，否则设计"行动方案"并没有什么意义。这对于揭示科学和设计的差异有着深刻意义。很重要的一点是，我们必须认识到，设计师的角色是设想行为方案或者特定的人工物，但并不需要真正去实现他们：设计提出可以实现的人工物。我们已经认识到人工物并非对每个人都是好的，人工物也并不只是服务于个体，还影响着群体的生活，所以设计必须支持理想的群体生活，避免或者最大限度地减少对其他人生活的损害（Agre，2000）。设计不能回避道德伦理问题。最后，因为任何改进都不是仅仅靠设计师或者权威人士的推动就可以实施的，它必须得到受其影响的团体的理解和支持，所以在理想情况下人工物必须对所有利益相关者有意义。这些限定引出了以人为中心的设计观念，这在西蒙定义的基础上又前进了一大步。

我们需要强调科学与设计的区别。西蒙将这种区别简单地说成："自然科学关注物是事物是怎样的，……设计，则关心事物应该怎样（ought to be），通过设计人工物实现目标"（Simon 1969 / 2001：114）。他认为，设计师要解决的基本问题是，如何将现状朝着人们理想的方向改善。我们常常将设计定义为解决问题，但这种定义使设计师承担了保证技术合理性的责任，而这主要是工程领域的问题。这种定义巧妙地回避了上面提到的种种局限性。西蒙是位电脑工程师，早期的认知科学背景使他从内部逻辑的角度区分设计和科学。他观察到，在自然科学中，那些可以陈述或者否定事实真理的标准命题演算和谓词演算对研究者来说十分适用。然而设计者关注的不是事实真理而是事物应该怎样。用"应该（Should be）"

替代"是（is）"使其决然不同。西蒙认为，"应该"的陈述是必要的，而设计话语的哲学基础，是规范性或者道义性的，而不是命题性的。西蒙将设计视为从分析到综合到评价的发展过程，并认为综合是列举可选择的解决方案，评价则是运用优化技术来识别最佳的或满意的解决方案。这个过程体现出其行为中的技术合理性。当问题的定义很清晰并且解决方案有限时，这个过程是有效的，工程中的案例常常如此。

西蒙的技术理性将简单的工程概念拓展到更大的设计问题，如防御系统、研发、美国航空航天局（NASA）的项目和操作研究。但当其用于城市规划、企业战略设计，甚至为顾客设计物品时，它就开始步履蹒跚。西蒙的理性不仅建立在设计结果是唯一且明确的这一假设之上，它还理所当然地认为设计方法的输出是可以按部就班地实施的，就像安装一个机械设备一样。在工业时代，技术合理性是作为一种运作模式出现的，在解决工程问题中十分有效，现在在很多严密的组织机构中仍然被奉行——例如，在军队或政府机构中，这些组织中用户会受到培训或训练，正确地使用会被强制执行，而异议则直接被忽略。技术合理性存在于阶级分明的社会中。但当它被应用于像市场这样分层组织结构中，并且其试图解决的问题中的人们都是信息知情者时，技术合理性就显得寸步难行。例如在城市中，设计常常以牺牲其他人为代价来提高某些居民的生活品质；利益集团往往为了某一个特定的结果而将问题朝着对他们有利的方向来定义；消费者所做出的最终选择是机械的条条框框往往无法理解的。在技术合理性解决问题失败的这些状况下，设计必须以不同的方式行进。

赫斯特·里特尔（Rittel and Webber，1984）将自上而下的技术问题解决方式转向一种将利益相关者的参与包含在内的设计概念。与大型社会组织的规划者们一起工作的经历使他很快认识到当某个设计涉及到智慧个体、组织或者团体的利益时，像西蒙那样的问题解决方式并不能很好地提供指导。与他定义的诡异问题（wicked problems）相对应，他称具有技术特性的问题为正常问题（tame problems），他预期的几个论题正是语意学转向正在强调的。例如，他观察到，社会领域的问题从来就没有被真正解决过（然后就被遗忘了）；这些问题更像是包含着各种矛盾，这些矛盾可能会因舆论共识而被暂时缓解——但不久又会变成其他的矛盾形式再次出现，需要再次被缓解，除此循环继续。在社会领域，利益相关者往往投资的是设计过程的成果，投资他们自己的未来。真正的问题在于我们需要在什么是诡异问题上达成共识。他的设计理念将争论的焦点引向问题的核心，在什么是令人满意的、什么是可实现的、什么是将要做的等问题上，他让语言和话语成为最终仲裁者。

为什么要讨论基本的设计概念？西蒙写道："在过去很长一段时间里，我们所知的设计或人工科学在认知上是柔性的、直觉的、非正式的、菜谱式的（cook-booky）"（Simon，1969/2001：112）。他认为，大学的学术文化应该为这一萎靡不振负责，因为它将对自然科学与价值的尊重建立在命题而非道义的基础上。他认为，工程和医学已经打破了这种限制。阿吉里斯（Argyris）同意这个观点，但他将这种失败归咎于科学的话语，这种话语将自己的边界定义在科学与非科学的对立之上，这样一来，那些应用学科就只剩下两种选择，要么自降身段成为科学的低级子范畴，要么与科学划清界限：作为艺术家或实践者。设计师经历了同样的制度上的左右为难。

主流的自然科学是干什么的？作为研究者，他们通过观察或测试来收集数据；作为理论家，他们总结归纳这些数据，以对还未观测到的数据或者状态作出预测。所谓的理论就是一些命题，这些命题可证真伪，可以被经验性的证据所证实或者推翻，可以根据统计数据来量化度量。当试图去比较科学家与设计师分别做什么时，需要注意以下四点：

- 科学研究是必要的再研究，本质上是不断地搜寻（re-search），在可利用的数据中重复搜寻模式。

- 不管数据是被发现的还是有目的地人为产生的，数据都是过去发生的，例如，人口普查或者设计受控实验。我们希望分析数据并"发现"模式，但模式本身并不依靠分析而客观存在。

- 理论归纳了那些渗透在数据之中的东西——共同的属性、稳定的模式、潜在的因果关系。通过定义，归纳省略了与目标理论不相关的细节。例如，自由落体法则就只关注理论上假设的实体。真实的独一无二的事件是不可归纳的，自然科学家们对其不感兴趣且宁愿相信它们不存在。从过去到未来的预言都假定理论化的属性在理论所假设的限定中是稳定且不变的。

- 为了将自然这一概念作为科学研究的客观对象保护起来，免于人为干扰，科学研究观察者不可以进入他们所观察的领域，并被要求避免与之接触，保持旁观者的识别，当然也绝对不可以人为影响他们打算分析的数据。这是为了保证科学发现、理论和法则都基于一个未被观察者污染过的自然。

从表面看来，自然科学家将他们的工作评价为对知识本身的不断追求。实际上，科学知识（scientific knowledge）是有局限性的，其局限性不仅体现于作为一个科学知识必须满足上述四点，还体现在对具象知识——知道是什么（know-what）——的推崇。这种科学知识导致了很少遭到质疑的本体论承诺（ontological commitments），并且往往受限于相关科研经费、出版和科学机构的政策。最后，依靠研究所能用到的测量设备和计算技术所得到的知识、命题、理论和法则都体现出在西蒙的著作中提到的技术理性。

现在，将上面描述的与设计师所做的进行对比：

- 激励设计师的不是知识自身，而是：

挑战，未被解决或解决的不好的麻烦情况、问题或冲突。

改善某些事物的机会——那些还没有被别人意识到的机会——为他们自己或者别的群体的生活做出贡献。

引入其他的可能性，那些别人不敢去想的可能性，创造新的兴奋点——就像诗人、画家和作曲家那样——没有什么特别的目的或者仅仅是为了有趣。

- 设计师考虑可能的未来，这个未来的时间世界是可以想像出来的，并能在真实的时光中被创造出来。他们不太关心发生过什么、存在了什么以及能够通过外推过去而预言出什么，他们更关注可以做什么。设计师最突出的能力是不害怕探索新点子、去挑战一些认为事物不能如此的理论，或者怀疑一些理所当然的问题。可想而知，设计师们展望的未来天生就是自然法则不可预期的，当然也没有必要反驳自然法则。

- 设计师需要在这些可能性中选择和评估合意的未来。令人满意的世界必须对那些能够实现这个世界和可能生活在这个世界里的人们具有意义和益处。要在满意的未来可能性上建立共识，需要熟思其利益相关者，并运用一种能够超越数据和事实的语言。

- 设计师在现状中寻找变量，也就是那些可以变化、运动、影响、改变、结合、参与、重新组合或者转变的事物。这些变量界定了一个可能的行为空间，菲尔·阿格雷（Phil Agre，2000）称之为设计空间。设计师需要了解改变那些可变因素会带来怎样的影响，并且知道它们有可能带来怎样的合意的未来（并避免不合意的未来）。

- 设计师创造出从现状通向合意的未来的现实路径，并提供给可以将设计变成现实的人。成功的设计依靠设计师召集利益相关者参与他们的项目的能力，虽然这些利益相关者同时也在追求自己的利益。设计师邀请利益相关者加入的途径必须表现得可实现、可承受、有利可图，最重要的是，对那些受此设计影响的人创造有价值的机会。

显而易见，设计师创造的人工物与科学家的产物完全不同。设计师和科学家在无法相互比较的范式和努力下工作，寻找两者的共性对两者均无益处。其不同之处如下：

科学产物是由经验性的可测试的命题推演出来的一般化、理论或自然法则。一般化存在于那些关于已经存在但未被注意的事物的科学话语中，但设计师不会止步于此。虽然设计往往开始于想像和憧憬，但它们最后都必须变得具体化——可以通过实在的人工物来实现。毕竟人工物（art-i-facts）在本质上产生于真实的世界的细节。同时，科学产物仅仅需要证实他们所宣称的内容；但如果没有利益相关者的参与和最终用户的使用，设计产物是不可能实现的。科学的一般化特性和设计的细节特性是连续统一体的两个对立面。

通过对过去的不断搜索试图找到其模式，这是科学探索的既定方法。设计探索的方法则是通过对当前的搜索试图找到通往合意未来的可能路径——很明显，这两种方法是互不相容的。理论是科学研究的产物，而科学研究则来自于过去的观察和其可能做出的预测，这里面包含着一个预设的命题，即在过去发现的模式在未来一定不会改变。这种知识在文艺复兴时代广受追捧，而希望通过自然法则无法预测的方式改变世界的设计师对此则毫无兴趣。科学理论可以警示设计师什么是不能被改变的，或向设计师保证那些毋庸置疑的稳定性：设计师当前的出发点、他们依赖的手段，以及他们的计划都是能够在未来实现的基础。

从数据中发现的理论和模式来看，这个世界本质上是确定性的。那些著名的持中立和超脱态度的评论者认为科学家们要对这一结论负责。对数学原理、计算机模型、因果解释的应用以及对行为观察的口头判断，都可归为决定性。他们没有给人类留下任何空间。他们无法解释那些实现可变世界的实践，这些实践是不可能自然发生的。而且他们也完全没有给人们回应的意义留有空间。优秀的设计师必须能够划清以下两者的界限：合理的因果决定论（例如解释机械结构）和设计师需要表达的，也就是人工物在特定的群体中获得的意义。

验证预测性的理论需要等待预期中支持该理论的证据出现。与此相反的，设计师对于未来的建议则产生了建设性的干涉。如果一个设计没有任何干涉就实现了，那便不能称之为设计。设计者依靠他人来实现他们的设计，同样设计师的想法也需要描述、可视化、交流，并需要那些可以把这些潜在人工物变成现实的人的参与。像科学理论一样，设计师的叙事也是一种语言的人工物。但，理论的目的是证明命题的真伪，设计师的描述、计划和建议必须加入他人的努力，才能实现其计划的产品。没有人的参与，他们不能成为"真实"，这不是真理，而是任何设计都需要完成的。

自文艺复兴以来，自然科学在研究自然时都将自然视为独立于观察者而存在，不受用于描述观察结果的语言的影响，因此也无法理解它是如何观察和分析的。就他们创造的功能系统和因果系统而论，工程学也显示了对其对象能力的相同态度。机械系统也被假定为不会拥有任何理解能力。但设计不可能在这样的现实结构中发展。设计涉及了真正的人的行为与技术，人们了解自己的产品，创造自己的世界，有远见、智慧和感情，可以对第三方的观察做出回应，他们彼此之间与设计师之间都可以畅快地交谈。自然科学所展示的关于人类的图景是贫瘠的，而这些正是设计需要改进的。

自然科学之所以在当前人类文化中拥有如此强大的力量，是因为它可以对人类可以做什么划定界限。举例来说，信息论（Shannon和Weaver，1949）是一个关于传输和编码的局限性的理论，三大热力学定律限制了能量向各种形态转换的界限。重力定律定义了对运动的约束。这些定律、理论和命题呈现了一个永恒的真理，有些真理也确实是那么回事。如果设计师遵守这些界限，他们失败的风险会更小，但这些设计师也仅仅是填补了这些被科学遗留下来的空白之处。这个世界相当乏味，而正是对这个世界毫无批判的接受严重束缚了一切。然而，设计师的优势之一就是重新理解、重新定义语境并质疑那些迄今被假定为不可更改的问题，从而证明这些限制是可塑的，其本质当然还是人造的。

方式开始改变，但幅度很小，西蒙正确地提出设计会发生在许多行业，包括：工程、医药、管理和教育。设计隐含在政府、法律、新闻、建筑和图书馆学之中。泰伦斯·拉夫（Terrence Love）[1]已经发现在多达650个领域中有设计的实践在发生。绍恩（Schon，1983）

---

① Terrence Love,2004/4/25,PhD-Design@jiscmail.ac.uk.

和阿吉里斯（Argyris，1985）就认为设计是所有行业的基础。专业模型、排版、工程、制造、项目、建设、布局、起草、组织、管理和构思还未存在的实践活动；他们倾向于使用具有良好基础的词汇来描述在他们自己的世界所创造的变化。

尼尔森和施托尔特曼（Nelson and Stolterman，2002）说过，设计是一种自然的人类活动，每个人无时无刻都在进行设计。当有人计划度假之旅，在起居室里安排家具、治疗病人、读信或写信、画一个卡通人物，或者去一个花园，未来可以想像、评估、执行并令人感到疲惫。每天的设计都是一种实现方式，不仅仅对于产品，也是设计者自身的一种实现。这里说的实现具有双重意义，一是概念的形象化，让别人了解，让它变得有用；二是作为一个作者、创始人、艺术家，以及设计师的识别为它负责。不是每一个能让这个世界变得更好的人都可以把自己称作设计师。设计作为一个专业实践的过程有别于日常的普通设计，它需要依靠公共普遍认可的能力，还要运用各种方法。但其中最重要的是语言的组织方式，一种设计话语，使得团队和客户之间的工作得以协调，从他们的利益出发为产品提出建设性的意见，并将专业设计师与那些大部分只考虑自己的人区分开来。

在专业的设计师中，有一部分人专注于严格的技术产品，他们在设计时完全不考虑用户的概念，比如工程师，还有一部分人通常专注于人机交互，尤其是人与技术产品之间的介面交互。他们分别被称为以技术为中心的设计师和以人为中心的设计师。以技术为中心的设计师从设计师和客户的角度来设计。制造一个生产成本低、便于生产、高效节能或被更多人使用的机器，实际上这些也确实给一些人带来了利益，但这些措施的好处是设计师选择的，那么，如前所述，这些都是自上而下强加的东西，从专家到普通用户。这在责任分工明确的垂直组织中很流行，在工业时代促进了功能型社会的成长。相比之下，以人为中心的设计起源于一个群体用户，在这些用户的世界里，设计产品必须在特定的环境下与它的用户、旁观者、指导者和批评者一起讨论。图1-4描述了这一区别。从以人为中心的专业设计到日常生活设计的趋势在2.5节会变得更加明确。

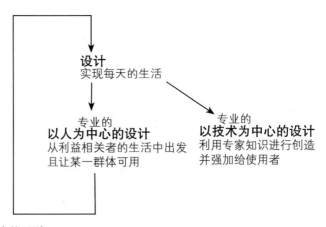

图1-4 设计实践中的区别

1.4.3　设计话语

在这一部分，我们讨论设计话语是怎样支持设计实践的，以及如何面对其他话语的挑战，这将依赖于在1.4.1中定义的五个话语要素。

- **设计话语的人工物和文本**。作为一个话语的表层，话语的人工物和文本很容易被认出来，我们这大量的关于设计的文字：书籍、展览目录和各种各样的期刊。博物馆机构收藏了大量杰出的设计产品，以时期、风格、学派、产品类别、文化和设计师等多种方式组织起来。在市场上，人工物虽然转瞬即逝，但也有很多人工物值得被贴上设计的标签。设计师可以轻易地讲出有关设计的故事，不管是世俗的、著名的、还是他们自己的。一个话语里的人工物和文本可以是照片、读物、复制品、播放的视频动画或者是现场使用的东西，而这些如果不加以解释，对于不知情的人来说是很难理解的，这个解释的重任就落在了大众杂志的身上。

- **设计话语界**。当被问到的时候，设计师很清楚他们同行与非设计师之间的区别，以及设计界中设计师之间的区别。成为设计界一员的重要标志是能够谈论设计、设计作品以及设计师；用设计师的方式讨论设计问题，并且表明他们已经在这个行业设计出了一些有价值的东西。换句话说，对最前沿的设计话语的熟知可以展示在设计界的会员资格，这些最前沿的设计话语有着其文本的最新的话题和贡献。这一切听起来有些绕，也的确是这样，因为设计界的会员资格从根本上涉及具体化的经验，而不一定是书面的。人们通常说："你必须做一个懂得欣赏设计的设计师"，这体现了构成设计界的循环性。进入一所设计学校和里面的学生一起学习设计理念的表达，又或者是在设计工作室里工作足够长的时间，都会促进一种属于设计界的归属感。在一个关于设计的网上论坛中，霍尔特（Holt）说过，作为"一名设计师应该用一个独特的视角来审视这个世界，发现不同的可能性——不只是（有着）某些技巧。（它是）……你会怎样安排你的一天，怎样布置你的厨房，怎样准备一顿饭。质疑事物形成与存在的方式。一种如何生活、组织和观察事物的方式，而不是简单地做一件事，好比你随意丢掉一件外套。其实每一个行业都需要一定的技能，一个真正的专业问题，通过长时间的实践来改善和精炼他（她）的工作风格……我认为，这种'观察世界的独特方式'是一个设计师与众不同的地方。"[1]这种有意培养的与众不同的感觉是一个群体特征，对任何群体也一样，但它很少提到是什么使设计话语界凝聚在一起。

---

[1]　Michael Holt（2003.6.13）Good Designer=Good Design Teacher? PhDs in Design（PhD-Design@jicmail.ac.uk）.

- **设计的循环实践的制度**。就像其他任何话语一样，设计话语必须应用到实践当中，以确认什么是有效的，并且鼓励发展那些可以持续这些实践活动的机构。设计教育中的程序、大学学位教育以及设计教学中的要求都是完善的机构体系。有专业的协会，为设计师们提供见面机会，展示他们最新的作品，相互学习，揣摩他们的专业词汇。每个设计工作室都应该有一些关于图形或人机工程学的书。还有一些设计期刊（不是每一个人都愿意去阅读），上面会设置会议议程、定义相关术语、公布一些优秀的设计作品，并且推广他们自己的设计话语。

然而，比较各学术话语时，我们会发现在设计中获得博士学位相对机会较少。最近的1998年（Buehanan，1999）和2000年（Durling and Friedman，2000）的两个会议，讨论了设计学博士的问题，另外，在网上流传的一个关于博士研究的书单也具有积极的意义。[①]设计界高端学位的缺乏意味着学术界自我反思的缺乏。遗憾的是，很多有关设计的学术论文都是由非设计圈内的人写的，包括进修设计史、教育学、认知科学还有市场营销等学位的学生。另外，多数设计书籍也是非设计人员写的。然而，设计师可能很享受被外人关注，但后者只是很狭隘地关注消费产品本身，关注可以被拍照、被解读的人工物，这使得设计学术界的学位授予对设计界理解自身一点儿帮助都没有。设计界没有一本被广泛接受的词典，也没有一个标准文本，这是当今设计话语界非常严重的缺陷。

通常来说，专业人士通过他们自己的专业实践探寻总结出一些可归纳的方法，并且将成功的方法广泛推荐给他人使用，进行系统训练后作为一种方法论以其自身的方式教授给他人。1950年后期乌尔姆设计学院方法论进入到设计话语界，在这里布鲁斯·阿克（Bruce Archer，1984）引进了系统设计方法论。尼格尔·克洛斯（Nigel Cross，2000）提供了一个关于如何发展设计方法论运动的概述。运动的早期发展得益于令人印象深刻的精确严谨的自然科学。因为前面所提到的那些方法的不可测量性，所以这些从别的学科引进来的科学的概念不仅没能从根本上解决设计师的问题，反而让其专业术语成为了一种束缚，让设计师的注意力偏离了真正的问题。西蒙的《人工科学》（1969/2001）是具有开创性的，随后揭示了从工程学中蓬勃发展的技术理性的局限性。在建筑学领域，克里斯托弗·亚历山大（Christopher Alexander，1964，1977，1979）把设计方法论从实证主义转变为以人为中心的设计。1983年绍恩（Schon）的《反思性实践者》也采用了以人为中心的方法，专业的分析人员不应该是客观的决策者，而应该扮演一个更聪明灵活的角色。他发现大多数专业人士不喜欢制定工作计划，不准备备用方案，不为每个环节做预算，而是想一步做一步，反反复复地检验他们的行动。

阿吉里斯和其他人（1985）一起继承了这些工作，并且雄心勃勃地制定出一个统一的《行

---

① PhD-Design@jicmail.ac.uk.

为科学》。在认同他们努力的同时，每个人应该认识到所有的"科学"提供的都是制度化的认知方法并往往演变成为一套可靠的方法；而前面提到的方法还尚未奏效。

为了定位这本书的主要内容，我先区分一下关于设计和科学的三个概念，从克洛斯的两大类别开始：

– **"设计的科学（Science of Design）**，……工作的主体是试图通过采用'科学'（如系统的、可靠的）的研究方法研究设计，来提高我们对设计的理解（Cross，2000：96）"，在这里，设计是研究对象，从各种不同的学科角度进行研究，产生了很多与设计相关的知识和这些学科的标准术语，但这些都来自于设计话语之外。

– **"设计科学（Design Science）**，……一个明确有组织的、理性的、完全系统的途径；不仅仅只是利用已有的科学知识，在某种意义上，设计本身也是一个科学活动（Cross，2000：96）。"

– **科学的设计**（science for design），大量成功的设计实践、设计方法以及其在设计实践中得到的经验教训的系统的集合，然后提炼总结，最后编写形成理论，其中设计界内持续不断地交流和评估相当于对设计实践的自我反思性地复制。它也包括咨询关于设计决策和项目研究的相关知识。它的目标是确保设计话语可行并且有效。

对比这几个概念，"设计科学"更注重系统化的设计过程并重视实践的系统性。"设计的科学"反映了各种学科对设计的兴趣，即他们的视角、专业术语和正确的评价标准。比如，研究设计的历史需用史学研究方法；一个学心理学的设计师创造出来的东西可能对心理学理论有贡献；设计界的一个社会学调查，会借鉴社会学解释。设计师很高兴可以得到这些帮助，甚至从中学到了一些知识，但这些探寻对于他们的设计过程起不到什么太大作用。相比之下，"科学的设计"不会因为其他学科而改变自己的评价标准。鼓励设计师用他们自己的评价标准审视自己的做法，推广分享成功的设计方法并重视项目研究。项目研究运用其他学科的相关知识，但要符合给定的设计目标的框架，例如：研发的发现、市场调研结果、符合人体工学的指南以及认知科学的种种理论。其他学科的贡献往往很重要，因为当为一些特殊的设计产生争论时，人工物的一些规格和维度必须听取其他学科的专家意见。而且，我们可以总结一下"科学的设计"的目标——努力提高设计的语言表达和实践能力、提出新建议的能力、替他们的利益相关者做出评判，最重要的是，将设计中的再设计作为例行的责任。

- **设计话语的边界**。如上面提及的，当前的设计界并没有很好地维持设计话语的边界。虽然设计师们相当清楚彼此与各事物之间的归属关系，但仍然存在对设计定义的争论，在一些专业领域挪用设计时也存在利益冲突，并且缺乏对语言这一重要角色的认同。工程师认为自己是专业的设计师，尽管他们只是局限于寻找问题（往往是社会问题）的技术解决方法。科学研究者称自己是实验、调查和数据分析的设计师。医生设计他们的治疗计划，生物学家开发转基因植物，管理顾问设计有组织的干预措施。我提到设计也是日常生活的一个重要成分。设计这个词语被很广泛地应用，然而设计话语的边界在哪里呢？那里又发生着什么呢？

设计研究试图重新划定设计的边界，但从各自不同的学科角度出发对于设计的研究也总是服务于他们自己的需要，比如艺术史、心理学的视角。这很大程度上就是因为设计话语的边界是模糊而不确定的。那些研究物理和机械的人可以在教科书中发现他们学科的界限。

目前关于边界的更大问题可能来自当其面对竞争话语的侵入时不堪一击。例如，市场营销已经将工业时代对产品的强调拓展至物品、服务和识别，并把设计作为它的一个部门，唯一目的就是提高产品的价值。设计师已经拒绝了这个定义，他们更喜欢一个更广泛的定义，能体现出他们对以人为中心、文化和生态等问题的关注。但"恶意接管"设计话语的威胁永远存在。市场营销并非唯一一个想要把设计变成其分支的领域。唐纳德·诺曼将设计师看做心理学家，最近一些关于计算机介面的著作也对认知科学大书特书。我们可以认为这些话语正在对设计界的话语进行殖民入侵。这个过程并不一定是蓄意而为之的。更可能的原因是设计师没有意识到他们自身话语的重要性，他们总是不断地从其他学科找来大量新的、时尚的概念和方法，并希望用这些方法代替曾经使用过的方法。不幸的是，对于大多数设计者来说，在知识的草坪上更绿的总是在自己的边界之外，自己施肥培育的反而不如抄袭邻居家的更好。

- **设计话语的评价标准**。尽管自然科学家（不妨把工科和医学也算进来）很少承认他们的语言，很少强调他们在各自话语中的所作所为，但其人工物的评价标准非常成功，这给这些学科和科学家们带来了巨大的益处。测试结果、数字计算和临床实验都能够支持这些话语。统计检验的教科书被广泛应用并且人们承认其有效性。更重要的是，自然科学中的科学理论、工程中的设计、医学中的疾病治疗，接受这些东西的标准已经被定义完善、广泛接受，公众对这些话语也十分尊重。当然，也并非一直如此。早期科学与宗教之前恶毒的争斗，最后以宗教话语退缩到一个科学话语毫无兴趣的领域而终止。当代的斗争主要是为了研究经费的分配，科学、经济和政治话语为了争取以自己为标准而打得不可开交。遗憾的是，设计现在还没有得到与其贡献相匹配的尊重，尽管设计对社会的高效运转和幸福繁荣贡献良多。

综上所述，这本书是为了通过解释"设计如何影响世界"、"设计能做些什么"、"设计如何进行"等几个不同的方面来鼓励设计行为中的再设计。我认为一个强大的设计话语需要以下几点：

- **重新界定设计的边界**，包括让设计变得比现在更富成效的新责任。为此，第2章阐述了"以人为中心的设计"的基本概念。
- **为设计中的意义发展不同层次的路径**，实际上运用不同的基本概念共有四种路径，这些路径将在第3章至第6章中进行阐述。

- **为以人为中心的设计规划可重复的设计方法**，从成功设计案例中获取经验，同时也从失败的作品中汲取教训。本书第7章提出了科学的设计。这不是为了个人利益而去推动一些不必要的教条和方法，而是为了给设计创作提供一个众人认可的设计话语；测试设计师们所预测的未来（事实层面），评估他们设计的花费和收益（道德层面），以及展示他们的专门技术（能力层面）——以上的一切都是为设计中的新责任、为设计界的可行性而服务。

第 2 章

"以人为中心的设计"的基本概念

前面的章节描述了从"以技术为中心的设计"到"以人为中心的设计"中语意学转向的不同维度：

- 从产品设计转向到可以扮演多种社会角色的人工物设计。

- 从信仰技术的进步转向到关注对用户友好、有益的人工物。

- 从在单一世界中普世的、没有文化内涵的设计概念转向到承认语言在构建多种群体世界中的角色。

- 从将功能强加于产品，甚至不得不通过培训和认证才能驾驭技术，转向到允许人们按照自己的意愿和方式使用产品。

- 从设计师的独自奋战，转向到设计师的团队协作，这个团队包括用户以及联合项目的利益相关者。

- 从仅仅关注对象、产品、物质的人工物（一种本体论），转向到关注构建与重构（个体发生或设计）人造世界的过程，这些人造世界的唯一目的，就是为我们创造意义、提供帮助，并让我们与他们和睦共处。

这一章我们聚焦于"以人为中心（human-centeredness）"，它从何而来，又有谁为其做出了贡献，其关键概念是什么，以及作为一种设计文化它承载着什么。"以人为中心"不能与人文主义相混淆，人文主义是笛卡尔哲学中迷恋的与物质机能相对立的人文精神和人文价值。以人为中心的设计避免了这种二元论。另一个误解就是有人认为语意学的转向仅仅是从笛卡尔哲学中完美的客观性与不完美的主观性两者的对比，转向到愚笨且限制重重的技术与具有创造性的人类智慧两者的对比；就像表2-1中诺曼（1998：160）在他的稍微修订过的比较中所暗示的那样。

读者们不应该在这些介绍的方法中归纳出中心思想并在实际操作中加以运用。语意学转向属于一个范式变化，是一个构建设计的变化。它为设计师提供了一套相互交织联系的概念网，能够带来根本性的影响，而不是一堆孤立的点子。最重要的是，语意学转向意识到了设计的人工物中人类的参与，设计师通过技术与他人交流（当然也交流技术），他们参与并发展了现实的社会建构，但并不仅仅只有设计师是人，所有那些受到技术影响的人都将他们的人性施加于他们与技术的互动中。人工物是人类思想、存在和行动的外壳，要实现这样的转换并不容易。

以技术为中心的设计和以人为中心的设计对待人与机器的态度   表2-1

以技术为中心的设计		以人为中心的设计	
人	机器	人	机器
模糊的	精确的	创造性的	模仿的
无序的	有序的	（通融的）	死板的
不专心的	（专心的）	（对环境敏感的）	对环境不敏感的
感知的	（理性的）	足智多谋的	缺乏想像力的
不合逻辑的	逻辑的	源源不断的智慧	快但重复的

2.1 先行者

"以人为中心"的历史由来已久，可以说我们是站在了巨人的肩膀上。据信，古希腊哲学家普罗泰戈拉最先提出"人是万物的尺度，是既存事物存在的尺度，是不存在事物不存在的尺度"这个说法（Russell，1959：47）。他抛弃了客观真理的思想而将人的经历、体验放在首位。然而，普罗泰戈拉反对的主客观二元论并没有消亡。18世纪初，德国自然科学家及人文学家歌德（Johann Wolfgang Von Goethe）从经验角度再次提出以人为中心。1810年他从阴影颜色（投影色彩）的实验中——实际上是再现了1672年由奥托·冯·格里克（Otto Von Guencke）的描述——总结出的色彩理论（Friedrich，年代不详）与牛顿在物理学上的光谱理论相冲突。歌德于是认为人眼所见皆为真实，是人类可以信赖的永不失效的仪器，而不是像牛顿那样极力避免它的主观和偏见。歌德努力与之后出现的客观主义抗争，客观主义重物理测量而轻人类体验；歌德认为牛顿的理论是一个重大的认识论错误，实际上给人类帮了倒忙。牛顿的理论并没有提供比其他理论更好的预测，而只是预测了机械测量的响应，这常常和人们如何看世界没有什么关系。牛顿和现代物理学家主张：可以通过物理测量装置测量和推理出可见光及颜色。歌德正确地认识到这个主张中基本的认识论错误，这种主张好像认为人们的知觉与颜色无关。而歌德认为光和颜色是一种人类现象，由人类的知觉器官创造，并不像物理学一样是可化简的。

歌德关于颜色知觉的见解日后被证明是正确的。研究表明，颜色是眼睛的生理机能结果。准确来说，颜色是在眼睛中形成的，在眼睛之外并不存在。在光的可测波长和颜色的感受之间并无相关性（Maturana和Varela，1988：16-23）。现今，马图拉纳（Humberto Maturana）和弗朗西斯克·瓦雷拉（Francisco Varela）将强势的"以人为中心"作为其理论生物学的重要基石。他们认为没有哪一种理论——无论是关于世界的理论（本体论），人类认知的理论（现象论），还是生物学理论——应该与人类的身体做什么冲突。我们的身体就是观察者要求观察的，也是理论家们阐述并证明一个理论时不可能置身于外的。马图拉纳和瓦雷拉（1988：141-176）把人类认知看做一个封闭运行的系统，这个系统发展着自己的内部关联（构建自己的世界），并在面对未知外部世界的不断扰动时保持自己的活力。这意味着所有人工物，比如颜色，都被我们自己的神经系统概念化、构建并体验——我们无法知道在没有人类观察的情况下还有什么是存在的。

18世纪意大利学者维柯（Giambattista Vico）①开始了一个朝向以人为中心的独特路径。他是当代的歌德，他不同意笛卡尔（Rene Descartes）的信念：心智是一种器官，它的功能是尽量精确地描绘外部存在的世界。影响力延续至今的笛卡尔认为主观和客观有着基础的区别，他也相信自然界的完美，但质疑心智在描绘世界的工作中易犯错误。其认识论态度与表2-1中以技术为中心的视图是一致的。维柯与笛卡尔恰恰相反，他自问人类（最多）可以知道些什么，又无法说出什么。他所发展的见解认为人类从所作所为中、从创造事物中、从构建自己生活的世界中知道结果。顺应那个时代做礼拜的要求，维柯认为人类不可能知道上帝是如何创造这个世界的，只能了解自己构建的世界。这个主张中暗含着设计，或许可以这样解释维柯的新科学，它的以人为中心的认识论建立在设计活动的基础上，而不是建立在割裂的观察上。这个原则的力证之一是数学的绝对确定性，他正确地指出这是人类的发明，而不是自然的映像。事实上，维柯不仅仅是一个哲学家，也是一个有效率的高校管理者和法律架构的设计者。所以他必须有一个关于需要靠什么来设计社会现实的深刻理解，不仅仅是支撑这个世界的物质。把真相等同于已经了解的事情或应该去了解的，这其实也根植于"事实（fact）"这个单词的拉丁文词源——"有所作为（something done）"。"人工物"是用工艺或者特殊才能创造出的"事实"。它们的实质存在于它们的运行方式，而非它们是什么。最近，哈伯德（Ruth Hubbard）质疑一些生物学事实，认为有必要提醒读者这些明显的问题，"每个事实都有一个代理人，一个制造者"（Hubbard，1990：20）。维柯应该会喜欢这种朝着让人们为自己制造、概念化、安排、管理或者摧毁的事实负责的方向延伸的趋势。维柯被认为是建构主义（Constructivism）的始祖（Glasersfeld，1995）。我认为，就其描述而言，建构和设计是同义词，尽管这两个单词经常被用在不同的实证领域。

1930年代，生物学家尤克斯卡尔（Jacob von Uexkull，1934/1957）发展了一种由动物和

① 维科（Vico）的科学想象力，发表于Verne（1981），读者可以发现最初的用拉丁文和意大利文写的参考书目。可以在Glasersfeld（1995）中发现用当代思维关于这本书的影响力的讨论。

人类构成有意义的世界建构的生态理论。他认为，动物通过可用的感觉器官和运动器官来认知可能的世界。按照尤克斯卡尔的说法，这个世界就是为了动物和人类可以去看到它而存在，作为个体行动的结果，它被创造、它在发生、它被感受、它被赋予意义。[①]有人会说尤克斯卡尔通过暗示人们可以谈论他们不知道的东西，回答了维柯（Vico）的关于一个人知道什么或者不知道什么的问题，但人们看到并生活其中的世界仅仅是他们基于其感觉—运动器官能够做什么而建构和理解的世界。从现代的角度来看，我们可以说所有的生物都在协调他们的感觉器官和运动器官，在它们做什么和这些所作所为是怎样影响它们的所见之间形成有意义的联系。扁虱、蝙蝠的世界和人类世界之所以不同，首先在于它们可用的感觉器官和运动器官不同，其次在于它们协调这两者的能力不同，第三在于它们建构的现实的复杂性不同。所以蝙蝠与人类的不同不仅仅在于它们不同的知觉（对雷达信号的感知和对可见光的感知），也在于它们可以做出的不同的行为（蝙蝠能飞，能倒挂悬崖；人类能做出的动作难以计数）。人们之所以可以开车，是因为他们能够将他们的所见和他们的所作或者希望去完成的事物进行有意义的联系。尤克斯卡尔的原理不仅仅应用在物种特有的世界构造上，也用在物种内的差别上，人们的文化、语言、职业、历史、欲望都不同，因此赋予他们的环境不同的意义，并把它们当做不同的世界。

詹姆斯.J.吉布森（Jams J.Gibson，1979）从第二次世界大战的视觉感知实验中发展了一种关于知觉的生态理论，与维柯和尤克斯卡尔的观念非常相容。吉布森赞成需要以人为中心的语言，既不像歌德批评的那样将人类感知物质化，也不对人间世界做心理分析。非常重要的是，他的实验旨在改善人类对于技术体系的使用。其理论上的两个关键概念是可供性（affordance）和直接知觉（direct preception）。可供性是对一个人根据感觉做事的能力的洞察。所以，吉布森将人类世界的特征描绘为可理解的、可行走的、可坐的、可站立的、可移动的、可区别的或可食用的。可供性是一种观察中的行为者与环境特点之间的互惠关系。可供性描述了对于人工物的使用者具有意义的是什么，而不是那些独立于人类参与之外的或者像超然的观察者所描述的那样。至于直接知觉，吉布森注意到平常的人和事、日常生活或者熟悉的特征的可供性可以毫不费力地被直接理解。孩子们学着寻找可供性，探索他们可以做些什么以及这个世界上的什么东西可以为他们做点什么。对大部分成年人来说，走台阶、开车、写信、在桌边吃饭都是常规事务，是不会有任何问题的活动，这就意味着他们的知觉和行动与环境完美匹配，没有必要去思考或者决定看到了什么或者下一步应该做些什么。这种匹配显得人们不需要反应就知道要做什么并且几乎不假思索地去做。本质上，直接知觉就是产品语意学所谓的不言自明的、直观明显的和自然的。吉布森清楚地认识到人为中心的概念对其工作的重要性，他和他的追随者继续为知觉与行动的生态学匹配的实证研究做贡献。直

---

① 这里给出的单词"actually"意思是可行的，用行动体验过的真相。

到最近，吉布森的以人为中心的概念才进入到交互设计师们的话语中，而这个领域之前一直是被人机工程学的以技术为中心的概念所统治的（Flach et al.，1995）。

然而，没有一个"巨头"谈到语言。吉布森努力为其以人为中心的概念寻找或者创造合适的词汇去描述这个难题，但他没有考虑在从实验对象处获取信息过程中语言的角色，更不用说考虑语言、知觉和行动间的关系，而这正是本杰明·李·沃尔夫（Benjamin Lee Whorf，1956）对以人为中心的概念的贡献。在成为美国20世纪著名的语言学家之前，沃尔夫在一家保险公司做事故调查员，在那里他经历了之后他研究和写出来的种种现象。在一起记录在案的事故中，工人们在一个空的煤气桶中丢了烟头，他们当时不相信这会引起爆炸。"空的"这个词意味着空缺、空虚、一个准备被装满各种东西的容器。这个概念看起来似乎更明显地说明，没有可见证据证明那些桶中装了什么。事实上，煤气取代了那些人们从容器中拿走的物体，但这并非是与"空的"有关的概念体系的一部分，更不用说那些剩余的气体与进入的空气混合成可燃爆混合气。他推测、之后也证明了描述情境的语言将人们从个人知觉指引到可行选择和可能行为。沃尔夫和爱德华·萨丕尔（Edward Sapir，他之后的老师）的基本观点是，语言的词汇和语法与使用这种语言的人怎样思考他们的世界和怎样去改造它具有很大的关系。

大量研究已证实了语言的使用和知觉之间的联系。比如说，柏林和凯（Berlin and Kay，1969）进行的色彩感觉的跨文化实验证实了，在语言中可用的颜色术语与使用这种语言的人所回忆和概念化处理的（不要被这种分辨颜色差异的能力困扰）颜色之间，存在一种清晰的相关性。由形容词和名词组成的名词词组这种语法结构是典型的标准欧式语言，引起对象有属性这一观念。或者说，因为男性和女性之间的语言学差别是一种非此即彼的命题，没有留下可接受的中间立场，所以现在的文化使人们很难接受异装癖者或者雌雄同体人。我们定义好了两个极端，而这之间的模糊地带会引起我们暴力对抗那些无法放进男女属性这样一个方便的语言学分类中的东西。沃尔夫的工作曾被狭隘地解释为萨丕尔–沃尔夫（Sapir-Whorf）假说，这个认为语言决定思维的假说，一直被实证主义者所批评。沃尔夫和萨丕尔的观点是语言、思维和文化（行为，包括对于人工物的使用）的逐渐形成与每个个体密切相关，人类的感知并非把在与文化无关的环境中的对象描绘成抽象的概念，一个人对世界的感知与他如何描述这个世界具有很大关系。这个基本的发现解释了那些生活在一个相对同质的文化中并说着同一门语言的人很容易生活在这样一种幻觉中，他们用自己的方式感知事物，认为其他文化的成员都是异类或者劣等。

所有这些理论家中，路德维格·维特根斯坦（Ludwig Wittgenstein）对我的影响最大。他的作品启动了哲学上的语言学转向，从现实、真理和精神实质的逻辑等抽象的哲学问题，转向到当人们在说一种语言的时候在做些什么（包括产生这样的抽象概念）。维特根斯坦至少有三段职业生涯。第一次达到顶峰是在他的学位论文中，他从他的第一个命题中得到了意义的图像理论，从符合逻辑的论断看来，"这个世界是事实的整体，而不是那些事物"，"我们之所以必须保持沉默，是因为我们无法说明（Wittgenstein，1921：31，189）"。在第二段职业生涯中，他在奥地利农村的小学教书，但同时也作为一名建筑师。在第三段职业生涯中，他在哥伦比亚大学任教并且写成了他的哲学研究（Wittgenstein，1953）。在之后的工作中，他提出了一种意义理论，在这一点上呈现更多的哲学思想，包括他在字面上毫无意义的早期作品。他揭示了一些现在看起来很明显的道理，语言总是在真实的社交场景中用到，由真实的人们说出，与动作同步发生，并且在人工物的环境中。为了调查研究被他称作为语言学游戏的社会实践中语言的实际使用，他放弃了他的哲学基础。他认为，使用语言是一项人类活动，它的有效意义必须在它所完成的活动中找寻。他写到，一个词汇的意义，在于它在语言中使用。语言并不代表着什么，语言是实践，其使用原则不是真实性而是适合性，适合性使语言能在特定环境下能正确地表达，同时也让语言对参与者有意义——这由在语言学游戏中的参与者来判断。我在1.4节中提到的评论的概念阐述了在社交领域中维特根斯坦的语言学游戏。

那么，怎样把这些概念联系起来呢？

歌德、吉布森、维特根斯坦、马图拉纳和瓦雷拉，显然都涉及到了具体化，承认人类的活动不能与真实的行动者、使用者，甚至他们世界的设计者的身体分开来看。尽管常常被当作理所当然，生理学、感知—运动协调，以及背景经验在人们的所作所为中无所不在，或许还相互理解，因此常常被命题逻辑和合理论据所忽略。从被说出的话语中提炼出抽象规则并非被说出的话语本身。这应该会与设计师追求细节和独特性而非一般化产生共鸣。人工物并不能在理论中工作，也不抽象地对任何人意味着任何事情。它们或许或多或少都具有有形的构造，去支持或反对制定的概念。在对于语言的研究中，这相当于从学习书写文字到学习表达方式的转变，从学习语法规则到学习说话者和聆听者怎样做才可以建立合作关系。

维特根斯坦开始看到，意义既不是表示，也不是通货，而是由语言产生。在其语言学游戏的一个例子中，他描述了建筑工人在建造房屋过程中所使用的说话方式。像这样语言与行动的交织性造就了言语行为理论（Austin，1962；Searle，1969），这是理解交互性的关键。尽管维特根斯坦反对意义和真相的具象理论，但认同维柯关于认知与所作所为或者说建构之间的等同关系，也认同马图拉纳和瓦雷拉关于语言作为动作的协调产物的见解。

维特根斯坦也承认意义只存于范围内、在有语言使用的特定情境中、在语言游戏中，或者在他认为等同于语言的特殊使用的"生活方式"中。例如一个专业的话语所保持的边界。拒绝超越自己设置的界限来产生意义，这与尤克斯卡尔的有意义的世界（减去了语言的角色）和沃尔夫基于不同语言架构的文化差异性的探索（减去了暗含在语言游戏中的交互行为）非常契合。有意义的边界这个角色的重要性，可延伸至马图拉纳和瓦雷拉作为意义的自我管理网络、进入社交领域的生物学自生系统论。按照维特根斯坦所言，在谈话范围之外的意义不是固定的，不具强制性，如果不参与语言学游戏，意义是不可测定的（常常是不可察觉的）。我喜欢把这种协调（co-ordinate）比作语言学游戏的隐喻，因为它没有关于输赢的意外意义，在游戏开始前游戏参与者也不必接受什么规则。在co和ordinate之间写下"-"，协调（co-ordinate）暗示了发生什么事情的责任散布在一定范围内。

自然科学家试图否定或忽略他们自己概念里的具体化和以语言为基础的自然，这是徒劳的，而且这种行为最终导致的是追捧以技术为中心的建构。这正是歌德抨击牛顿之处，也促使尤克斯卡尔去反对那些不再研究有机生命体（生物学）而致力于研究器官的机械性能"生理学家"——"生物–学"，毕竟，是对有机体的生命的研究，不是研究人们如何把身体方便地分为一个一个概念组成。以技术为中心和以人类为中心的冲突同样成为贝特森（Bateson，1972）区分对由物理因素激励的行为和通过信息被触发的行为的基础。就像他定义的那样，比如说，当一块石头被踢的时候，它的轨迹是由于踢的物理因素而决定的，然而，一只狗对于踢的回应来自于踢它的人这样对待它意味着什么（1972：460）。对于有机体来说，意义（贝特森会称作信息）既不是一个整体，也不是一个原因。在1930年代，乔治·霍尔伯特·米德（George Herbert Mead）提出了一个全新的社会学研究途径，称作符号互动论（Blumer，1972，1990），其前提就是将意义作为人类行为的中心并且在社会活动中被讨论。虽然米德（Mead）和他的学生关于设计什么也没说，对于语言结构也很少提及，意义的社会属性是这么多学者的理论中设计语意学最应该去欢迎与拥抱的。

米德的理论同时也说明，语言的意义从来不属于个体。正如维特根斯坦坚持的那样，私有的语言是不存在的，这意味着单词的意义在于他们（语言）习得的历史，因此，无论是对于个人还是对于一个文化，意义总是社会性的，是谈话、合作、以及人与人之间协调的历史的结果。对于人工物来说也是这样。所有的人工物都有和社会与文化历史交织在一起的经验历史，这总是包含了很多人和他们对于语言类别和人工物的使用。而且，新的人工物总是从熟悉的东西里显露或者发展起来。人工物是交互的语言。

上述内容不能被当作对以人为中心概念的贡献者的完整的家族史。那需要另外写一本书了。上述内容必须精挑细选。但它故意没有纳入一些耳熟能详的名字，因为他们持相反的认识论立场，比如那些希望用计算机术语去解释思维过程认知的理论家，那些以区分符号和它们所代表或象征的意思为首要任务的符号学家，那些从机械构造入手并让人机工程学家负责使用效率的工程师，以及那些用诱人的外观去掩盖丑陋且不安全的机械构造的设计师。

我认为像以上这些面向以人为中心的根本性的转变促进了在设计上同样根本性的转变：朝向意义的语意学转向。

2.2 意义的公理性

在1.4节中说道，引用他人的话说，有很多从事设计活动的专业人士并没有被称之为设计师——工程师、管理者、医生、政客，甚至建筑师——不要忘了用创造力去达成目标创造自己未来的普通人。尽管设计师的定义标准不甚清晰，但设计师自己很清楚谁是设计师谁不是。拥有设计专业的学位证并不足以自视为设计师，即使从事设计工作也不够。这种不清晰性再一次证实了之前的观察，即设计话语的边界是羸弱的、模糊的，当各种其他话语为了自身的目的试图侵占设计的领地时，设计话语的边界就显得难以划定。大多数的外行人都视设计为应用艺术，觉得它必定与美学有关，不像其他学科那样，有可以依赖的技术知识、技能和责任。与此相反，设计行内的人却在谈论创新思维、学科交叉、拥护用户，还试图平衡社会、政治、文化和生态之间的协调性。设计者这个自我观念隐含着对人工物与人之间的关系的关注。和其他职业不同的是，设计揭示了人与技术交互的问题，这里的技术是指广义上人类所创造的一切——即人工物。

1.2节展示了人的参与程度在人工物的发展轨迹中持续增加。因此，以人为中心是将设计与其他具有创造性和目的性的活动相区分开来的方法。产品语意学出现以来，我们越发清晰地认识到以人为中心定义了设计师口中的设计，并且提供了过去设计话语一直缺乏的清晰性。在这个话语中，意义的地位至高无上。产品语意学的早期工作显示，意义比功能更重要，这使我们得出一个公理：

> *人们的见闻和动机并非来自事物的物理属性，而是事物对人们的意义。*

上述观点，对于以人为中心的设计话语是不证自明的，基于这个公理，计师能够概念化他们的目标、组织他们的工作并对他们的设计做出引人注目的阐述。这个公理也说明设计和其他学科的所教和所做有着显著的区别。过去，设计师在工程、艺术、市场调查、计划流程、视觉传达和客户权益之间彷徨。他们需要每个方面都了解一点，但无法在任何一个方面得到权威的尊重。设计师的成功难以解释。因此，设计师往往最终会被不由他们决定的标准诟病和打击。设计师关于人工物对于他人（包括用户、第三方、批评者，如果不是对所有人的话）的意义有着非凡的洞察力，这种洞察力非常重要，但却很少有明确认可。将意义作为设计思考的中心，将会给设计师带来独特的视角和其他学科不曾研究的专业知识。此外，这个公理显然的不可反驳性为设计师对他们设计作品的评鉴标准提供了一个坚实的措辞基础。

虽然将意义置于首位的做法没有得到广泛的认可，但它始终扮演着中心角色。显然，兰博基尼的车主们之所以花那么一大笔钱，忍受那么多不便，因为拥有和驾驶一辆这样的车对他们来说有着特别的意义，而在公众场合驾驶它的时候也将这种意义传达给了其他人。没错，汽车是拿来开的，这需要大量彼此关联的工程部件为了实现特定的功能而可靠地工作，并且对驾驶员的指令做出反馈。但对于那些兰博基尼的驾驶者来说，汽车各部件的功能被他们视为理所当然，这些作用不得不让位于他们驾车时的自我欣赏和招来他人羡慕的眼光。美学理论很难对人们赋予汽车的非凡价值做出解释。毫无疑问，一辆兰博基尼对于其驾驶者和公众的意义与设计不无关联。但为什么传统的设计理论很少涉足意义这一主题并从上述简单而深刻的公理中获得措辞上的优势呢？这难以解释。

以意义为中心的公理同时适用于非技术性的人工物。例如，人们需要摄取食物，但人们会理所当然地选择在好的餐馆里用餐，为了满足味觉和视觉的快感而享受烹饪的乐趣，通过谈论食物人们展示了自己喜欢什么不喜欢什么的原因。由于传入了法国某些地区的烹饪词汇，有时候人们享受某种食物的时候用一种称呼，当计算卡路里时，又换一种说法来称呼这种食物。一个人对食物中化学成分的理解会影响到他选择吃什么、怎么吃、吃多少，但实际上基本不可能影响他的消化，一个人的消化并不受他的理解所控制。所以人们吃的是他们认为美味的、在文化上可接受的、并且让他们吃之后感到满足的东西，人们吃的是那个东西对他们的意义。"真正"能进入人类消化系统的东西其实是人们不能接触的。无论人们学到了那些关于消化原理、食物金字塔、卡路里、脂肪和维他命的知识，无论对错，都完全是概念上的、属于语言的意义领域的，而不是实际发生在人体内的反映。

服装和食物也没有很大差别。对于穿着打扮，人们没必要知道布料是如何编织的、染料的化学成分是什么，也没必要了解缝制衣服的印度廉价劳工的生存困境。人们真正在乎的是在穿着它们的时候是否感觉良好，而这种良好的感觉，至少有一部分来自于人们穿衣服时期望别人可能做出的评价。

举一个通俗易懂的例子，我们姑且说说女士的高跟鞋。高跟鞋宣称可以让人看起来很优雅，可以使女人的腿看起来更修长，还可以使穿着者显高几英寸，这些全部都是穿这种鞋子所怂恿的语意上的好处。但事实上，即使步行一段常规的距离，它们在人体工学上也是不适合人体的，长距离的行走只会伤害穿着者的腿。很明显，这并没有妨碍高跟鞋的大量生产和广泛应用。当一个女人从一个正式场合回家，第一件更换的就是那双不舒适的，只是用来在他人面前展示自己的高跟鞋。

很显然，意义比功能意味着更多。汽车、食物和时装首先都是社会和文化的人工物，意义不需要完全符合惯例。意义决定了技术的使用，尤其当人工物超出了用户的理解范畴时。确实，如果计算机、电子产品、移动电话、网络、飞机、核电站，甚至政府都只允许那些知道其工作原理的人们使用的话，那基本上等于没有人能用它们了。关键在于，对人工物的理解总是需要借助一些相对复杂的东西。以电脑为例，它的设计、生产、维修、销售，以及在政治活动中运用电脑，这些需要完全不同的知识。我们不能忽略的是，设计师、工程师、商人、政客、文化评论员和用户都生活在彼此不同的世界里，他们行为的根据是他们带入到自己经历中的那些不同概念，那些看起来在所有人眼中都是一回事的事物其实被他们分别赋予了不同的意义。虽然物理学家认为他们是描述这个世界在客观上"是"怎样的最高权威，但从来就没有一个对任何东西都适用的正确描述。我们知道，不仅仅是物理学家曾改变过他们对于宇宙是什么的想法，我们没有任何理由去说任何一个世界的建构要比别的优秀，不管是用户的、心理学家的、设计师的、工程师的、物理学家的、经济学家的，还是环保人士的。对世界的选择往往关乎于能否乐在其中和能否做人们准备要做的事情。语意学转向给设计师提供了一个属于他们的世界。

揭露事物意义背后的真相是可能的吗？这是自柏拉图概念化视觉表象背后的理想形式后，很多哲学家自问的问题。这个问题在自然科学家自问"他们究竟在测量什么东西"的时候再次活跃起来。但所有对这些相关问题的回答都是以语言来呈现的。事实不会替自己说话，而我认为这些问题是来自于语言学上的语法规则。"A有着意义B"这种命题形式在提出"B"的时候假定了"A"。在这样的命题里，就假设了物质存在于一个叫意义的实体里。本体论命题的对话根源在1.3.7节中讨论过了。因此，这种命题的使用者被误导到了一个有着可知晓的意义的现实世界中，而他们不明白正是他们自己的概念造成了这个现实世界。每个概念都是某个人的概念，每个人工物对它的使用者来说都是有意义的，但对不同的人具有不同的意义。工程师的语言对工程师有意义，但这些语言并非唯一的真理，不是工程师的人就没必要了解。在物理学家的世界中，功能是不存在的。对于销售人员而言，销售利润才是实在的；但对于敌视为追逐利益而破坏环境的环保人士来说，利润可能就不那么重要了。什么都逃脱不了公理的影响。它阐述了一个强大而不容否认的真理，致使人们为了它给设计话语带来的好处而完全拥抱它。如果意识不到它的强大，设计师就注定在其他话语的幽魂中随波逐流。

2.3　感知、意义和语境

符号互动论学者，比如米德和布鲁默（1990，2000），很可能喜欢上面提到的公理。但因为社会学家关注的是解释，而不是设计，他们所支持的观念与设计师有所不同。对于以人为中心的设计师，这个公理定义了设计话语的边界，包括设计方法和设计师的专业能力，因此它带有强烈的修辞意义。当采用意义作为设计的核心时，设计师不能只是阐述原理，而必须更加详细。以下的文章尝试用感知的方式定义意义和语境。

2.3.1　感知

感知是一种不需要通过反思、理解或说明的方法而接触世界的感觉。它包括所有的知觉：视觉、听觉、触觉、味觉、嗅觉，甚至动觉。若不是查尔斯·皮尔士（1931）对于符号的表现本体的坚持，感知可以等同于他的"第一感觉（firstness）……我们立刻意识到的事物的品质。"[①]尤克斯卡尔（1934，1957）将这里所说的感知描述为生态适应，也就是环境对于生物体所做的循环反复支持。吉布森（1979）称之为直觉。感知既不是等同于进入受体器官（如视网膜）的刺激，也不是刺激的编码。前文已经提到色彩不是刺激物的属性，而是眼睛产生

---

① Peirce1.343段，括号内是我想表达的意义，也就是说我会考虑这种被明显联系世界的感觉，像认识一样，而非知觉。

的。感知是一种背景,用于凸显那些异常的、意外的,或者不同的事物。感知是一种不言而喻的、理所当然的、近乎无意识的对事物的察觉。大部分感知都来自于熟悉的、正常的、没有任何问题的周遭环境,这使得一个人可以把注意力集中在某件其他事情上,比如坐在沙发上看着报纸,或者边骑单车边关注交通情况。感知也是由性情、需求、期望、情感组成的,所有的这些都与人的身体有联系。

正常的、或者说合意的感知状态就是那种在自己的世界中舒适自在的感觉,像在家一样有安全感。这种感知状态使一个人"在状态上",能与正在进行的世界协调一致。因此,特定的感知是无法解释的。不舒服、疼痛感、对陌生感到恐惧、失控、不知所措等各种各样不同的感知都是没有维度的感受。也许从旁观者的角度来说,在反复的交互中,在感官注意力和运动行为之间稳定或持续的互动中,我们能够指认出什么是舒适感。但这样的解释往往浮光掠影。感知的几个特征如下:

- 感知永远是属于某个所有者的感知。感知是一种具体的现象。一个人的感知不可能被其他人或其他物理工具所替代或者复制,而由某些事物制造的感知也无法被别人观察到。

- 感知是模式化的。感知来源于大量不被意识到的概念细节。例如,人们进入一个熟悉的房间时面对很多事物,但往往不会有意识地去区分它们,但如果某些事物出现异况或者有什么东西不见了的时候,人们在发现那个不正常的事物之前会感到困惑和不舒服,感到需要解释或更正。旁观者往往从人们过去接触的人、物、生存环境中去理解其感知特质。他们把感知作为一种依赖于记忆的(重新)认知,而感知却并不包括这段历史也不意味着对这段记忆的加工。

- 感知发生在当下,既不在过去也不在未来。感知一直存在。我们和感知一直保持接触。无论过去发生的和未来将要发生的,都不是当前感知(瞬时性)。感知并非快照。一个人可以在运动的时候产生方向的感知。

- 感知很难从它的原因或从人的期望中辨识出来。椅子如所看见的那样是把椅子,而这把椅子在这特定的时刻被看到了的原因并非我们感知的一部分。人们难以领会超越或滞后于当前的感知。怀疑论者都知道"就跟这一样的东西(Things-as-such)"是不存在的。伊曼努尔·康德(Immanuel Kant)以这种见解作为其认识论的基础,而建构主义者在此基础上更进一步。正如马图拉纳所认为的,在当下,既没有幻想、也没有错误。

- 最后,感知是不可怀疑的。感知可能是一个选择行为的结果,但感知本身不提供任何选择。人与人之间的感知可以不同,但这种不同是不可见的。感知也许最后只是一种错觉,但一旦被感受到,它就是真实的。感知不存在真假。感知的存在不证自明,所以感知永远被信任。

当我们说一个介面很明显、自然、并且通过直觉就能使用的时候，我们其实谈及的就是感知。把感知看作是一种具化的现象可以防止人们混淆两种不能放在一起比较的现象范畴：一是观察者对某个第三者的意图或反应的描述；二是一个人自己对被观察者的感知，而这个人很可能要对这个被观察者作出反应。理论家可以依照自己的感知来构建世界而不依赖其他被观察者的感知，但理解总是属于某个人的理解。感知这个概念承认了人们熟悉、接触并观察着的某个东西，这个东西通过其他方式基本上无法触及。

2.3.2　意义

从基本层面而言，对于感知到什么与将要发生什么之间感知差异，意义起到修复作用。意义是一种与这个已经变得不确定而且令人怀疑的世界保持接触的方式。更加复杂的意义能解释一种感知如何嵌入在其他感知的语境之中，以及在这种背景下感知所扮演的角色，或是在同样语境下为什么某些事情能够说得通俗易懂。在语言中，当一个人基本的感知和认知在某种程度上不够充足或不够明确时，意义就被问及，意义是问题"这是什么意思？"的答案，它给出了在这个问题中考虑什么需求。

下面相互补充的意义的五个表现形式有所区别，这五个表现形式分别是在认知中、阅读中、语言中、与他人交谈中，以及作为在其他事物的语境中的重复呈现（重现）。

图2-1　鸭子–兔子：可选择的意义

- **认知**。在认知中，看的不同方式可能引起不同的意义。把某一事物"看作"另一事物的最简单的例子就是所谓的图底反转图形（flip-figure）。维特根斯坦曾讨论过图2-1[①]所示的图片。你可以用三种方式去看它。若不多加注意，它只是纸上的一个线条，如果注意它的形状，你能够看到它是一个兔头或是一个鸭头。如果不去刻意注意它，我们不会在不同的观看方式之间做出区分。不管看到兔头还是鸭头，这都是一个无意义的图形。在没有反馈的正常情况下，一个人可能就转去注意其他事情去了，永远都不会意识到还有另一种观看方式。一个人如果意识到这张图具有两种观看方式，意味着他能够认识到两种图形之间的区别，以及看这张图的两种方式之间

---

① 维特根斯坦（1953:154）在Jastrow（1990）基础上的改编本。

的区别，这使得他认识到这是一个具有两个意义的图底反转图形。为了减轻认知负担，在一般注意力下，我们通常将知觉限制在一个简单的感知中。

同样的，人们既可以感知椅子也可把某些物品"看作为椅子"。"把A看作B……"意味着能够对被感知到的东西（A）和被看作的东西（B）做出区分，并为认知带来了感知和意义的区别，这个区别在其他情况下很难被注意到。把某物看作椅子，说明这个物可能有多重意义，其中"用来坐的椅子"只是这些可选择的意义中的一个。所以，在认知中，人工物，也就是对它们的感知，意味着脑海中浮现的所有可能性和所有约束条件。

如前所述，感知不能被简化为触发感知的物理条件。另外，意义和一个人感知人工物的身体参与也是不能分开的。事实上，我们可以认为是认知使得我们身体与周遭环境特征的协调有意义、可控制、可利用。吉布森（1979）把这种观点作为他的以人为中心的生态认知理论的基础。他的启示在于，意义表明了人类可以根据自己的意愿将现存的感知转化成另一种。例如，当我们说一个手柄的握持性时，感知者预想着一个感知序列，当前的感知是这个序列的一部分，这个感知序列可能会引导一系列的对这个把手的握持和移动，直到达到那个想要的感知状态。当我们看到楼梯是否好爬、铁丝是否易弯、椅子是否好坐、食物是否好吃、以及车子是否好开，我们感知到的东西触发了我们预想的感知序列。汽车的意义当然包括驾驶它的能力，也就是把一个人现在在哪的感知变成其想去的那个地方的感知。然而，一辆汽车往往也有其他意义：向邻居炫耀，私人谈话场所、运输货物、修理等。因此在经验上，人工物意味着它们能为我们提供的，就是我们能想到的所有用途的集合。回顾我们如何熟悉某一特定人工物的历史，我们能够把它与其他人工物区分开来，能够了解它的各个组成部分，预测它的行为，想像有谁以何种方式使用过它，担心发生什么事使其不能正确操作，所有的这些意义构成了这个人工物"是"什么。

- **阅读**。在阅读中，意义体现在文本文字的组合中。阅读和写作是相辅相成的，一个不会阅读的人也不可能会写作。通过文字和文字间组合可以为书面语言提供几乎无限的表达可能。但，对于作者和读者来说，任何文本首先必须有意义，因此，词语的选择是受限制的，因为最起码一段文字要对作者和作者认为的读者有意义。

人们一般可以对以下三者做出区分：句法约束，比如一条语法规则；语意约束，哪些字词可以和哪些字词一起出现；以及情境约束，通过当前的情境能够得出哪些合理论断，并保证我们对自己说的东西负责。但这是分析上的区别而非读者使用上的区别。阅读通常是流水式的、快速的，并且很大程度上是没有反馈的，以至于读者无法指出他所阅读文字的语法规则。他们阅读的文字是怎么写出来的、为什么文字要这样组合、作者在写作的时候要考虑些什么，关于这些问题的假设早已被读者内化，读者自己却不可能意识到。语言赋予了文本的意义，往往这个意义也以文本的形式出现，有时则通过某种形式的演示。因此，正如人工物一样，文本的意义一定会受到感知影响，但感知仅仅限制了文本大量的可能的解释。没有什么因果关系可以决定一段文本的意义，但文化却限制了阅读的可选择性。没有共同的社会习惯、历史和语言使用，作者所要表达意义与读者所理解意义之间将产生差异，正如人工物的意义对于它的设计者和使用者来说无必然联系一样。对于阅读，文本的真实性是次要的，正如人工物的使用对于意义也是次要的一样。

- **语言**。人工物的意义也通过我们怎么说它体现出来，我们谈论它的危险、难以操作、代价和好处，以及旁观者可能给出的意见。语言提供的观念对人工物是如何被接受、形成观念并被人谈论非常重要。想想上文提到的沃尔夫（1956）容器的例子，因为它被描述为"空的"，人们因此认为它没有任何东西，包括具有爆炸性的不可见气体。叙述将人工物放到语法的结构中，不仅能提供名词对象的语言环境，而且定义了读者对所提及人工物的看法的维度。广告总是尽其所能将市场上的产品和高质量联系起来，因为强调质量可以提高销量。高效、易用、轻快、有价值、有吸引力是人们对人工物的语言描述，这些描述是可测量的，但如果不用这些说辞，人们往往并不认为这些属性很重要。某种汽车有多强劲，它耗费多少能源，与竞品比如何，这些问题我们首先通过语言听说；虽然这些并非显性，但影响到对汽车的看法、购买、驾驶、享受。语言通过其独有的方式强调了人工物那些重要的、值得讨论的，而且看得出来的方面。在语言中，人工物意味着它们的名字在说话和文字中可以合理占有的可能的语法位置及语意位置。如果语言能够承受相反立场的挑战，那么它就是合理的。

- **与他人的交谈**。当我们意识到别人对事物的看待似乎与我们不一样时，当他人以我们所不能理解的方式描述或操作人工物，当他人以不同于我们的立场阐释个人世界，意义的问题就出现了。这种差异的经历对我们自己认为显而易见的知觉提出了挑战，放下自己的成见去接受其他可能的版本也要求我们能够解释这些显现出来的差异。因为我们无法体会到他人的感知，无法获得他人构建的意义，也无法了解为什么别人眼中的世界如此不同，毫无根据地摈弃他人观点有失偏颇。但在交谈过程中，考虑到大多数人能够给出其做法的合理理由，因此解决这些分歧最有意义、最实际的办法就是询问开放性问题并审慎权衡其答案。设计意义的问题会产生一些故事，在这些故事中，人工物扮演着故事叙述者赋予它们的角色，这个角色与叙事者和人工物之间的经历一致。虽然故事并不能囊括所有要表达的信息，尤其是它们之间的感情和默契，但交谈给设计师与他人之间的相互理解提供了一个窗口。这种理解的关键是不含偏见的倾听，避免掺入自己的成见，以及谨慎地使用我们自己的话去重述。这就是人类学研究需要做的。在交谈中，人工物意味着关于这个人工物意义的所有可能回答，也就是在相互尊重的基础上对这个人工物的任何可能描述。因此，意义不是商议出来的，意义等同于在交谈中人工物所能扮演的所有角色。

- **重复呈现**。我们都说摄影图片重现相机镜头前的内容。的确，相机的光学性能使其有映射功能。即使对于不在场的观众来说，一张摄影图片也是具有意义。但他们无法判断映射功能。他们唯一可以拿来比较的是他们的想像。毫无疑问，照片是被感知的，但这不是我们拍照的原因。对于在别的时间、别的地点发生的事情，照片是最容易被理解的展示工具。照片和图片可以反复被感知，使事情一遍又一遍地呈现，尽管可能每次稍有不同。因此，图片意味着他们能够重复呈现给观众，也即再次展现。符号学家皮尔士（Peirce）[①] 谈到了图标（icon）的概念，认为图标是建立在喻意相近基础上的一类符号。但实际上它并非一个符号（即一幅图）的近似，也不是这幅图所表示的东西（即现实）的近似，而是观察者运用他们的感知去生动地想像出其他东西（即它的意义）的能力。

重复呈现比有意图地展现（照片、图画、目击者陈述）更为常见。例如，当看到一本书时，人们往往从特定的角度和观点来感知它。这只是大量可能的感知中的一个感知，而所有这些感知的共同意义就是书。一个从来没有体验过计算机的人，他永远只有一种看法。重复呈现可以为许多方面服务，这就是它的意义所在，是以人为中心设计的保证。

下文中意义概念的5个应用都有以人为中心的成分。虽然阅读和重新陈述所产生意义对于行为没有明显影响，但技术人工物的意义几乎总是涉及可能的用途。

- 意义是一个结构空间，是一个感知预期的网络，一种处理人与物的可能性集合。意义对行为的导向作用就像在地图上指出某个点出发的所有可能路径。创造行为可能性的能力将人类的行动和机械行为区分开来。按下按钮门铃就会响，门铃别无选择。但一个人对门铃响声做出什么样的回应，与他能想到选择有很大关系。

- 意义总是某个人的建构，恰如感知总是某个人的感知。因此，意义总是体现在其所有者身上。就算交流也不能使意义分享出去。交流所能达到的只是一种概念的协调，一种共同感觉的展示，以及在对话中确定被别人理解的感觉。

- 意义出现在语言的使用中，尤其涉及人与人工物的交互中。意义既不是事物固有的物理属性或材料属性，也无法定位在人类的思维中。恰如文本的意义通过阅读体现出来，人工物的意义在于人与物相互作用（以及通过此人工物与其他人工物的交互）。人类通过参与这些过程，不断开放观念。

- 意义是不固定的。人类与人工物相互作用的特征是人类的观念不断开放。意义由以往经验构成、延展、传播，恰如想像力一样。限制这种灵活性的是人类参与的可行性和经济性。

- 意义由感知引起，感知也是意义引起的一部分。因此，当前感知是其意义，特别是

---

① Peirce（1931）的1.343段。

在当前感知下一个人能做什么的一种换喻。吉布森①认为意义是被察觉到的可供性
（perceived affordance）。②

　　艾柯（Umberto Eco，1976）曾经定义"本质上，符号学是研究所有可以用来说谎的东
西的学科。"这暗示着这里对意义的定义并不要求具有意图。但无论意图还是意义，在替代
物的重要性上意见是一致的。如果没有不真实的东西可说，一个人无法撒谎。如果没有意识
到某样东西可以通过不同的方式去看（阅读、理解、或者使用），意义就无从谈起。矛盾与
冲突的可能性来自于替代物的存在。图2-2描述了关于人工物的两个例子。梅拉·奥本海姆
（Meret Oppenheim）设计的覆盖着毛发的杯子、杯托和勺子显然无法使用，这样的表面会被
我们的嘴唇排斥。曼·雷（Man Ray）将13个钉子粘在一个熨斗最重要的特征部位——用来
熨衣服的光滑金属面，使其彻底失去了原有的功能。

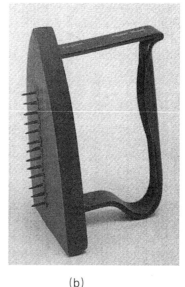

(a)   (b)

图2-2　语意矛盾　（a）梅拉·奥本海姆（1936）设计的内附皮毛的杯子、汤匙和茶托　（b）曼·雷
（1921）设计的熨斗

　　图2-3总结了一些上述观点。在图中，感知，作为永远真实且不可置疑的、被描述成通
过转喻唤起意义——之所以说是通过转喻，是因为当前的感知总是属于感知所引起的一部
分：即一个人所感知到的意义。多重意义意味着要从多种行为中做出选择：这些行为相互关
联，以共同应对某件事情，要么让事情朝着正确的方向发展，要么将事件重构以达到预期的
感知。意义转化为具体行为也会引起对感知的预期，而实际感知到的行为序列既可能支持之

① 理论提供，吉布森127~135页。
② 在这里意义所倡导的概念明显不同于符号学的见解。符号学从标志的代表性（象征性）中寻找意义。从
　车辆标志属性中寻找。在一次关于建筑意义的讨论中，探索无数的概念化方法后，符号学家艾柯（1980：
　58）最终要求离开建筑物，并将所有可能的解释留给了租住者。他的观察可以作为对以人为中心阐释的
　一种支持，人工物具有许多意义，甚至把意义的概念作为一种可能性空间——语意学转向概念的起点。

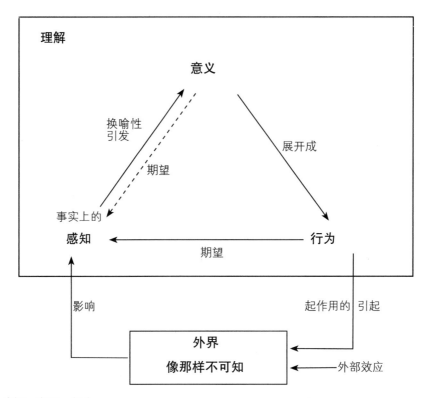

图2-3 感知、意义、行为

前的预期,也得能将其推翻。我们认为外部世界(也即人工物)是可控的,但只是部分可控。外部世界就其本身而言是不可知的——除非通过感知一个人自己的行为序列,并在遇到问题时修正其意义。

意义不仅是以人为中心设计的核心,也为设计师提供了一种新的"因果关系",下面这句简单的理解很好地抓住了这一点:

人总是根据他所面对的事物的意义而行动,无论他面对的是什么。

这句话并不能等同于物理上的因果关系。这句话往往涉及到一系列的可能性,并且假定人类能动性的存在。一个问题可以勾勒出一系列可能的答案,而不是预测其中的一个;同样,意义意味着一系列可以想像到的用途,并排除那些无法想像或者不合适的。

2.3.3 语境

一个图像必须放在背景中才可能被识别出来,同理,有可能性就意味着有约束和限制。上面提到的意义必须放在语境中去讨论。事物所有的意义并不能在任何时间都被全部意识到,并非所有被察觉到的启示在实际的行为中都能给予启示,也不是所有的想像最终都能付诸设计。意义和语境就像双胞胎,但他们的表现形式却很不一样。语境起到什么作用呢?

- **语境限制了意义的数量**。通常，意义本身是多方面的。它们可能体现在很多方面。给某件事物指派一个意义的意图合乎逻辑，但这是虚构的，虽然有时候假设这样一个虚构很有用，但虚构毕竟是虚构。在没有特定语境的情况下，一部词典通常列出了一个词的好几种意思。合格的词典使用者能够知道哪个意思是他想要的，因为他能意识到这个陌生词汇出现的语境。同样，人工物在不同的情形下，对不同的人意味着不同的意义。在街道上出现的交通标志的用途是指挥交通、警示司机。外观相同的标识在学生住房的墙上可能被视作为装饰或反抗的记号，当然这时候肯定不是用来指挥交通。锤子在工匠手中是一种用于建设的工具。如果锤子是在一个死人旁边发现的，那它就会被视为谋杀者使用的凶器。对于博物馆里的一具非洲面具，一个人能介绍的全部都是它的意义，但这些意义没有一个能等同于这个面具对一个部落仪式舞蹈者的意义。语境的变化引起意义的变化。

了解并运用语境的约束能使设计师受益匪浅。某些语境本身就具有强制性，看上去没有明显的理由。对于像交通标志、制服、国旗、法庭座席之类的体现制度安排的人工物，我们总是认为使用者不可以偏离他们特定的意义。在工业时代，生产商倾向于教用户如何使用他们的产品。然而，在后工业时代，我们越发地希望产品的使用能在特定的语境下不言自明。我们总说所有意义都来自于在语境中对事物的观察。如图2-4，它显示出了五个字符。如果遮住顶部和底部的字符，那么中间就是一个"B"。如果遮住左边和右边的字符，那么中间就是一个"13"。很明显，不管你怎么看都会受到相邻字符的影响，看"作"什么依赖于语境。著名的"格式塔感知"原则能够解释这个特别的例子。意义对所感知的语境的依赖性很强。一些感知理论研究者实际上将语境与意义划上了等号。然而，在这里可以得出结论：人工物的意义就是其所处语境所允许的。

- **人类能动性在使用的社会语境中非常明显**。因为意义和赋予的功能并非在物理上可度量，但却引导着人们的交互活动，他们如何能经得起观察（独立的观察，而不是个人参与人工物其中）？简短的回答是：人无法观察到意义，只能观察到意义对行为产生的影响。例如，假设不允许提问题，当你观察到某人在使用椅子时不只是为了坐在椅子上，而是把它作为书架、衣帽架、爬高用的梯子、缠绕毛线的架子、或者一个享有特权的家庭成员的椅子、抑或是有交换价值的东西，你可以这么认为，无论那把椅子对于用户来说意味着什么，椅子的意义肯定允许这样使用。或者，如果我们看到有人将一把倒了的椅子扶正，修复它的断腿或将它擦洗干净，这把椅子并没有被当做一个物理实体，而是显示出它拥有着其使用者想要保存下来的意义。我们观察到的这一类行为证明了很多日常行为无法证明的人类能动性。赋予人工物意义的方式有很多种，我们能观察到的只是很少一部分。这不仅仅因为有些意义并不会让行为产生明显的差异，比如情感上的意义，同时也因为在我们观察到的特定的意义使用语境下，并非所有的意义都被激发出来。因此,对所持观念的作用结果的观察并不能揭示真正持有的观念的本质。

图2-4 不同语境中的不同意义

通过观察、录像并分析人们如何将产品放入特定的环境之中加以使用,你会获益匪浅。仔细观察,尤其是观察失败或糟糕的实践,往往是好设计的开始。然而,这种观察受到了产品使用语境的限制——这种限制来自于产品的使用所需要的物质上的支持,如果没有这种支持产品则无法正常使用,就像汽车需要一个道路系统、铅笔需要纸和一个光滑的表面才能书写一样——但也因为这样的使用可能会受到社会语境下参与者定义的规则和期望所支配。观察者的兴趣在于探究意义,而他们所面临的挑战是区分无意识、习惯性或机械式行为的意义影响。后者往往出现在一个当时无法改变的序列中。相反,意义则需要使用者能够意识到不同的使用方式并且有能力选择不同的使用路径,能够应对逆境,或是纠正可能的错误而不是碰运气。因此,从局外观察者来看——用录像的方式记录人工物的使用支持了这个观点——在丰富的使用语境中能够观察到人工物意义的作用,这种使用行为是不能被物理现象、习惯或偶然行为所解释。

观察者常常假设他们看到的别人同样也能看到。这种对等的假设——给予了外部观察者的意义更多权重,而代价就是这些意义总是指向一种观察到的用户介面——要对设计中的功能主义和社会语境中的行为主义的失败负责;这种假设现在被认知科学领域采用。在日常生活中,人们不仅会观察彼此对物品的使用,而且会评价和评论偏离预期的使用,鼓励那些看起来有益于社区的新奇用途,或者批判危害他人的行为。这一类的评论将人工物的使用带入了语言的领域,并且展示了其社会意义和交互意义。他们同样也假设并演绎人类的能动性,人们彼此为所做之事负责。把观测的资料放入一定的社会语境中,这些语境包括在社会生产过程产生的语言解释、批评、指导、咨询等,因此需要丰富的观察资料,否则得出的结果就会有偏差。然后,通过观察和口头描述,人工物的意义在一系列的社会语境下变得明了,这种语境下人工物的使用不会招致不赞成或惩罚。

- **共同语境化**。正如数据和理由通常在不同的背景下可以互换,这也适用于理解产品的意义。一个产品部分的意义取决于其整体意义,正如其整体意义取决于其部分意义。整体与局部是相辅相成的。了解一个复杂的产品就像读一篇文章，尽管产品可以被触摸和把玩，但不仅仅只是用于观赏。可以通过组织语言来描述一个物品的特征，单词构成句子，句子构成段落等。需要理解的是句子的意义，如著名的解释学理论。它可以从一些假定的最初词组的意思开始。一个人必须假设一种语法结构来理解这些话。假设有一种结构用于修正某个语境中词语的意思，导致根据句子的意思来修正单词的意思和根据单词的意思来修正句子的意思。通过这种方法，能够满足读者的需要，解决那些表面上的看似不相容的问题。这同样适用于弄清一个产品的各功能部件之间的关系、相互隐喻的安排，并作为一个整体功能如何与其他产品和用户的意图相联系。图2–5描述了它的一般过程。

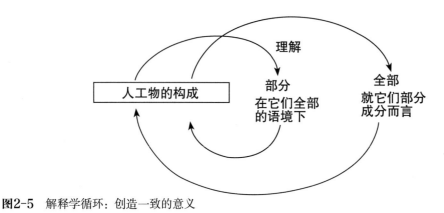

图2-5　解释学循环：创造一致的意义

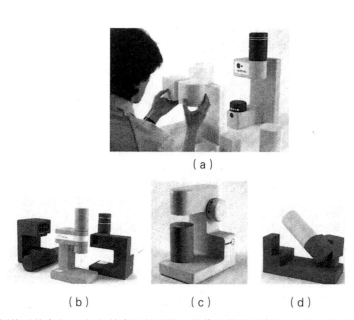

图2-6　在共同语境下的意义　（a）给定组的形状，就像这样毫无意义　（b）从L到R：熨烫设备、榨汁机、开罐器　（c）厨房设备　（d）望远镜

　　解释学循环解释了人们如何呈现多元人工物意义，无论通过它们的内容还是实体。图

2-6中为了加强人们理解的语境,莱因哈特·布特给俄勒冈州立大学设计专业的学生一组基本和本质上毫无意义的几何形体,并要求他们仅利用这些形体来组合成各种不同的电子产品。这个练习展现出各个部件在相互作用的语境下如何确立自身的意义,整个产品的意义来源于对它们所做的安排。这次练习明确表明,从这些基本模块,可以构造大量不同的器物。在这些不同的语境之中,这些几何形体被假定成不同的意义。

设计师所界定的这部分主张,并提出了其意图:建立某种意义,通过改变边看边做的方式和依赖产品使用的背景。第三至六章,将更具体地说明了发展物品意义的4种方式,这些就是设计的核心部分。具体地说,第三章关注使用的意义,提出人性化介面理论,揭示使用者和使用物品之间的关系。第四章提到了人工物在语言环境的意义,并发展了一套关于人工物在人类交流过程中扮演更多角色的理论。第五章关注物品生命周期的意义,提出了人工物如何形成的理论。由于设计师参与构成人工物,可以认为它是一个专业设计的理论轮廓。第六章讲的是生态产品中产品的意义,提出了不同种类的产品之间进行互动的技术理论。它也可以被认为是一种基于社会学理论的设计文化。

下面给出了三个其他的概念,它们是语意学转向的核心部分:以人为中心的设计理念、基于用户知识的设计理念和基于社会文化的设计理念。

2.4 设计中的利益相关者

设计师被一些聪明的人包围着,这些人对设计过程的结果感兴趣:客户、工程师、首席执行官、金融机构、销售人员,还有为设计开发的流程制定时间规划以及研究设计原型以探讨设计可行性的机构成员。尽管用户已被广为描述和争论,设计文献很少谈及用户。事实上,很多专业人士谈到用户,好像他们很熟悉用户的特点,感觉他或她真实存在。产品满足用户的情感需要是一个很重要的销售点。"可用性"最近进入设计的探讨,以及那句"以用户为中心的设计"是建议设计师需要站在用户的角度思考,以满足用户的实际需求。以人为中心,语意学转向明确地想用户之所想,但陈旧的用户数据参考令人难以把握。原因如下:

- 用户是虚构的,充其量只是一个统计学假象。比如说,人机工程学的表格数据根据男女性别取平均尺寸。他们并不说明在尺寸数据中的实际人数。统计学中,符合女性平均尺寸标准的男性和符合男性平均尺寸[①]标准的女性数量几乎相同。符合所有统计学属性的人很少见,甚至在现实生活中并不存在;有着两到三个孩子的家庭就是一个实例。

- 用户是工业时代的发明,制造商提供商品给他们的主要顾客:"最终用户"。这个时

---

① 在男性和女性在对应平均值中有着相同的标准差的假设下,这是正确的。

代的技术忽视了产品潜在用途和用户的合理性，而理所当然地把中间用户看做最终目标用户。产品在到达用户手中之前，它会被很多技术或者服务人员经手：比如为了解决工程问题，为了保持工厂里面的工作，为了促进营销，或者为了提供促销配件。在结束其使用寿命之后，它可能会被送到维修店，为回收公司牟利，这对于住在垃圾场附近的居民来说是一场噩梦。所有的这些人和更多别的人可以说是"使用"工业产品，尽管在很多方面体现出与最终用户的消费观念不符。受限制的设计只考虑最终用户的需求而不顾及其他接触设计的人们，这是一个严重的问题。

- 很多设计师认为他们自己是用户的拥护者。在工业时代，这也许是一个极佳的道德立场，在此期间用户没有任何诉求。然而，由于出现高智商的用户，有效的消费者权益保护组织，较强的环境保护机构和消费者研究机构，作为设计师，必须考虑这些方面的因素。没有用户的同意，用户研究的倡导者不可能这样声称，就像用户拿不定主意，需要设计师告诉他们什么才是好的。

- 在第一条所提到的统计数据的定义和上面提到的观点一致，但，我们不能为了应付用户研究机构而忽视用户的诉求，应该为用户留出足够的空间去界定他们自己、做一些他们自己感兴趣的事情。

从根本上讲，语意学转向需要尊重思想、价值与那些受技术限制的目标。在一定条件下，去倾听和了解用户所说的、所要的和他们的观点和兴趣。对于设计者来说，倾听可以采取多种办法，可以邀请那些有兴趣的人加入研发团队。参与式设计比较适用那些不太喜欢说话的用户。

产品语意学的概念开始取代个性平均的概念。用户被利益相关者定义。

- 在技术发展过程中（利息）索赔的股份（设计或其后果）。

- 专家用他们的专用术语，他们声称对股票的发展非常的熟悉。

- 愿意付出行动支持或者反对这种发展。

- 愿意动员他们所需要的资源：信息、专家、金钱、时间、连接到他们社区的成员以及这些成员的地位。

就产品语意学而言，利益相关者显然包括那些购买但不使用科技的人，很多不同类型但能为设计带来成果的人，不仅消息灵通而且在各自领域充满创意的人，能够很好地预测和构思出用户使用概念的人。

通过从服务最终用户的概念转变到关注利益相关者网络，意味着设计从一种技术或理性的问题解决活动（Simon，1969/2001）转变成涉及不同利益相关者和利益冲突的社会性活动。1.4节中提及里特尔关于诡异问题和正常问题的区别（Rittel和Webber，1984），这个明确的陈述揭露出两者差异。设计者需要了解他们项目中的利益相关者，把竞争对手变为合作伙伴，使不同观点达成一致，让不同领域的专家研究各自擅长的方面。依托利益相关者将使产品的发展前景更加美好。

利益相关者的概念很难被设计者熟悉。设计师总是不得不面对比较复杂的客户，花费大量时间介绍他们的设计思想。设计师们有被认可的时候，也有不被认可的时候。不要怨天尤人，要认真倾听来自包括用户在内的利益相关者的声音。在后工业时代，权利和知识不再集中化、制度化，但大量的因素分布在利益相关者群体。作为利益相关者，用户、旁观者、合作者、对手都应该受到尊重。

2.5 二序理解

1.3节详细阐述了物品的意义通常是指对于人的意义。以人为中心的设计必须承认设计师的兴趣点聚焦于一些社区成员，彼此互动、协调理解。同样地，个人不能脱离他的职位而发言，作为一个设计师、研究员、利益相关者、销售人员或用户研究人员，需要了解其利益相关者是如何理解他们的世界的。这种理解不适应于文艺复兴时期的科学范式，虽然它加快了世界的工业化进程，但现在正受到挑战。因此，我们提出了一种激动人心的语意学转向来替代传统形式的认识。

仔细想想，不难看出专业设计师应该对技术的使用者有一定的了解。其一，设计师应该受到专业教育，以便帮助用户解决问题。在工业时代，这种差异被作为一种差距，因为专业设计师和大量无知的用户很难就一个问题达成共识。然而，在科技日益发展的今天，在不同的地域，产品对于不同的人具有不同的意义。今天，我们需要意识到，所有利益相关者都非常自信，拥有各自的生活方式，设计师和用户也是如此。设计师和他们的利益相关者之间仅仅只是理解的不同，问题就在于设计师如何使这些不同的观点达成共识，并将其运用到设计当中。

当设计出来的物品拥有其他的意义，两种理解将不可避免地缠绕在一起：（1）设计师对物品的理解。（2）设计师对不同用户如何使用物品的理解。我们对于自己的世界通常了解得非常清楚，当观察他人理解物品的意义时，你会惊讶地发现，每个人对同一物品的理解几乎都不太相同。不同的人存在观念上的差异，要求所有个体必须以同样方式去认识这个世界，这显然是错误的。当设计师展示他们的设计理念时，如何让使用者认识和认可他们的设计，这非常重要。设计师通常不被信任（他们怎么可能不理解一些显然易见的东西）或者很尴尬（怎么可能是我的假设错了）。只有当拥有一些经历，我们自己的理解不同于别人，愿意解释和从这些错误中吸取教训，尊重参与者之间的差异，个体的价值就会体现出来。

我们必须认识到，一些有一定理解力的人对某些事情的理解不同。了解人是一种比较深层次的理解。这是一种嵌入式的理解，在考虑自己的理解时也考虑别人，即使这些不同的观念和想法有时会相互冲突。这种理解属于二序理解。以人为中心的设计就是为他人而设计，它必须基于二序理解。

如图2-7展示了如何在二序理解中赋予物品一个意义。在设计师的世界里，设计师有自己的理解；在利益相关者的世界里，利益相关者有自己的理解。设计师通过二序理解给利益相关者提供了一个空间，而不是不同的世界。从不同的角度看问题，所得出来的结论不太一样，不同利益相关者看到不同的问题，但他们自己的知识结构非常重要，可能会使他们的认识受到局限，包括词汇、逻辑、价值观、目标的局限。他或者她理解的每一样东西，设计师世界中的设计者，客户世界的客户，生态学世界的生态学家，用户世界的用户。设计者通过物品游走于这些世界，被利益相关者描述的这些物品存在着相互关联。

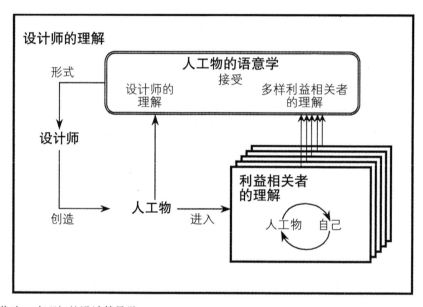

图2-7　作为二序理解的设计符号学

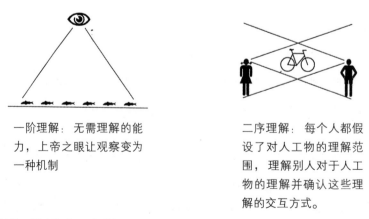

一阶理解：无需理解的能力，上帝之眼让观察变为一种机制

二序理解：每个人都假设了对人工物的理解范围，理解别人对于人工物的理解并确认这些理解的交互方式。

图2-8　观察者的一阶理解与二序理解

怎样才能穿越这些世界呢？其实，问及物品意义的问题和使用相同感觉的物品时，这些物品有什么相似之处呢？图2-8中做出了合理的想像。像"A对于你来说意味着什么？"、"你为什么用这种方式使用A?"和"当使用它的时候你在想什么？"，这样的问题可以直接引起其他人的赞同。这些问题涉及到三个方面：第一，物品A的发问者。A是什么？仅从那个发问者的角度。第二，"这"指的是共同感受，发问者假设看到的和谈到的都是具有相同感觉的物品。第三，回答"对我来说A意味着B"，发问者比较后指出它的意义。图2-7展示了在设计师的二序理解中，如何把A与B两个不同的世界设计语意编织起来。

换句话说，图2-7描述了利益相关者的话语是怎样通过与设计师世界的对话显现出来。这可能会造成看似简单却意义深远的影响。对于设计者来说，设计师必须现在开始进行设计交流以不落入传统思维的陷阱。二序理解与这种理论相比非常重要，这种以人为中心的理论必须偏离传统的一阶理解。一阶理解中，有些东西不能够被理解，如自然科学和行为科学的知识。这些科学要求其实践者掌握一些形而上学的东西，这是不符合设计语意学的：

- 这种形而上学的东西依赖于因果解释。因果解释立足于一种世界观，这种世界观决定世界上会发生什么。然而，因果关系不符合人类能动性。如果人类没有别的选择，对他们的行为负责是没有意义的。除非选择的自由是一种幻觉，像一些自然科学家所宣称的，设计活动以它自己的方式改变世界，这些方式不能够违反因果解释。因果解释限制了我们的一阶理解，阻止了对人类能动性、设计和意义的认知（如2.3节）。

- 对客观性的描述，如界定一些命题、理论和法律的价值，描述一些人类观察者不感兴趣和不愿涉及的自然现象。观察者独立的世界观显而易见是一些科学家共同努力的结果，他们通过机械测量仪器以防止或减少所谓观察者的"偏见"、"不可靠"或"主观"。这种现象被视为威胁到客观证明的困难，如果不是不可能，科学家能够从平常位置去观察和理解，而不用凭借眼睛、大脑、身体和语言。此外，自然科学正在构建它的研究对象。由于无法理解和回应自然是如何被人研究、谁在研究、为什么研究，因此，承认客观性不仅不利于科学家理解他们所观察到的物体之间的相互联系，而且研究工作也就失去了它应有的价值。虽然客观性并非一阶理解的逻辑要求，它把人看作具有主观性，他们主观的看法不考虑明显的变化，没有给二序理解留下任何位置（不同的人所构思的被众人认可的对象是如此不同）。

- 一致性的承诺。一致性是解释系统的一种特性。这种追求自然规律和理论一致的现象导致了同一宇宙（uni-verse）概念的出现，它受内在规律和规则支配，最终在本质上是机械的或计算的。替代版本多元宇宙（multi-verses）不能同时存在，因主观、幻象或错误而被摒弃。一阶理解不能考虑不可比较的世界，建筑也是如此，这就是二序理解开始的原因。

这些都是形而上学的承诺、信仰或信念，仿佛不可能有任何证据来证明。当认真对待并执行时，一阶理解提出排除是难以置信的，因为设计用自然规律的不可预知等方式改变世界，就必须放弃以感觉为目标、以主体意义为基础的替代版本。一阶理解没有足够的能力去支持以人为中心的设计。

语意学转向必须与一阶理解相分离，我现在检查二序理解引导的地方。

- 二序理解把人类不是当成机器而是当成知识渊博的代理者。根据定义，知识渊博的代理者、利益相关者和聪明的用户负责他们的行为。当并非所有可观察到的人类行为都被意识和注意到的时候，一个允许代理者署名的概念性框架优于妨碍这种可能性的框架。

- 二序理解允许知识丰富的代理人有他们自己的理解，有把自己的逻辑运用到自己行为中并建造他们自己世界的能力。允许他人的这种可能性不等于认同激进的相对主义。一个人的世界观不是随意的。他们必须通过与一个社区的成员们进行产品的交流来证明指导介面的可行性。这种可行性的演示非常逼真，至少涉及了真正被运用的现实构造。尽管不同使用者的理解可能相似、一样或者可概括在一个特定区域里，但二序理解不能假定共性和单一的真理。它使不同的理解深留于人的思想中。

- 尽管无法观测别人使用物品的意义，但可以从互动和对话中推断，也即，在本质上二序理解就是对话。通过对比，一阶理解在双重意义中是单一的，这个双重意义是指从声乐专家到无声的普通人，从熟练的设计师到对设计无知的用户都只允许一个逻辑，含有观察者的逻辑和一个方向上的交流。对话为不同的理解打开空间，使它们协调共存，当然设计师的理解也包括在内。如图1-4，从专业设计到现实生活中的设计，这个箭头描述了对话的本质，即目前具备了以人为中心的设计但缺少以技术为中心的设计。

- 二序理解将意义看作人类行为的一系列选择中的复调（polyphonus）。当意义不是消减至自然科学方面的因果关系时，不是对认知科学的推理计算关系时，也不是符号学构想般的表征关系时，尊重人工物的意义不过是为了告诉我们，它们的用户在特定环境中会考虑的可行性和适当性。

- 理解总是由人来制定或体现。例如，那些询问别人理解的人类学家，包括自己在内的二序理解的对话也只是表面的。超然的观察家、研究员（Putnam，1981）以上帝之眼观察世界和他人，并说出他们自己的观念。但他们无法欣赏别人不同的见解，并且可能会忽视与自己意见相左的见解，如主观性的、有偏见的或不可信的理解。

当二序理解（相关利益者对于人工物的理解）可能包含一阶理解（通过相关利益者使用人工物）时，一阶理解无法涉及二序理解。语意学转向不能仅依靠认知理论，因为它是客观的、个人主义的和一阶理解的。图2-8对这两种理解做了一个图形化的比较。

二序理解并非显而易见。它需要一个概念性的完形转换，包括看到与他人互动产生的意义递归。没有二序理解，用户很难理解从多角度发展的新技术、新信息。技术具有如此挑战性、概念性的原因，就是大多数理论都停留在一阶理解。在后工业时代，二序理解是设计的前提；没有二序理解的概念，读者可能很难理解这些内容。

2.6 设计文化中的道德标准

设计比认知更常见。例如，鸟儿建造了自己的鸟巢，切叶蚁从事农业，乌鸦使用工具，黑猩猩组成联盟打击对手。这些"发明"以递增的形式并在过去缓慢发展，他们可能会出现遗传特征，但并没有。蜜蜂间的交流是文化属性决定的而非生物属性。伴随着人形骨骼发现的原始工具可追溯到10万年前。大约5万年前，原始工具开始变得更复杂，洞穴壁画开始出现，居住地发展了，远距离贸易也开始以多种形式传播。这种突然的变化与文字的出现相关。技术和语言都是组合系统即用有限的元素创造新的组合。它解释了早期人类管理他们事情的方法是将这些系统组合起来。所以，设计和我们在一起已经很长时间了，语言的应用是它的基本组成部分。

设计是每天都要进行的一项活动。准备一顿饭、培育一个花园、装饰家庭、写诗，甚至政治选举都适合西蒙对设计的定义，即设计努力把生存环境变得更舒适一点。但为什么人们没有意识到这些作为设计的日常活动呢？原因是历史造成的。如上所述，设计——尤其是工业设计——积极响应工业的需求去开拓市场。自从中世纪以来，它侵占了工艺所做的事，控制了沉默的使用者和客户。在这个工业化的功能主义社会，工艺师们消失在装配线上，普通人急于放弃自己的设计能力，认为那些研究人员懂得更多，还能够提供他们工作和基本产品。但市场竞争和原料富余改变了这一切，它创造了以前不可能的机会并开始破坏工业时代这种明目张胆的不公平。

设计思维的变化源于信息技术的快速增长，信息技术比市场的前进需求更重要。计算机是执行基本目标的机器，没有输入程序什么事都做不了。不只是普通的电脑用户能输入多种操作系统、获得特殊的软件、连接不同的通信服务，更重要的是这种技术能使用户制作自己的产品，为了使他们在生活的世界中感到更舒适而重新设计它们。在这方面，电脑是新的人工物，能够提供选择的不仅仅是能用的产品而是它的功能。通信技术也是如此。它提供频道能力，突破了长距离、更多人的自然连接限制。在过去的工业时期，具有多种设计选择的人工物是无法想像的。信息技术不但看重日常设计，而且还依赖于它。从公平的、历史的角度说，用户使用多种系统元件已经有一段时间了。例如，音乐工具能弹出无数乐曲，但只有艺术家能弹，行家会听。家具也是这样一个系统，留给普通用户大部分空间进行自我表达。不是所有这样的系统都会被真正设计；例如，语言和音乐都是在使用中不断发展。这些系统的共同点的设计能力，它们的存在不是过多依靠专业设计师，而是在每天的生活中放大设计能力。

这表明了信息技术和以人为中心的设计正在进入历史上前所未有的设计文化进程中。通过对比科学与设计来欣赏这种新文化。科学话语的对象是对过去观测的概述，即找出自然规律和原则，没有科学的观测，自然真理无法建立。相比之下，设计通过寻找当前的开放对象寻找能被转移的对象，来改变事物提升自己，其受益者良多，毫无疑问也包括设计师。如果每个人都增加几个小时去改善自己的生活、计划、重新架构、交流或专业地设计某些东西，每天创造一些可能的事情，包括建筑、写作和表演——与人们每天花费在测试真理（从科学原理和新闻阐述到法律程序）的时间相比，可以明确判断：当代文化不是受到科学活动的控制，而是受到设计活动的控制。这证明了人们日渐增长的自我主张和自我实现，畅想并描绘未来，尝试新事物，创造艺术、娱乐和技术设备，做生意，在公共项目中受益，让别人参加到他们的事业中，竞选政府部门等。如果很好地利用、奖励和依赖科学活动，文艺复兴时期的科学文化会被另一种文化超越，这种文化就是以设计为中心的设计文化。图2-9对比了这两方面的主要特征。

功能社会	设计文化
以技术为中心	以人为中心
分层的知识结构	利益者的网络、宣传、市场
合理的衍生和分配功能	交互式协商和支持的意义
一阶理解	二序理解
技术服务于预测和控制	在每天生活中技术协助设计
对社会问题找到技术的解决办法	提出理想的未来并找到实现的路
重新寻找过去的模式	创造探索要求的变化
知道是什么，怎么工作	知道怎么把可能变成现实

图2-9 新兴的设计文化成分

纳尔逊（Nelson）和斯道特尔曼（Stolterman，2002）发展了对于设计略微不同的看法，然而得出了当代社会需要设计文化的相似结论。他们认为设计以四大支柱为基础即现实、（社区）服务、系统思维或设计思维、历史因素。再看图1-4，我们可以说，以用户为中心的设计师团队工作，为服务更大的团体含蓄地创造了一种设计文化即拥抱每天的设计活动。以技术为中心的设计师在日常生活中谋求设计的共性，但工作远离用户群，规则限制了他们对什么才是真正需求的思考，这在含蓄地鼓励功能主义。功能主义社会的层次特征是从大系统到子系统交流规则，最终才是单个用户的技术。

从专业设计师的角度来看设计文化，认为当前社会向信息社会转向是一种误解。对信息社会的参考保持一只脚留在工业时代，在一种重视科学知识、重视"关于"事物的真实信息的文化中，难以越过已知的其他路径。它通过正规教育、出版物、科学知识来知其然（Know-What），而通过情感纠纷、公共对话中的概念协商、作为一种次等知识的技术设计等来获取技术诀窍（Know-How）。人工物之所以能如此使人着迷，是因为它能使我们选择自己的世界，而技术吸引了越来越多的用户，例如，互联网能回答在哪里得到东西、怎样做事和谁能帮助，但不是为特定的主题寻找证据。这种转变不是从信息匮乏到丰富，而是从科学提供的知道存在什么到真正知道怎么做、如何重建、改变和创造，换句话说是设计。

设计文化显著增长的重要原因可能是设计活动本身就很刺激。制作或帮助创造一些东西总是易于产生满足感。这就是为什么即使没有回报，诗人还是喜欢写诗，设计师还是喜欢设计，人们还是喜欢描绘自己生活的地方、购买家具并按他们喜欢的方式安排。设计就是理解一些事物，让它们更有意义，在家时与它们有感觉，让它们变成生活的一部分。在这个过程中，人们意识到自己是谁，而在别人的眼里只是他们团体的一员。这真的不仅是对专业设计师而言。它发生在每天的生活中。另外，当人们关于他们是谁或怎样生活的决定受到阻止时，他们本能地减少系统中匿名的和可交换的附加物、机器配件、机器人或囚犯。基本上，人类抵抗被强迫并且总是抓住机会在自己的领域自我实现。

这指出了以人为中心的设计中一个基本的观点：

设计构成人类。

一些设计师担心这种观点和新兴的设计文化一起对他们的生活产生威胁。这种担心只是针对工业时代的设计概念，如西蒙的观点，和对人工物轨迹的失败认识，1.2节描述了从产品到对其他事物的价值转移。1980年代电脑桌面出版程序的出现就是这种威胁的例证。突然，一个普通的电脑用户能变化字体，能用不同的设计布局、小册子、书完成任务，甚至比印刷工具用的时间更短。但桌面系统仅会威胁到想要控制电脑技术的人，他突然发现自己被暴露、被控制了。专业设计师希望用他们自己的能力，重新设计，改变他们自己的概念，去到别人去不了的地方。作为专业设计师重新设计的能力是后工业文化中以人为中心的设计师与过去时代的设计师的区别。面对新兴的设计文化，专业设计师必须了解：一是伦理、二是实践、三是政治。

- 人工物的设计提高了利益相关者的设计能力。本能上作家做得最多的事情就是用语言发明小说，在时间上丰富读者和听众的生命。依此类推，对于他们利益相关者的生活来说，设计师提供更有说服力的建议。一旦建议被接受和实现，设计师必须前进。作为构成人类的能力，设计不能长期遵守纪律或持续被利益侵占。它需要增加选择性。

- 邀请一种设计中的受益者参与这个过程。设计可能引导一种发展方向，但其他人意识到并且对任何人来说也不可能知道这些关键点时，专业设计师与设计受益者的商讨势在必行。参与使利益相关者的资源可能化，突出人们在设计中的风险，平衡设计概念和标准的接受能力，增加对设计的喜欢程度。设计真正激发了每个人，越来越多的利益相关者开始帮助设计，也越来越喜欢设计。

- 保证设计界的话语增长，并使之可靠。能够吸取成功的设计历史，运用可信的设计方法，利用已有的技术，来验证假定的一种集体力量对这个话语做出的贡献。在实践中评估它，对设计界的每个成员都要传播它。教育机构要大力确保这种话语的可行性和最新性。当这种话语能被公众接受，设计师的提案能力将引人注目，并成为其优秀设计的辩护证明。

由于设计变成后工业文化中可控的特征，设计师不需要害怕丢掉工作。通过让他们对以人为中心的设计话语负责，就能完全拥抱这个新的参与式设计文化，设计师们通过提出其他人想不到的产品来公开显示自己，证实自己比别人做得更好，并动员受益者支持从设计到完成的全过程。

第3章

人工物的使用意义

有关人工物在使用中的意义的理论在探讨一个用户如何去理解他们使用的人工物，如何以自己的方式、自己的理由去与人工物互动。诺曼（Norman，1988）认为，将其视为日常物品的心理学解释或认知学解释固然十分具有诱惑力，然而，使用人工物从根本上来讲是一种互动，所以这样的理论必须同样包含人工物的本质。这套理论必须遵照维特根斯坦的建议去找出人工物（语言）在使用中的意义（1953：11–14、421、432、454、489），而非参考其他的建议。这套有关意义的抽象理论很自然地与吉布森有关感官的生态学理论不谋而合，吉布森的理论探讨了人的活动与物质世界对其支持之间的契合；但这套理论必须应对用户控制的互动，从而超越吉布森所提倡的这种契合。这套理论还需要认识到使用的动态属性。使用的社会语境（social context）将在第四章中讨论。

任何理论所反映的一定都是外部观察者的理解，是与研究对象分离的理论家的理解。对于设计者来说，他们的目的是创造或改进人工物来支持人—机交互。2.5节中把对用户理解的理解定义为二序理解并把这个概念与对实实在在的人工物的直接理解区分开来。当给予使用者这种理解力的时候，他们也就能够充分理解人工物。设计者关心方案、计划、图纸、模型、原型以及如何实现它们的论证，而与其利益相关者或用户朝夕相处的人工物则关注产品、交易的商品、服务、家电、日用消费品、礼品、识别的标志、达到目的的手段，两者有很大区别。因此，来自"他者"的有关人工物意义的理论，一定融入了二序理解。

人工物不完全是稳定的个体，它们的意义随使用而改变。例如，多数使用情况一开始都是由用户先见所引导的。当用户慢慢熟练了，他们的理解会变化，而这个变化没有终点。人总是在学习，也就是说人的理解总是在变。而且，人工物本来就是具有多个意义的变体，尽管材料组成从未改变。同样一个贵重的餐盘，放在碗柜里与放在餐桌上或挂在墙上完全不同。设计者视角的人工物在使用中的意义理论，不仅需要涵盖由于人的学习引起的变化，而且必须考虑这些不同种类的使用。设计者并非概念的唯一创造者，他们头脑中的现实并不比其他任何人更合理。

这一章总结了这套理论的基本词汇，就像一个工具箱，可用于分析、概括并最终为使用而设计人工物，以供那些根据自己的观念与自己的世界进行互动的人们运用。语意学转向要求设计者们把注意力从设计的物质产品转移到人工物，称心的介面随着人工物的意义而出现。设计者能控制的物质产品仅仅是对用户最终如何使用它们的一种支持。3.1节把介面诠释成一种全新的人工物。3.2节把介面的"破坏"看成是对可用性的一种威胁，设计者应该尽量避免其出现。之后介绍的是设计者应该支持的使用的三个层次：认知（3.3）、探索（3.4）和依赖（3.5）。每一节都会介绍相关的概念和相应的工具。结尾的3.6节总结了几条重要的设计原则。

3.1 介面

介面是一种新生的人工物。虽然也曾随处可见，但直到在个人电脑中广为应用，介面才成为设计的对象。通常来说，个人电脑的内部运作结构异常复杂，以至于任何个人都难以理解，尤其是用户。介面的目的之一就是使无法理解的功能细节成为可用。1970年代，电脑还处于大型机的时代，只有少数专家可以操作。很大程度上，正是由于介面设计把与用户相关的功能和与用户无关的功能区分开来，并用容易辨认的、可操作性强的术语来表达与用户相关的功能，我们才得以进入信息社会的大门。

今天，介面已经成为后工业时代的标志性人工物。语意学转向把所有人类与技术的互动都概括为介面。钟表的表盘把内部的机械结构隐藏而只露出表针，这就是一个介面。虽然钟表的介面没有太多互动性，但它达到了使用户可以与其他人协调一天活动的目的。同理，操作录像机的遥控器、坐在一张舒适的椅子上、用剪刀剪开布料、甚至连上楼梯都是介面，因为在某种意义上，这些活动既不由人的认知来解释，也不能由处理过程中人工物的物理性质来解释，而是由这两种完全不同的存在方式之间的互动来解释。介面的一个重要特性就是：它把人的感官—运动协调和人工物的反应编织成一个动态的整体，让在介面中的参与者理解并舒适自如。很大程度上，人的身体本身和人工物同样是介面的一部分。

图3-1展示了一系列介面，从左至右为：操作电话、用助步车行走、转动曲柄、使用遥控器、按按钮、从屏幕接收信息、用剪子剪纸等。就连坐在椅子上这样的平常活动都可以被看作一种介面。丽莎·克劳恩（Lisa Krohn）设计的矮凳不止是一个普通的凳子，它能根据人重心的移动而变形，而且胶合板加泡沫圈的轻巧结构非常便于移动。不仅我们经常提到的电脑介面里包含互动，所有例子里的这些介面也都包含截然不同的互动。人类有关技术的知识不是独立的，而是与其介面共生。用户常被不必要的复杂所隔离，无论老虎机的工作、照明控制面板的线路或飞机的机构，所有这些都当作介面来体验。凡是设计与使用相关的地方，必谈介面。

由于这是一种新兴的人工物，关于介面的一些概念还在不断进化，而其中的多数概念差强人意。一种理解是把介面等同于电脑屏幕上可认知的、可读的、吸引人的图标系统，这很

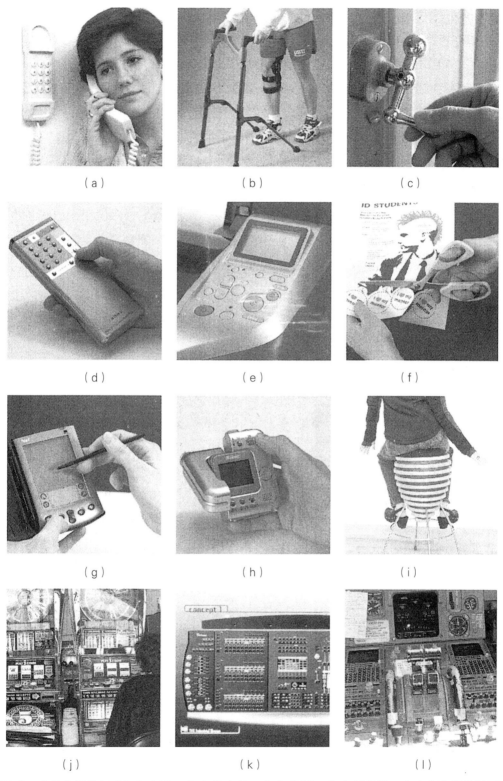

图3-1　多种多样的介面（a）电话　（b）助步车　（c）曲柄　（d）遥控器　（e）打印机控制面板（f）剪刀　（g）触摸屏　（h）数码相机　（i）丽莎·克劳恩（Lisa Krohn）设计的矮凳　（j）老虎机　（k）蒂姆·特莱斯基（Tim Terleski）设计的舞台照明控制面板　（l）飞机驾驶舱

大程度上来自图形设计的传统。这种理解忽略了介面的两个中心特征：互动性，即，用户对其所见做出回应并进行改变；动态性，即，人与机器的特殊耦合关系会随时间和空间运动、改变而发生演变。德语中的"界面"（Schnittstelle）强调人类世界与机器世界的分隔（词根Schnitt在德语中的意义为切割），这个概念忽视了介面处于人与机器之间的中间性；而这一点恰恰在英语的"inter-face"中得以展现[①]。在一个介面里，用户的概念会穿透机器的概念范畴，以至于机器会影响用户，甚至机器的相关结构会进入人的认知，并按需要指导人的行动。电脑程序员们则偏爱另一种对介面的理解。他们认为实际进行运算的算法引擎与负责在屏幕上展现内容的介面是泾渭分明的两部分。这种理解使介面设计成了工程或编程问题，而没有认识到人的认知在整个过程中扮演的角色。英文中的"interface"同时代表两台机器间的数据传输。当把这种理解应用到人与机器的互动上，会造成这样一种情况：人必须掌握一种编码才能与机器交流，也就造成人必须遵从计算机语言，而人类的智力水平好像并不重要了。这样就把用户贬为某种机器了。

这里，介面延伸了人类行为与人工物之间的互动，并从观念和本质上刺激了这种互动。介面所涉及的互动在很多实际情况下会随时出现，操作电脑的介面复杂程度处于使用简单工具（图3-1）与参与复杂社会系统之间。介面具有共生的性质。凡人类使用的技术，在接受一些次要限制的前提下，总会延伸人的某种重要能力。比如，读和写延伸了人类的记忆，但失去了嗅觉、味觉和听觉；电脑运算延伸了人类的决策能力，但所能应用的只限于可以运算的内容；电话延伸了人类声音所及的范围，但杜绝了视觉、触觉和嗅觉的交流。一些未来主义者描述过由部分活体部分机器构成的人机复合体，例如有人工器官的人，之前对介面的定义从根本上把人与机器之间的关系定义为非对称的，人具有理解能力并可以有目的地行动，而人工物虽然由人制造，却在这点上与人有根本的不同。要理解这两个世界如何交互，我们必须把它们不同的运行模式区分开来，因为显然我们不能去设计人类，而机器无法去理解意义。正因如此，介面的演化纵然出人意料，终归是使用机器的人类去改变介面的演化路线，而机器只能帮助人或限制人。

介面的发生可以从两个角度来描述：用户理解的角度，即参与者的感官—运动体验；

或从观察者的角度，其中包括试图通过重新设计人工物（而不是重新设计人本身）来改进一个介面的设计者。

从介面外部来说，观察者会把介面描述为人的一系列动作，之后是人工物的反应，如图3-2所示。图中箭头指示不同时间点下的从属关系，不同时间以下标注明。实线代表人工物的决定性，虚线代表人的参与。人造的科技产品是一种因果机制。人工物内部构造决定了其对以下几方面的反应：（a）不同时间t下的外部条件e_t，外部条件不受人的控制，或不为人所

---

① 词根inter- 代表交互和之间，face代表表面。译者注。

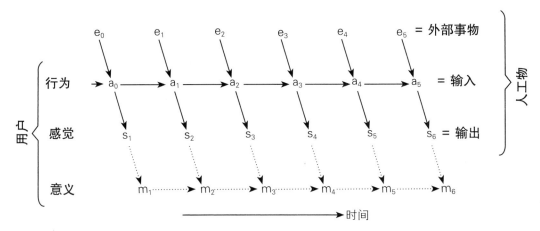

图3-2 一个介面的互动协议

知，（b）人的一系列动作形成的输入，$a_0{\rightarrow}a_1{\rightarrow}a_2{\rightarrow}\cdots{\rightarrow}a_t$，以及（c）当前使用者的动作$a_t$，也决定了（d）人工物内部的某些状态（不一定是全部状态）的显示$s_1{\rightarrow}s_2{\rightarrow}s_3{\rightarrow}\cdots{\rightarrow}s_{t+1}$，其中也包括对动作$a_t$的即时反应$s_{t+1}$。机器可以被建造成一系列的三元组：时间t下机器的当前状态s_t，时间t下的人的输入a_t，以及下一时间点t+1下机器的下一个状态s_{t+1}。这种三元组既能描述按门铃的结果，也能描述使用鼠标点击电脑给电脑发出指令。这些动作的某些结果s，显示给用户；而另一些则仅存于机器内部不为人所见。

如前所述，图3-2中的虚线表示用户负责的那部分介面。人类的参与和机器的参与相辅相成，这种关系需要认真诠释。用户不是对人工物本身或人工物显示什么做出改变，而是按人对机器及其显示的感知、该显示对于人的意义以及用户自身目的而做出行动。图3-2表达了这两个不同领域存在的交集：人工物的行为和用户对人工物行为的理解。要理解一个介面，我们必须把这两个领域区分开。自然科学，包括人机工程学，喜欢把人类用户的结构定性为一种机械结构，即便这种机械结构是不可靠以及具有知觉偏见的，如表2-1所示。比如，认知科学就一直坚定地发展计算机模型来模拟用户，这种模型虽复杂，但终究是一种因果机制。虽然人类可以选择去遵守常规，但并非注定如此。有时人因屈服权威而做出机械性的行为，而有时由于严格的训练。把介面中人类这一部分理解为非机械性的是对二序理解的挑战，这也是以人为中心的设计者一直面对的一个难题。

从介面内部来说，参与者会发现他们存在于一个特别的感官—运动协调之中，不是为了保持一串内部引发的愉快或有趣的感官刺激，就是为了达到一个外部引发的目标或目的。例如，人开车的时候，介面就是人坐在驾驶室里，用眼、耳、手和脚去保持驾驶者概念中的车、路和目的地之间的关联。在此过程中，驾驶员对行动a_1做出选择——转动方向盘、踩下或抬起踏板或换挡，都是在一个大环境下，就是出发点m_0以及目的地m_{final}。互动$s_1{\rightarrow}a_1{\rightarrow}s_2{\rightarrow}a_2{\rightarrow}s_3{\rightarrow}a_3{\rightarrow}\cdots{\rightarrow}s_{final}$，在用户的世界里，s是人对人工物输出的感觉，$a_t$是用户对这个感觉做出的动作，这个动作则充当人工物的输入，而这又受到一系列意义

$m_1 \rightarrow m_2 \rightarrow m_3 \rightarrow \cdots \rightarrow m_{final}$的引导，或是受到用户包含这些意义的概念模型的引导。在这个过程中，s_t可能被理解为一个需被跨越的障碍，一个需遵守的交通信号灯，或一个超车的机会。这些理解只存在于用户的理解当中，而不存在于人工物的机制中。驾驶的意义来自于用户把感官—动作—感官这个序列放到世界结构的大环境里，放到过去、现在和向往的未来之中。这就意味着要去理解不同操作装置的功能；去了解当感觉到s_t的时候，有哪些可能的反应；去知道动作a_t会如何将现状s_t改变为更好的一个感官s_{t+1}。在驾驶中，正如与任何介面（人工物）交互一样，用户从一个感官运作到下一个感官。用户全部能做的就是监督一系列感官。在一个优秀的介面里，我们总知道我们身在何处，s_t；总知道我们需要做什么，a_t；我们动作的结果，s_{t+1}，总没有延时的出现。同样在一个优秀的介面里，我们总是知道一个动作a_t可以带我们去哪里s_{t+1}，并且还知道我们是否在朝目的地m_{final}前进。

以写作为例，作者可以观察到自己逐字逐句地撰写文章，强调、剪切、粘贴段落，使用词典查阅同义词，用软件自带的功能检查拼写、变换字体等。通过敲击键盘和点击鼠标，作者希望把文字塑造得易于读者理解。在此过程中，作者是自己文字的第一个读者，作者往往会从不同的角度来审视自己的文章，看段落的长度，用跟踪工具编辑，打印出来审阅等。因此，与开车相似，作者从一个感官到下一个感官，被这些感官所表达的意义所引导着，不断地修改着自己对现状的评估和自己的写作目标，朝着想像中读者的期望而努力。

使用剪刀作为一个介面就比写作简单多了。不同于写作，用剪刀剪开东西的动作很少需要被二序理解。要理解剪刀的工作原理并不太难，只要把手指方便地放进把手里，一张一合地连续移动就行了，一切都很自然。因为刀片延伸出了手柄，用户可以时刻观察剪切的效果以保证剪出的形状符合事先画好的线或想要的形状。同理，用户、剪刀与纸的交互也是从头到尾被对一系列感官的连续监控所引导。对剪刀的使用成为传达纸和用户想达到的目的之间的媒介。

如图3-2中以及前面的例子所示，事情发生时我们只能用到一部分感官。一个驾驶员可能无法对发生的事故做出及时的反应；一台电脑可能运行程序时内存不足；剪刀也可能剪不动要剪的东西。在介面里，约束条件永远存在，且须被考量。在使用中的任何时刻，不论用户是否做出动作，人工物的意义就是用户可以预期所能想像的所有动作和感官所涉及的范围。在使用环境下，意义不具有参考性、暗示性或联想性，而是由环境决定。意义可以帮助用户在互动中定位下一个可能的行动以及所应期待的感官，从而引导用户把互动继续下去。不论正确与否，这种意义是用户对人工物的概念中不可分割的一部分。我们可以把用户的世界比作一张概念地图，无须认为它的准确性或代表性对应的是什么。让我们重温图2-3，每一个可以告知我们现在何处的感官，只有在这张概念地图上定了位，才有意义，才能告诉我们身处哪里、能做什么、不能做什么、走了多远，以及继续走下去的路线。在感官与意义的部分—整体关系中，感官总是一种换喻。

在使用情境中，意义是行动和感官的可能性。在可能的行动中如何做选择，一个介面怎样展开，都与参与者的理解、习惯和动机紧密联系：为什么参与者在其所在。当用户穷尽了他们的智慧时，当他们已不知所措时，当他们无法走出当前的困境时，这些完全不确定和无计可施的局面就失去了其意义。

归纳起来：

人类总是为了保持介面的意义性而行动。

这个命题可以被看作是在2.2里提到的意义公理上，有关使用环境的一个定理。也就是说，不论将被带向何方，人工物的用户都会尽全力地保持其介面具有意义。设计者们必须全力地、持续地以一种能被用户自然而然接受的方式，去支撑介面的意义性。

3.2　破坏和可用性

意义总是超越现实感官，有时会导致预期无法实现：电脑死机、开车时在路口转错了方向、剪东西时割伤了手、通常很可靠的一个工具突然坏了。马丁·海德格尔（Dreyfus，1992：77ff.）把这种情况叫作"崩溃"（breakdown）。但真正"崩溃"的，既不是人工物本身（当然人工物本身出人意料地变成一块块的也完全可能），也不是用户的概念和记忆（用户当然也有可能确实犯了迷糊）。真正"崩溃"的是我们身在其中的介面的意义性。当意义和行动让我们形成一个预期，而这个预期与我们感官所接收到的不相符，甚至大相径庭的时候，所谓的"崩溃"就发生了。日常用语中有很多词语表达了崩溃的不同破坏性。下列的例子不分先后：

- **失误：**交互需要集中注意力的时候，由于偏向某种错误常规而发生的执行错误。
- **失准：**偏离标准过多以致超出可容忍的范围。
- **错误：**以错为是，如转错弯或没有按照规程操作。
- **误用：**不恰当地使用，或是用于了非预设的用途。
- **分心：**由于注意无关的事情而出错。
- **两难：**无法在两个差不多而都不满意的选择中做出抉择。
- **困境：**被困而无法逃脱，失去继续的想像力，原地兜圈而没有进展。

我们把图2-4加以拓展，加入机器的行为、输入、机器内部状态、输出、破坏，还有感官期待与实际感官之间的不匹配。在图3-3中，意义建立于用户对感官的换喻，这永远是用户世界建构的一部分。意义翻译成行动，并用来预期感官。在持续有意义的介面中，行动会不断地带来感官，而感官又不断地被确认。而当实际的感官与预期的感官不匹配的时候，破坏就产生了。

如果想要从失去意义的情况中走出来，我们需要停下来并重新建立我们面对的这个人工物的概念模型。人类无法接触到真正的"现实"是什么，而注定要依赖他们对现实的理解，依赖感官可以证实的东西去构建一个现实。破坏出现的时候其实也是现实唯一得以彰显自己存在的时候。可是，这些时刻并不揭示我们为什么错了、怎么错了，而只是表明我们的观念不足以反映真正的现实，或者我们执行行动的时候出了问题。人类对现实的构建永远不会反映外部的现实；而只是对历史上发生的破坏所做出的反应，是对短暂失败做出的调整，而得以保存某个介面的意义性。

对于破坏的发生有两种解释：一种解释认为人的概念模型以及基于概念模型的行动有误，而另一种解释则认为人工物没有按照用户预期的方式工作。前述的例子属于前一种解释。从用户的立场来说，有关用户行为的这种解释会鼓励学习。把错误解释为人工物不符合用户的概念模型，包括以下情况：故障、设备失灵、材料失效、磨损、劣质、设计缺陷、用途含糊、误导、工艺不精——基本上都归咎于别人。当然还可以说是倒霉、事故、偶发事件等，归咎于大自然。归咎于外部因素的行为标志着用户不愿意去吸取教训，但对于这种情况设计者们正应该感兴趣。因为这种情况下用户很难自我学习，或者拒绝，甚至无法学习。当错误是致命的时候，设计者或许必须发现办法来避免用户陷入困境。

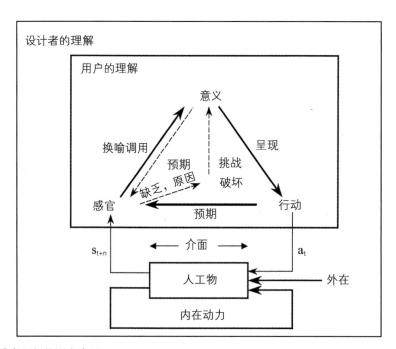

图3-3 设计者理解的用户介面

回到破坏的问题上来，有3个要点和1个建议：

- 用户不会在他们的介面中故意造成破坏。错误永远不是故意造成的。这一点可以追溯到亚里士多德的公理，无矛盾定律。运用于认识论而非本体论时，无矛盾定律断言人是不能自相矛盾的。

- 造成破坏的原因总是事后才能发现：是解释、重现、理解，而不是观察。以人为中心的解释包括：对其他选择的忽略、对感官的错误理解或对行动的疏忽大意。

- 反复出现的破坏很有可能会消失。用户探究出错的原因，吸取教训。

- 所有的人工物都应该这样设计：

– 破坏只对用户造成最低程度的影响，没有重大威胁。

– 用户无法造成破坏，或经过适当帮助可以修正破坏（例如在造成严重后果之前就对错误做出警示，或者可以恢复到破坏出现以前的状态）。

– 把破坏转化为用户学习、熟练掌握操作的好机会（例如让用户可以回溯之前的每一步操作，发现其他的选择）。破坏的出现不应该证明用户的无能。

破坏越少，用户友好度或可用性越高。要预防破坏的出现，设计者需要预期用户赋予介面的意义范畴，并且保证人工物至少可以支持这些意义所暗示的行动。当一个东西看起来是软的，它就应该确实是软的。当电脑介面上出现一个看起来像（实际的）按钮的东西，它就应该（实际上）是可以用来按的（如，点击），而且会产生预期的效果。当意义所暗示的行动产生了预期不符的效果时，破坏很可能会出现。全玻璃的门就是个好例子。我所在的安南堡传媒学院（Annenberg School for Communications）曾经有一个双开门的玻璃门，都是只能单向打开。内外两侧的门把手完全相同，该推还是该拉却毫无线索。来访者不得不先试一个方向，如果开门失败，再试另一个方向，有50%的情况下会搞错。更糟糕的是天冷的时候，两扇门中会有一扇门被锁上，却完全没有标记。这就把进入大楼的成功率降低到25%。想像一个要进来的人，先推一扇门，再试着去拉，门都没开，判断这边上了锁，再去推另一扇门，终于发现应该是拉开，这确实充满了挫折感。这种破坏尽管没有生命危险，但令人沮丧。现在玻璃门以横向把手为拉，纵向把手为推。常来常往的人会记住这个区别。但当横向把手和纵向把手的用法没有成为约定俗成的时候，由于横向把手、纵把手都是既可以推又可以拉，还是会有50%的新来者在试图进入大楼时体验到破坏的发生。真正用户友好的门把手不应该许诺它无法完成的事情。

这种破坏虽令人受挫，但代价不算太高。当有可能在没有任何警告或挽回办法的情况下失去电脑里所有的文件时，当司机有可能被误导到高速公路的逆行方向时，当操作员可能一不留神发射一颗导弹时，那么设计者就应该采取认真的预防措施了。他们必须阻碍严重破坏的发生。外表绝不能模棱两可。动作必须承受得起，动作的后果必须可以预见，此外，会引起严重后果的动作绝不可轻易做到。介面设计最重大的成就莫过于降低破坏造成的代价或者使之更易纠正。

从心理学上，破坏令人气馁。当无法改正破坏时，会令人觉得束手无策、迷失方向、无能为力，甚至庸碌无能。人对技术产品的恐惧就在于害怕失败，害怕进入一种无法清晰脱离的窘境。用户友好性不仅在于单位时间内错误出现的次数，更植根于可以自己处理破坏的自信。设计就能支持这种自信。

至此，我们突出说明了人工物的介面的意义性。需要反复强调地是，人不是对物理刺激做出反应，而是对物理刺激的意义做出反应。这种意义对人与人工物之间的介面如何展开、人对世界如何理解至关重要。暂时性的破坏或意义的缺失，直接指向与人工物参与的不同模式。

根据海德格尔的理论，破坏（海德格尔称之为"崩溃"）标志着人从下意识地与世界交互转变为把世界看成一种"设备"。海德格尔认为，我们总是在与世界发生关联，但大多数情况下并不会注意到这种关联。人的身体持续接触外部世界——在身体外部有运动器官、感觉器官和呼吸的皮肤——而且人体持续运动，不仅是外部运动，还包括体内运动（如神经、免疫、呼吸以及消化器官）。在日常生活中，一个人很少注意到其身体的活动。海德格尔把这种不被人注意的人工物或自然物称为"应手之物"（ready-to-hand）。破坏把世界里的"设备"变为"在手之物"（present-at-hand）。当破坏出现时，我们试图去理解眼前事物的构造，它为什么这样工作，它会把我们引向何方，什么地方出了错，如果没出错的话事情本应该如何。只有体验了破坏之后我们才把人工物作为"设备"、作为某种"目的"（in-order-to）来关注。当我们使用鼠标来移动屏幕上的光标时，我们不是在注意鼠标，而是在关注其产生的效果。当然，鼠标是被手和手指的运动所控制，也确实有必要正确地操作，但当一切顺利的时候，这个活动是透明的、默许的、理所当然的。在海德格尔的术语中，鼠标此时是"应手之物"。当光标不停指挥的时候（例如当鼠标恰好滑到鼠标垫的边缘），我们的注意力就会移动到鼠标上，这时鼠标成为了"在手之物"。一旦故障解除，我们就又可以依赖鼠标，把它退入背景中而去注意屏幕上发生的事情了。这种风平浪静的情况就称作"依赖"，而对人工物的结构和可供性的关注——也就是海德格尔所说的"在手之物"——叫作"探索"。在这些术语中，当我们写一封电子邮件的时候，我们"依赖"电脑、电话线、交换机、通信卫星、因特网等。虽然不完全了解这些设备是怎么支撑通信手段的，但我们可以放心地只去关注想写下的内容。只有当电子邮件发送失败的时候，我们才不得不去"探索"失败的原因，直到问题解决。之后我们就又可以专心地写其他的邮件了。

还有第三种关注人工物的模式，大多数情况是在使用前了解其细节。这就是技术或技艺的逻辑，人工世界的逻辑：什么可用，能制造出什么，怎样制造，它能做什么，如何使用等。对于技术的知识不是关于某一件人工物的，而是关于实现它们的系统：它们的分类、建造的原则、生产以及功能。作为一个专业，工程学传授技术。

然而，对于人工物的普通用户来说，第三种模式只是概念上的。这相当于对我们周围的人工物的理解，它们的位置，怎样去使用等。语言、分类和回忆对于人们理解周围的设备至关重要。对于普通用户，技术既不抽象，也不是充满细节。就像我们了解设备一样。例如，电脑用户基本都知道有几种不同的操作系统而只对某一种比较熟悉。他们听说过很多软件，并知道为什么选择了安装在他们系统上的这几款软件的原因。他们还知道在出现严重破坏的时候谁可以给他们建议，帮他们解决问题。这些知识就定义了一个用户群体。另一个例子是牙医，他们必须熟悉很多设备，不仅是诊所里现有的设备，虽然他们治疗每一个患者的时候只是用手边设备中的几件。一间装备齐全的诊所不仅可以治疗最常见的病例，而且可以治疗十分罕见的病例，一名好牙医对于每种可预见的可能性都有相应的设备，知道每种设备怎样使用，在哪里存放。牙医诊所无能为力的病例，会转到牙病专科医院，那里有不同的技术以及会使用那些人工物的医生。对技术的关注很大程度上彰显于因需要而搜索和认知人工物的能力。这种关注人工物的模式称为"认知"，包括区分功能、名称、用途、存放地点以及可辨别的特征。

因此，人工物的设计可以提供三种用户的关注方式：

- 认知：正确认定是什么，有什么用途。
- 探索：了解怎样面对，如何运作，怎样达到某些特定效果。
- 依赖：操作自然到用户可以把注意力集中到所要达到的目的上，而不是设备本身。

这3种关注模式如图3-4所示。这个图想表达的是，用户对环境中的人工物的关注从认知他们想找或偶然碰到的东西开始，发现一些此前没有想到的可能性。认知包含对我们面对的人工物进行分类。对认知能力至关重要的是此前对类似人工物的经验[①]。认知也可能意味着经过探索之后发现某样东西并非我们最初所认为的那样，而对其重新定义。图3-4把从认知到探索之间的箭头标为"获取"。人工物可以通过购买获得，更多情况下是从一个不被注意的角落移动到方便使用的位置。探索包括发现人工物正面的自我定位，确定它能做什么（如果有人想与它互动的话）、如何拥有或操作、它的可供性（affordance）[②]。

在图3-4中"使用"和依赖形成良性循环的关系。从以人为中心的角度出发，可用性，即使用人工物的能力，本质上就是保持依赖而不出现哪怕一丁点儿破坏。基于内部动机的概念，米海·奇克森特米哈易（Mihaly Csikszentmihalyi，1997）称之为完美的依赖"流"[③]。使用困难的人工物就是那些介面需要经常关注，迫使用户从依赖模式退回探索模式再回到依赖模式，这就破坏了介面的节奏。与此形成对比的是，国际标准化组织（ISO）把可用性定义为"一个产品能被特定用户使用且有效地、高效地、满意地达到特定目的的程度"[④]。有效性被定义为"用户达到特定目的的准确性和完整性"；高效性被定义为为了准确、完整地达到目的而"付出的资源"；满意度被定义为"没有不适，使用产品时正面的心态"（ISO1998）。

---

① 认识一直是再认识，又认识。
② Affordance有多种不同译法，如示能性、承担特质、可供性等。美国心理学家James Gibson用Affordance来描述物被使用或认识的属性。最初旨在推翻笛卡尔自我内在认知处理外在感官的理论框架，走向以客观物的诱发为中心的思考。Gibson提供了一种如何把握和理解实际物的思维。Donald Norman 将这个词引入设计时反而将其狭隘化了——译者著。
③ 参见Krippendorff（2004b）中关于固有动机的介绍。
④ ISO9421-11（1998）中对办公室使用视觉显示终端（VDTs）的人类工效学要求——11章：可用性指引。

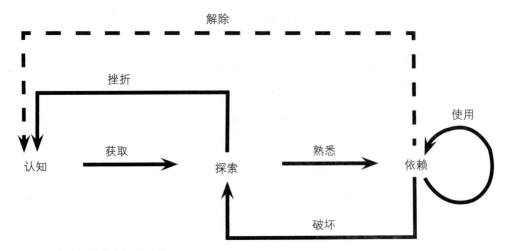

图3-4　三种关注模式之间的过渡

在这个定义里值得注意的是"特定用户"的说法。对于用户而言，被迫徘徊在依赖和探索两种模式之间既低效又令人沮丧。然而，源自人类工效学传统，ISO忽略了以人为中心的观点，而把来自于外部的"特定目的"作为正式衡量可用性的关键。这就排除了人的内部动机而把标尺降低到"积极心态"。雅各布·尼尔森（Jacob Nielson）把"可学性"或用户可以"快速开始完成工作"的能力（Nielson，1993）补充到ISO的可用性标准中来。尼尔森的说法就和用户对人工物熟悉路径有关，从探索人工物到依赖它。

这一部分我们区分了关注的3种模式。传统的人类工效学在方向和制度都偏重行为主义而非以人为中心，可用性倾向于强调唯一的依赖模式，并从功能（目的）方面去处理。然而，要实现有意义的介面，人工物必须被设计成支撑全部3种关注模式：认知、探索和依赖。

3.3　认知

认知就是再次认识，通过认知类型（或名称）和用途来辨别某物。认知是被某种需求或兴趣所驱使，而且基于掌握一个类别的概念系统，这个系统反映出与类似物品打交道的经历。认知在亚里士多德的诗学（Poetics）中被称为"认辨"（anagnorisis）。这个词用于人时，指使用符号、艺术创作、记忆、推理（包括错误的推断），最后指向事件自身。亚里士多德将认辨描述为从无知到知识的变化。因为再次认识某物通常会预设某些关于世界的先见，认知并非亚里士多德想像中的知识上的根本变化。它很大程度上关注人工物的位置和类别，而不是它们如何工作，后者则是探索的一部分。在没有为用户提供获取新概念的时间或机会的情况下，设计易于认知的人工物，有赖于用户过去的经历、共同的感受和一般的惯例。

3.3.1　类别

实证主义或以技术为中心的观点认为，类别应基于客观属性的划分，于是把世界清晰地分割为一组一组的物品，每类物品具有相似的属性。这些类别的合集和交集催生出一种概念上的分类法：把最常见的属性置于层级的顶端，而稀有的属性置于层级的底层。生物学上的林尼乌斯（Linneus）分类系统就是这种概念最著名的范式。生物学家可以辨别植物或动物的特征，然后根据这个系统可以按图索骥地查出名称和相关的知识。认知科学等几个领域都认为：人脑是通过类似的测试进行认知的。然而，这种人工物的认知路径恰恰与人类现实背道而驰。

从艾伦娜·若实（Eleanor Rosch，1978，1981）开始，对人类如何建立类别的探寻就不断地挑战着逻辑性极强的实证主义观点。如今，任何实验性的分类法研究都与语意学不可分割（Lakoff，1987）。设计者们需要去了解、熟知语意学。这种新观点的要义是：人通过物品的典型性来认知事物，即某物品与该类别中最理想化的典型有多接近，这种理想化的典型就叫作理想型（prototype）[1]。相应地，人工物的类别是非匀质的，物品不同程度地"属于"某个种类。越接近理想型的人工物，越会被清楚地认知。越不典型的，其分类就越不清晰，也越可能有多种不同的理解。因此，从以人为中心的角度出发，分类不是黑白分明的，而是有度的。理想型是类别的中心，类别的边界则很模糊，而认知是一个关于人工物的典型性的函数。

图3-5　字典中鸟类的理想型

从操作上来讲，典型性就是对于某物有多典型这种问题的回答，比如二者对比："这两个照相机中哪个更典型？"这类问题较容易回答，很大程度上是因为很接近日常对话中事物如何的话题。对于特定类别的大量物品的典型性，回答者则揭示出该类别中对应物品的程度地图，理想型则位于类别的中心。以鸟类为例，普通人会说有长脖子的鸟，有嘴很

---

[1] 我选择"理想化典型"来阐释"原型"，这通常在关于类别的文献中可见（Rosch,1978），但在设计学文献中却会混乱；设计学中的原型指产品的第一个模型，通常用于测试。

长很大的鸟，有大鸟、小鸟、不同颜色的鸟。企鹅就太不具典型性，以至于很多人不会把它们视为鸟类。对于物品典型特征的主张总是与我们试图认知的物品的类别中常见的、代表性的、理想化的典型有关。说到鸟类，在美国，知更鸟可能最接近鸟类的理想型。图3-5复制了《美国遗产词典》（1992：190）中使用的一幅标明了鸟类不同部位名称的图。这幅图就与知更鸟很接近。但，即便是知更鸟也有一些特征使其成为知更鸟，而与鸟类的理想型相区别。所以在现实中，理想型并不存在。

　　某个类别的理想型是一种忽略了所有偶然的、无关的特征之后的认知建构。理想型是简单的、骨骼化的，它体现某物的"深层结构"或"主旨"①——"Wesen"（过去了的存在）（Gros，1984）或本质（essence）。理想型没有冗余或物质性。人类的记忆倾向于从我们注意到的偏差中储存理想型。当某人把一只鸟（理想型）描述成白色、长脖子、高挑直立时，显然这种判断是将这只特别的鸟与理想型所不同的方面都一一列举了出来。当人找东西的时候，不管是一件工具、一个容器、一个公共汽车站还是一家银行，它们都是用心中的理想型来寻找一个接近的匹配，再注意到二者的区别，然后做出类别判定。

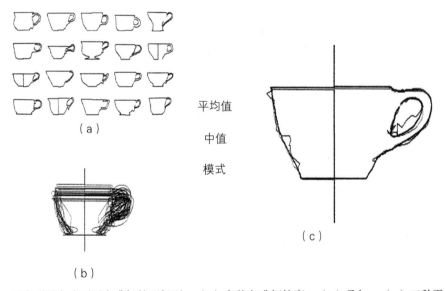

平均值

中值

模式

图3-6　用变形的方法逼近咖啡杯的理想型　（a）多种咖啡杯轮廓　（b）叠加　（c）三种平均值

　　探索理想型是一种常见的设计实践（Athavankar，1989）。想要画一张接近理想型的咖啡杯的草图，需要省略上面的装饰图案，去除不必要的曲面和相关材料。然而，确切的事实是，不论一张铅笔线的草图还是任何物质实现方式，永远只能逼近那个理想型。图3-6所示的是若干种咖啡杯的轮廓在电脑变形处理后叠加，显示出共同点。

　　S.巴拉朗（S.Balaram，1989）描述了一个绝佳的政治案例。圣雄甘地在英国统治下争取

_____

①　John Rheinfrank,个人交流，1986，和他的几个演讲。

印度民族统一独立的斗争中象征性地运用了很多非常普通的工具，如纺车、甘地帽、草屋、手杖等。这些物品上一切带有地方特色的痕迹都被抹去了。于是，甘地致身于诸多接近理想型物品的环绕之中，谁也没有冒犯，而且使大多数普通印度人超越了地方差异而对其运动产生了认同感。

　　研究证实，相对于同类别中那些较不典型的事物，越接近理想型的人工物越容易被认知，并且认知更可靠、更快。这一发现非常广泛，适用于颜色、词语、符号，几乎包罗万象。这也提醒了设计者，当重新设计一种被人熟知的人工物时，应该意识到远离这种熟悉的形态所造成的影响。相对于私人物品和只有少数专业人员使用的物品，公共建筑、快餐店的布局、消防栓、交通符号、货币、汽车介面——这些需要很多人快速识别它们是什么，并且没有时间学习的人工物——就需要使用更加典型的形式。即使在可以自由发挥的情况下，设计者也必须在可认知性和创新性之间做出权衡。理想型取决于特定的文化，即使在同一种文化中，理想型也可能随新的人工物的使用而不断变化。图3-7所示的是三台相机。左边是一款独创性的设计，只用基本的一个镜头来浏览和聚焦，与理想型的相机相去甚远，经常被误认为是摄像机。而图3-7中间的单反相机就与理想型十分接近。右边的数码相机则还没有形成一个理想型。从相机是大木头盒子上伸出一个小小的镜头那个年代开始，摄影的历史进程就是理想型更迭的历史。最新技术已经抛弃了作为一个独立相机的理想型，而只是把照相作为一个功能就加入到其他产品的理想型中，比如手机。

　　　　　　　　（a）　　　　　　　　　　　　　　　　（b）

图3-7　典型性各异的三款相机　　（a）佳能Foruta　　（b）宾得单反相机、尼康数码相机

　　然而，理想型并不仅限于视觉上。电影导演们就十分关注角色的典型性。对于一个典型的母亲，观众更注重她为孩子做出的牺牲而不是她的长相或穿着。在荣格（Carl G. Jung）的学说中，术语"原型（archetype）"与理想型十分接近。它描绘了个体具有指导性的概念、文化本源以及深刻的哲学意义。相反，"模板（stereotype）"过于简化地描述了某个阶层的成员（经常是某民族或某种宗教信仰）。它们可能是错误认知的源头。因为社会模板往往具有自闭性，很容易被假设，却很少被实际验证。举例说，当一个人真的去瑞典旅行，很多之前形成的有关瑞典人或斯堪的纳维亚设计的模板很可能受到挑战。如果说理想型代表了某一类

别的本质，模板则是创造了一个闹剧版。

理想型的偏离有两种：

- **维度上的偏离**，在构成人工物的若干变量上的偏离。这些变量永远存在。比如，所有的实物都具有重量，都占空间，都存在于时间里。这些人工物可能在上述这些或更多维度上相异，但它们永远是实实在在的物体。一辆轿车可以只载一个人也可能载多个乘客，可能有不同的速度，可能安全也可能不太安全，不管它在哪儿都会占一辆车的空间。没有了这些（以及另外一些）维度，这辆车将会面目全非，不可能被认作是一辆车了。

- **与之对比**，功能（feature）上的偏离，可有可无的附加功能并不改变对一件人工物的识别。不论一台电话机有没有重播键、来电显示、防骚扰或传输图像等功能，它始终是一台电话。

当设计可认知的人工物时，探索研究理想型、并了解偏离的认知关联是至关重要的。

3.3.2　视觉隐喻

在语言中，隐喻大概是创造全新现实的最强大的修辞。诗人、发明家和政治家都把隐喻视如法宝。拉考夫（Lakoff）和约翰逊（Johnson）说："隐喻的实质是通过对一种事物的理解和体验而去理解和体验另一种事物"（Lakoff and Johnson，1980：5）。对于设计者而言，要让新科技易于理解，视觉隐喻很重要。在使用情境下，隐喻能让人通过在维度和功能上更熟悉其他人工物来认知新的人工物。

例如，个人电脑诞生于1970年代，当时电脑主要是大型机，放在有空调控制的玻璃封闭空间中的大柜子里，只有专业人员才能接触。设计者把两种妇孺皆知的理想型结合起来：打字机和电视机屏幕。两种技术与计算都没有太多的相似之处。但，作为隐喻，打字机加电视这个组合让最初的设计者，更重要的是当时的用户们，能从这两个人尽皆知的经验领域中总结出体验。打字机能把文本打到纸上；电视生成电子图像。把电视屏幕放在打字机上意味着一个新意义：一台不用纸的打字机。文本被一个字母一个字母地创造出来，并在屏幕上滚动出现，这种方式很像纸从打字机上出现。诚然，最初的个人电脑的确仅此而已。打字机和电视，这两个熟知的理想型的组合，让潜在用户认出这种新设备，同时也打消了个人电脑的神秘感。正是这种神秘感妨碍着未经训练的人们发现使用个人电脑的优点。

一旦被运用，视觉隐喻将驱使科技更深更远。以个人电脑为例，因为有了彩色电视，"聪明的"设计者们几乎立刻想到：电脑屏幕也应如此。电视屏幕还可以显示图像，电脑开发人员自然想到：电脑的功能也应扩展到显示并操控图像。自从以鼠标和图标为代表的图形操作介面被发明以来，个人电脑越来越不可逆转地成为一种视觉媒体。今天，电脑连入因特网，与娱乐产业水乳交融，不断拓展着用途。

个人电脑的诞生表明，缺乏相似的形态时，隐喻可以使崭新的技术变得可认知。但其后来的发展也揭示了，具有改变认识能力的隐喻也会随着新的理想型的频繁使用而自我消融。大多数隐喻的命运都是终结，诗人们称之为"死亡的隐喻"，图形艺术家则称之为"陈词滥调"（clichés）。一个隐喻的终点并非不受欢迎，反而能简化认知、加速分类。当然，之后也会留下印记：一系列的相似点及不同点。尽管其理想型尚远未落定，如今个人电脑的形态仍旧带着其历史发展的痕迹直至近日。它们仍旧有键盘、屏幕和一个容纳硬件的盒子。相对于打字机，今天的用户对台式机或笔记本电脑更加熟悉，因此这个从其他技术中提取的相似性隐喻渐渐消融。今日的个人电脑已经成为可以被独立认知的人工物，也无法否认它与过去的联系。

视觉隐喻经常在不知不觉中促进认知。不论是一幅图像、一块展板，还是一尊雕塑，当我们面对某个意义不清的人工物，相信其中必然话里有话的时候，视觉隐喻常常浮现。所谓的"缺憾感"或"理解不足"就毫无疑问地表明了人工物缺乏容易有效的理想型。这种情况可能出于偶然，也可能出于有意设计。如果是有意而为，那么设计者一定是特意躲开某个可能误导用户的理想型。这就必须从3个步骤着手：

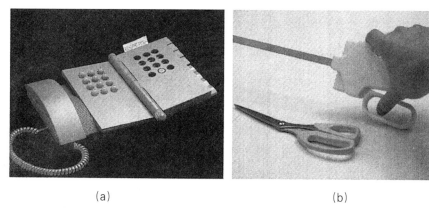

（a）　　　　　　　　　　　　　　　（b）

图3-8　不言自明和使用可靠的隐喻：（a）丽莎·克鲁恩（Lisa Krohn）设计的电话书，1987　（b）布特（Reinhart Butter）设计的手术工具，1982

1. 首先，所涉及的这个人工物似乎没有理想型。不论其构成组件的典型性如何，这个组合在特定语境下讲不通。然而其组件的理想型会让用户注意到几个迄今为止独立的经验领域。

2. 然后，组件的维度和功能在此特定语境下被分析比对，由此建立有意义的关联，讲不通的则被排除。从组件到整体组合再回到组件的过程形成一个解释学循环（图2-5）。在这个解释学循环中，将会递归式地创造并测试关于这个人工物整体组合的不同假设，判断每个组件的可能意义在这个特定语境下适用与否。这个过程将会持续，直至一个假设脱颖而出，成为对眼前这个人工物构成一个陌生的解释——一个隐喻。

3. 最后，在与眼前的这个人工物的交互中检验该隐喻的必要性。如果在多种类似的人工物中能反复成功，最终一个理想型会渐渐浮现，为此类人工物在使用中建立起一个新类别。

　　大多数视觉隐喻的关键在于人工物的一个或多个组件与某个熟悉领域的物品之间的相似性，从这个隐喻的源领域中汲取意义。图3-8中所示，丽莎·克鲁恩（Lisa Krohn）著名的"电话书"（Aldersey-Williams等，1990：47）就借鉴了阅读过程中翻动的书页；然而，这改变了电话的功能方式。按键还是同样的物理按键，但当打开不同页面时，这些按键的功能完全不同。

　　莱因哈特·布特（Reinhart Butter）设计的血管结扎器，汲取自另一个众所周知的人工物：剪刀。器械的泡沫模型如图3-8所示。结扎意味着钳住血管以在手术中止血。在办公室里，我们对取下订书钉的小钳子很熟悉，但这个结扎器"钳"的原理稍有不同。在这个器械的前端，有微型的"v"字形夹子，当下部的环被合拢时，前端的"v"形夹就会相应地被合拢。夹子合拢的动作虽被缩小了，但与手的动作是对应的。结扎要求操作者动作精确，全神贯注于前端的夹子的动作，不会为如何操作而分心，因此，器械的使用方法必须十分简明。布特设计了两个手指可伸入的环，左右手均可操作。这样的设计不但具有很好的可供性，而且从使用剪刀这个手部运动获取经验，在使用器械的过程中融入了隐喻。另外，布特在医生的手掌中增加了另外的控制装置（在剪刀上没有这个装置）。在此，利用了与剪刀的相似性，以一种不言自明的方式，将把用户使用剪刀的经验嫁接到了使用外科手术器械上。

　　另一个例子是施乐公司用于大型复印机的桌面隐喻。复印机从接受原件到吐出复印件之间的原理，很多细节都无须普通用户完全理解。最早的复印机只能从一张原件复制出多个拷贝。到后来，施乐复印机开始能够实现一次处理一摞多页的原件，并制作多种不同的拷贝，复印机变得更像是一个微型印刷厂了。这种复印机包含了十分复杂的硬件，也就更可能造成混淆，各种各样的纸张（原件、白纸、复印件）应该从哪里放入、从哪里取出等。在寻找一个适合的隐喻来描述如何处理这个相当复杂的机器时，设计者发现用户已经生活在一个充满纸张的办公环境里，一摞摞的文档从收件托盘移动到发件托盘，他们的工作也随之成为收文件和发文件。他们认为，如果复印机效仿他们所熟悉的日常文档处理惯例，这些用户就能够很好地理解复印机。

　　设计者把复印机的机械结构布置在一个与桌子大小、形状接近的表面下方。桌面是办公人员习惯处理文件的地方，并升高以便员工能够站着完成复印。这样，复印机可被视为一个处理文件的桌面。办公人员还是使用托盘存放文件，有字的一面朝上以看清每一摞的内容。为了把桌面这一隐喻贯彻到底，施乐的设计者给用户提供了类似文件托盘的容器，以及与纸张相同大小的开口以放入原件，很自然地，像把文件放入托盘中一样，一次多张、正面朝上。把原件放入一个文件托盘而不是投入一个槽形开口，是为了让用户清楚地看到处理原件的来龙去脉。为了避免用户混淆原件的入口和复印件的出口，设计者把出口处设计成难以放入任何文件的样子。一张典型的桌子还会有抽屉，经常用于存放物品。

在这个桌面隐喻的引导下，复印机也用抽屉来存放白纸。这些抽屉以不同颜色与复印机的机体区分开来，并有明显的把手来标示可以拉开。

混乱的隐喻经常会造成用户的困惑。在多个层面上创造关联性可以加强理解。在这款具有革命性的复印机设计上，隐喻的一致性用户易于认知。1980年代，施乐复印机在市场上居于统治地位。随后，更小型的复印机不断出现，大量复印也越来越普及。现在的技术使复印机不断缩小，也将这个桌面隐喻抛之脑后，但仍保留了大部分桌面隐喻的原始特征。

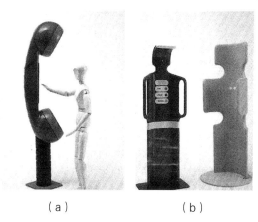

（a）   （b）

图3-9 紧急呼叫电话亭设计中的换喻和隐喻   （a）具有标识属性的换喻；   （b）暗示安全性的隐喻

综上所述，使用视觉隐喻不但可以帮助用户理解，同时也对设计过程有所帮助。将掌上电脑的形态设计成一块便于手写的平板，取自人们对书写的熟悉感。把电视机设计得很薄以至于可以挂在墙上，借助了人们对在墙上挂照片的熟悉感，仿佛一幅可以看到过去或遥远异乡的画。这些和很多科技愿景都受到了隐喻的驱动，而技术往往紧随其后。

并非所有的隐喻都把别处的实践经验传递到当下。隐喻也可以传递情感。布特指导俄亥俄州立大学的学生们在公用紧急呼叫电话亭的设计中就体现了这种可能性。图3-9所示的是两个方案。听筒可能是电话机最明显的换喻。左边的设计就凸显了一个超大的电话听筒，明确标示出电话亭的功能。然而，这个设计并没有很好地满足用户在紧急情况下的心理需求。右图（最终方案的一个早期模型）中，设计者运用了一个隐喻，电话亭像盾牌一样包围着用户的整个身体，使用户进入了一个半封闭式的环境，提供了所需的保护感、安全感和私密性。

图3-10所示的是3个电梯内饰设计。布特指导学生们探寻能让人在狭小空间中减轻幽闭恐惧的隐喻。图（3-10a）是办公大楼的电梯设计，运用了抽象化的风景以及天光照明，创造出空间感和开阔感。图（3-10b）是为医院设计的电梯，特意设计了凹陷的区域让人能站到里面，当大型医疗器械、轮椅或者活动病床进入电梯时，人们会感到安全。图（3-10c）是为公寓楼设计的电梯，运用了洞穴的隐喻。用户进入电梯空间时，觉得已经被"破坏"过了，从而希望阻止对电梯的故意破坏。

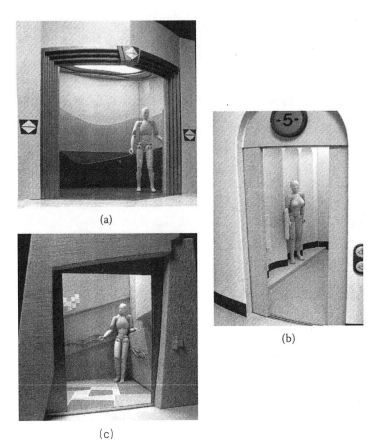

图3-10　电梯设计中的隐喻　（a）办公大楼的电梯设计　（b）医院的电梯设计　（c）公寓楼的电梯设计

　　必须提及一类重要的隐喻：指示前与后、上与下、正确与错误方向等的指向性隐喻（Lackoff and Johnson，1980：14-24）。大多数人工物设计时都有一个典型的方向，其理想型往往与面向用户的一面密切相关。建筑物有个正立面。柜门有个正面，电视机有正面和后面，书籍、信用卡、排队都是如此。指向性隐喻源于人类交流。我们对话时要面对对方，脸的朝向最重要。如果摄影师要给一台电视机或一个朋友拍照，如果从后面拍的话会十分奇怪。商店里的货品都面朝购物者也绝非偶然。在电器商场里，电视屏幕看着客户；书店里，书的封面也是如此。人的脸是人身体中给人印象最深又最多变的部分。一个人工物的隐喻性的"脸"，包含了变化、操作和显示，这正是与用户发生互动之典型所在。对人工物的认知经常局限于面向用户的典型一面。

　　餐具可能不分前和后，但自然会将叉、刀和勺的把手面向用户，而取食物的较危险的尖端则背向用户。形成对比的是公共雕塑，需要从各个角度都可以辨识、赏心悦目。在政治场合，一张没有指向性的圆桌比一张长桌子（对两头的座位有所偏向）更有助于谈判的成功。当指向性隐喻存在的时候，设计者倾向于在人工物的"脸"上倾注更多的功夫，而忽视了其他部位，如观察电视机之后、汽车之下、电脑之后或地毯之下。拉诺赫和拉诺赫（Lannoch and Lannoch，1989）就在生活空间中探讨了这一类语意组织的隐喻。

在人类文化中，上与好、下与坏有着根深蒂固的联系（Lakoff and Johnson，1980：22-
26）；前与重要、后与忽视、高与优越、低与卑微也是如此。虽然不是所有设计都应如此，但
此种与人类认知的框架相合的设计，有益于引入大量日常使用产品的基本经验，尤其是基于
人际交流的经验。"介面"这个概念本身就先入为主地被定义为两人面对面时的体验，暗指
发生在两人之间的事情。

有些设计强行给产品穿上奇怪"外衣"，例如将猎人使用的电话伪装成鸭子，或者小朋
友们使用的电话是米老鼠形状；隐喻的使用不应与此相混淆。除了幽默之外，隐喻可以协助
用户认知，也可以误导。比如在设计多用户系统时，或设计极少用到的产品，如办公楼里的
灭火器时，设计者就应该格外注意要偏于保守，依赖于最常见的、最广为接受的理想型，避
免模棱两可，避开前文提到过的：死亡的隐喻。

视觉隐喻也不应与文字类比相混淆。例如，电脑鼠标——在电脑屏幕上用于点、击和拖
的装置——使用良好，一个设计者冒出了一个"绝妙"的主意：把鼠标设计成一只真的老鼠
的形状，把"鼠"字落实、具象化。这样的设计并没有增进用户对这个产品的理解，反而干
扰了用户对产品的有效使用。

类似地，隐喻不应与象征意义相混淆。比如菲利浦·斯塔克将一把当代的椅子命名为
"路易二十"，就是一个强行赋予物品符号的例子。他解释说："这是一把给20世纪数不胜数
的未被加冕的'王'的椅子"（Steffen，1997：23）。至于普通人是否如此看待这把椅子，则
很值得怀疑。即使这把椅子真的与贵族有可辨别的统计联系，那么一个实际的问题是：这些
关联如何影响这把椅子的使用。即便用户接受了设计者所认为的贵族象征，也对人们能够和
将如何使用这把椅子没有任何影响。

最后，在独立观察的形式中并不能发现视觉隐喻。它揭示了用户依靠熟悉的人工物来认
识不熟悉的人工物的过程。由于设计本身就在于不断求新，视觉隐喻可以引领用户温故而知
新，让新设计能被理解。设计者可以自认为"发现"了一个合适的隐喻，但如果这个隐喻不
能给新设计带来熟悉感，那么对于用户来说，这个隐喻没有任何意义。设计者完全可以通过
精心地选择喻源，并把喻源的意义移植到新设计的整体或部分上，从而帮助用户理解一个意
义不清的新设计。在此意义上，很多设计都具有隐喻性。不言自明，似乎看起来很容易认知
到某物是什么，但常常并不比一个死亡的隐喻更有价值。

3.3.3　吸引力

把设计做得有吸引力、诱惑力、鹤立鸡群，是工业时代设计的当务之急和唯一要务。这
个时代涌现了有关美学、构图、风格、令人愉悦的形态，和最近出现的有关"令人心情舒畅
的产品（pleasurable product）"（Tahkokalio and Vihma，1995；Green and Jordan，2002）。然而，

本书所信奉的是以人为中心的吸引力。我们并不强调某种形态特质单独形成的吸引力，而强调在购买、探索和最终使用之前就可以将潜在用户从其他产品中吸引过来的条件。

　　吸引力是相对的，只有与较不具吸引力的物品比较时才存在。如果主体和背景都是同一颜色，就没有任何突出可言。如果一切都装在一模一样的灰色盒子里，就只能用标签来认知。我们往往会更注意到某物与其他物品的区别，而非混合或掩饰的那部分。这并非说人工物应该用噪音、亮色、怪诞的形状或会动的零件来争宠。当不需要的时候，人工物应该能够融入背景，不打扰当下的活动。包装设计者们偏好能吸引买主的设计，而医生则希望手术工具静静地躺在那里，等待需要的时候取用。

　　极其让人反感的或具有潜在危险的人工物可能会和美的或有用的人工物同样引人注目，但由于注意力具有选择性，更美的人工物更可能被瞩目、购买、探索、依赖和使用。然而，在使人工物具有吸引力的方面，以美学作为主要手段的设计者会如履薄冰。美学属于哲学范畴，为"什么是美的"这一问题提供理论。实际上，美总取决于观察者及其所属群体的眼睛。理论的恶名就是不能与时俱进。吸引力的标准随时间而改变。20年前很时尚的一款汽车，现在看来可能很丑。虽然关于吸引人的这一课题著述颇多——当人的看法在不知不觉中改变时，理论很快就过时了——这里的一些概括性规则可供设计者参考，从而在众多选择中增加其设计的吸引力。

- **新颖性：**这可能是最重要的一点。新颖性与旧的、二手的、磨损的相对，但当一个设计太不寻常以至于无法认知的时候，也会失去吸引力。与新颖相关的概念是独特性。独特性对于关注自我识别变化的人来说尤其重要。时装就是基于熟悉感来建立新颖的好例子。

- **对位性：**吸引力很大程度上与其预期出现的地方相关。不论是因为无法与背景区分、藏在其他物品后面，还是放在出人意料的地点，找不到东西都是一件让人顿感挫折的事情。物品不在应该在的地方、找不到应该按的按钮都会令人感到困惑或厌烦，最终导致无法实现所预期的关注。

- **简单性：**简单经常很受欢迎，但只有当与繁复或无聊形成对比的时候才如此。比如电脑介面的设计——电脑本身就有点神秘——简单的介面会帮助用户理解，促进易操作性、使用的自然度，但介面本身也需迷人。

- **同一性：**同一性有多种形式：一个统一的设计主题、一些看起来就应该装在一起的零件、不同形态之间的过渡、框架、"容器"或形状。①具有同一性的人工物会显得突出，而缺乏同一性的人工物则被隐藏：迥然不同的部件、散乱的布局、缺乏相似

---

① 有趣的是，"容器"的语态指向器皿的共享性，即从一个地方运往内容可以进入或恢复的另一个地方。这就是一个外在/本质差别的隐喻。

性或混杂的视觉隐喻。

- **规则性：** 部件排布的有序性，相同或相近零件的重复，从左至右或由上至下的自然排布（一个与阅读相关的类比——至少在西方如此），连续性，而非无序性、任意性或轮廓的突然中断。

- **对称性：** 规则性的一种。对称是一种人类熟悉的形态特征，如树叶、人体、汽车设计（除了驾驶者的座椅）的左右对称。对称因重复吸引人，因为它简化了注意。不对称性更难于理解或关注。但故意从一个预期的对称中跳出来反而更吸引人。

- **平衡性：** 毫无疑问这个词是用于衡量不同事物的隐喻，用于描述和谐的构图，或零件的比例、大小、形状和颜色彼此协调。一个争论是：平衡的构图会吸引人，因为看起来舒服；不平衡的构图也会吸引人，因为看上去令人不安。

- **符合网格/打破网格：** 在印刷、介面设计和建筑中，网格是一种规则性，是引入一种框架、一种组织或一种安排。在网格被打破之处、在网格边角处，当与一种不同形状的网格、或完全没有任何网格相对比时，按网格设计的人工物会形成吸引力。比如，对角放置会比在网格内更加引人注意。

- **故意性：** 设计者们经常自由地挑战惯例、出人意料、打破当下的美学常规和社会常规。但当设计者做这种偏离时，最好让人能明确地了解这样做是故意的、是有目的的。这里，"意图"不是指向一个精神范畴，而是被用户视作有意图的。对于故意性的认知是普遍的。即便是婴儿也会"知道"他们玩具上按钮的目的，从而被吸引着去按它。用户会被任何开口、间隙、具有不同颜色或形状的部件、不寻常的布置所吸引，想一探究竟。如果用户最终在这样的探索中失败，就会武断地认为设计不佳或制造粗劣，总而言之：没有吸引力。如果设计出色、装配精巧、创意独特——而非牵强附会、矫揉造作或装饰浮夸——自然就具有吸引力。这就是中世纪匠人的骄傲所在，也是今天设计者的不懈追求，但引人注目的前提是可认知。

3.4 探索

探索发生在使用之前。用户需要了解将会发生什么，他们与人工物的交互会怎样演化而不丧失意义。设计者对人工物本身的关注：到底是什么、用来做什么、怎么工作，多过于对用户的关注，也即用户会怎么去探索、把玩、感受；而更多关注用户的最终依赖，而不是用户如何通过探索达到最终依赖，设计者的这种倾向让人想起笛卡尔主义。认知、探索和依赖3种关注模式之间存在着至关重要的区别。认知与感官息息相关，探索是通过认识能力而行动（例如尝试错误法），而依赖毫无疑问地取决于用户的身体力行。回顾图3-4，探索有两个切入点：获取和破坏。获取是指从对一件物品的认知到弄清如何继续两个状态之间的转换，这可以是把一个厨用电器从柜子里挪放到台面上，可以是购买一台新电脑并安装到办公桌上，也可以是决定加入一个飞行员训练班受训。破坏是把注意力临时从所要做的事情转回到为什么这个工具没有按预期工作。不论哪种情况，探索为用户提供对应如何操作一件人工物的理解以及应该做什么、不应该做什么的知识。探索给用户去操作或再试一次的勇气。

3.4.1　用户概念模型

假定认知取决于所谓的"用户概念模型"（user conceptual model）已经成为一种通常的习惯。用户概念模型解释的是用户针对他们过去想要人工物发挥某项用途的经验。用户概念模型是一个有关操作的概念网络定义：指导用户概念模型的拥有者去了解某件人工物如何工作，应该在什么时间做什么，以及做了某些动作之后应该期待怎样的结果。正像我们依赖熟悉物品的理想型去认知人工物一样，我们依赖于一些同样简化的概念框架去确定一件人工物上的部件在使用中意味着什么。值得注意的一点是，用户概念模型是设计者们对用户能做什么、能学习什么的解释，是设计者的二序理解。同样重要的一点是：一旦某件人工物是为大量用户所设计的，所使用的概念模型就不应是某个理想用户的认知模型，而应该反映整个用户群体的多样性。还有一点应该注意：用户概念模型只能代表用户能表达的和愿意表达的，而且取决于观察者的结论。而现实是，人类并不总是能意识到他们做的所有事情。他人的认知只能通过结果来观察。人的真实想法与他们认为的想法往往有出入。

图3–3表述的是设计者对用户和介面的理解。这里包括了设计者对用户理解的理解和设计者对用户概念模型的解释。后者包括感官如何引发意义，意义如何展开形成行动再形成预期的感官。预期的感官可能被动作引起的结果所印证，也可能不会。下面列举用户概念模型的3个例子。

1. 地图。在某一刻，我们对四周事物的认识把我们定位在一张地图上，而不是在现实中。在一个熟悉的地方，我们依赖心理地图找方向，比如在家附近的邻里，或在停电后的家里。在一个陌生城市开车的时候，我们可能会看地图找路。没有地图，我们不知道我们的位置，不知道怎么到达目的地，更不可能知道沿途会出现什么。一张路线图可能会把一座教堂变成一个确认路线的地标。对照地图与所看到的街号增加或减少，会告诉我们前进的方向是否正确（译者注：一些国家，例如美国，有以连续数字命名街道的习俗）。地图告诉我们有没有抄近路的机会，帮我们分辨大道和小路，告诉我们哪里是省界等。如果没有地图，这些地标、近路、省界或目的地等都失去了现实性。从人的角度，地图能让我们对位置和方向的感官有意义，而且让我们在任何时候都能在看见之前就知道该期待什么，这些功能比很多在地图上被忽略的细节更重要。一个用户概念模型让设计者能够预期一个人工物对于其用户意味着什么。因此，用户概念模型是了解用户如何与一个人工物交互的关键。用户概念模型并不描述一个人工物的本质，但它告诉设计者用户可能做出的行动。设计者们关心这些行动，并且经常对这些行动进行观察研究。

2．电。大多数人，当然包括电工在内，都对电的原理有一些了解。对于电的民间理解有几种，基本上都是基于另外一些更通俗易懂的系统的隐喻，如水管。把电比做"流"过电线的隐喻就是很普遍的一种。电线粗细不同，电线越粗能"流"过的电也越多，就像水管一样。带电的电流通过电线流到需要电的地方，用过之后的电流被回收、循环。另一种理解则想像电是由微小的电子颗粒携带，流向需要电的地方。第三种理解更高深一点，想像电像是石头坠入池塘时激起放射状的层层波浪，随着距离越远，渐渐隐去。在火线上，电子震动激烈，沿途电子驱动机构运动，在地线上，电子的运动较微弱。如果用户在家安装电线，以上3种理解的任何一种都足够了，这里对电的理解不需要有多精确。但电子工程师要设计一台收音机的话，这3种理解可能就略显力不从心了。

3．家庭供暖系统的控制。威莱特·坎普敦（Willet Kempton，1987）对不同人如何操作家里的温度调节器进行了研究。他记录了每一家温度设定的变化，然后采访了用户，了解他们做了什么，为什么这样做。他发现对于家庭供暖系统，人们有两种不同的概念模型：一种把控制想像成一个阀门，另一种认为这是一个回馈系统。把控制想像成阀门的，每当他们觉得冷了或热了，都会去调整一下设定。这种人会经常改变设定，而且家里的温度会有很大的波动。另一些人知道他们可以设定一个温度，从而向取暖系统发出一个指令来达到这个温度，这些人对设定的改变远远少于前一种，家里的温度也更加稳定。这两种概念模型导致了截然不同的行为。幸运的是，工程师的设计满足了两种用户概念模型中任意一种的用户，可能有些用户都不知道它们到底有什么区别。不论哪种用户概念模型都不会造成破坏，当然对两种用户概念模型各执一端的夫妻就惨了。用户会有不同的概念模型，要创造有意义的介面，理想情况下，就需要适应潜在用户所有的概念模型，不然就会发生破坏。

坎普敦经过大量访谈后发现上述用户概念模型。它们解释了用户是如何使用温度调节器的，而室温波动的记录印证了他的理论。他使用的方法是通过分析用户的口头描述，而他发现的两种概念模型是存在于用户头脑中的语言隐喻。这些隐喻是通向用户概念模型的一扇窗口。设定温度相对简单、直观，在更复杂的情况下，可以通过让用户一步一步地边做边讲的方式构建用户概念模型。

研究者可以提供给用户产品及使用说明，并让用户自我探索，用户概念模型可以从用户探索中所问的问题构建起来。或者可以通过观察用户与多个同类产品的互动来构建用户概念模型。通过电脑程序分析用户的行为来帮助用户概念模型构建的方法也是有的。例如大型舰船自动驾驶系统的设计，就是通过电脑程序记录并学习真人舰长对偏离航线的反映，从而掌握该舰长对舰船行为的理解。同样的技术被用于流水线机械手的编程，通过模仿熟练工人的动作来应用用户概念模型。

因此，用户概念模型是探索式地构建起感官、意义和行动之间的三角关系，如图2-3所示，从而帮助设计者解释一个潜在用户群如何与某个设计进行交互。构建用户概念模型的科学方法，比如探寻现存概念模型的民族志（ethnography）及模仿专家的电脑认知模型等，而是用来描述用户概念模型。然而海德格尔认为：破坏致使我们停下，想出另一条路，直至绕过当前的破坏。他揭示出以下3点：

- 用户概念模型是用户作用现实的一种解释，而不是外部世界的表现。用户概念模型让设计者能解释用户能做什么，和用户为了达到想要的感官结果如何行动。像路线图一样，用户概念模型不会预测任何事，它们并不代表人会做什么，而是表达在某种情况下的可能性，能做什么。当然，不排除有些可能性的可行性较高，而另一些则较低。

- 用户概念模型比偶然的系统反应、细节的指令、电脑程序等更像工具箱。当破坏发生，不同的概念模型形成并被付诸试验。大脑的预知远比电脑认知模型的预知更复杂多变。普通用户有能力应用、借用其他实践领域的经验来使用全新的人工物。

- 用户概念模型取决于学习。如果把用户概念模型想成地图，那么必须补充的是，这是一种不断补充、改善、不断推出新版本的地图。设计者对用户概念模型的理解必须包涵用户概念模型的可修改性，用户概念模型不断成长、不断复杂化的可能性，以及它们越来越高效的特性。

总之，一个用户群已有的用户概念模型很容易获取，在某个人工物的启发下可能付诸行动的意义的集合就是用户概念模型。

3.4.2 约束条件

人工物的可能用途常常超出设计者的预想。装奶瓶的箱子是用来把鲜奶送到商店，但设计者无法杜绝计划外的用法：当作书架、工具箱、自行车筐、小矮梯，等。对于流浪汉来说，一个奶箱可能用来装最珍贵的宝贝。去掉底绑在电线杆上，奶箱可以摇身一变成为篮球筐。一个气急了的人抄起奶箱可作伤人的武器。对于一个花了钱买来这些奶箱的小店掌柜，上述用法都是非法的，但掌柜却无可奈何。一件人工物能被想到的用途范围也就是它所具有的意义范围。奶箱非常直观，用户很容易知道其意义的约束条件：大小、形状、容量、坚固程度等。当一件人工物相对无害，其用途无须被约束。反之，设计者就必须想办法防止危险的用途，或者增加这些危险用途的难度。当然，可以在奶箱上写上非法使用将会受到法律制裁、放上警告标示、印上禁止某某用途等。但，所有这些文字标示只有人读了、懂了、遵守了才能起作用，而"不方便"时人完全可能忽略这些。这一节我们关注的是设计者能控制的一些实际约束条件，比如在奶箱底上设计出大小合适的圆洞，任何比奶瓶外径小的物体都无法储存。我们列举如下几种约束条件。

- **自然法则：**这些约束条件既约束用户也约束设计者。热力学定律、爱因斯坦的质能方程，关于通信信道的最大容量的香农定律（Shannon，Weaver，1949）。这些自然法则限制了楼能盖多高，车能开多快，一张CD能储存多少数据等。设计者虽然不能改变这些法则，但完全可以加以巧妙地使用。

- **实体约束：**硬性的限制，例如桥上防轻生自杀者跳下的护栏、强制用户从入口进入的围墙、工厂里重型设备上防止工人伤到手的安全机构、大文件柜上一次只允许一个抽屉打开而预防柜子倾倒的机构、防止电路过载引起火灾的保险丝、一旦缺纸就停止打印的打印机、只有开和关两个位置的开关、用户打开门就自动切断电源的微波炉等。这些约束条件不论用户是否理解其目的都会有效地防止事故的发生。因此，诺曼把它们称为"强制功能"（Norman，1988：137）。

- **具有用户选择性的约束条件：**有一大类的约束条件有意地对不同用户起到不同作用。有童锁功能的药瓶能防止儿童打开。把开关有意安装在儿童碰不到的高度。医院里的病人不能随便地拿到医疗用品或玩弄医疗器械，因为他们没有相应的专业知识。最常见的用户选择性约束莫过于钥匙了。只有车主才有汽车钥匙，不论儿童还是偷车贼都无法发动驾驶这辆车。门、保险箱、备胎、药箱、首饰盒或自行车的锁更是随处可见，有没有钥匙就是合法用户和非法用户之间的分水岭。另一种"钥匙"是身份识别码，银行账户、网站、保密区域、密码锁上都使用这种"钥匙"。由于钥匙可能被盗，而密码也可能被偷窥或拷贝，人们一直在努力想办法把某些人工物的使用权与合法使用者的识别锁定在一起。比如手枪保险盒上的指纹识别锁、高度保密区域的视网膜识别就是两例。所有具有用户选择性的约束都基于已知的用户特征，比如：

一身体条件的不均匀分布

一专业知识

一有无钥匙，或是否知道密码

一独一无二的身体特征

- **可超越的约束条件：**这些约束条件告知用户潜在危险或其行动的不可逆后果，并把取消某些约束的控制权交给用户自己。在这里，用户的注意力从如何使用一件人工物转移到使用的目的，从依赖转到探索。用户们不得不承认，很多错误都是由于例行公事、想当然。例如，为了防止用户意外删除电脑上的文件，软件会提醒用户确认。在银行里，保险箱要用两把钥匙才能打开，顾客一把、工作人员一把，这就保证了顾客的识别受到核实，任何一方也不能单独取出保险箱里的物品。美国的核反击导弹系统中，为了防止误发导弹，系统不接受单个指挥官的发射指令。为了防止灾难性的后果发生，如果一名指挥官发现受到核打击，有整套精心设计的流程来确保最终的决定是经过反复推敲并且经过多方同意的。

- **不必要的约束条件：** 用户接触的很多约束并非为了预防破坏或灾难性后果而特意设计的，而是由于技术瓶颈或粗心的设计造成的。技术瓶颈的一个例子是前面提到过的，只朝一面打开的玻璃门。选择另一种合叶可能就可以防止一半的破坏。另一个例子是电脑上用的3.5寸软盘。这种盘基本上是正方形，有8种不同的放入方式。其中有4种方式用户会受到实体约束而无法放入（盘太宽），另3种方式下用户无法把盘完全放入，只剩下一种可能的正确方式。虽然用户可能会注意到盘上面的小箭头，或经过几次之后学会应该怎么放入，但一个不同的形状可能会把使用方法表达得更清楚。在提款机上使用银行卡也有类似的问题。因为信用卡不是正方的，卡的入口只能允许四种可能插入的方式。在提款机上，厂家往往用示意图来指示插入的方式，有的指示磁条方向，有的指示卡正面的方向。如果插错方向，机器会很快检测到。但如果能让机器在任何4种方式下都能读取磁条，就既不用增加错误检测的设计，也无需让人可能错读的示意图了。恰当的使用说明固然可以减少让用户受挫的机会，但设计语意清晰的解决方案则更加贴心。如果可以两者都避免，虽然可能对于设计是很大的挑战，但很值得付出努力一试。工程师们学着在技术约束下发挥创造力，用户们只能在磕磕碰碰的摸索中学习，所以有志于设计出易用介面的设计者们应该想尽办法避免意义受到太多的局限。

有这样一个例子，这个约束条件的初衷很好，但最后却无法实施。美国曾经有一条法规，规定所有乘客必须系好安全带之后才能发动汽车。这个法规避免了行车不系安全带这个情况的发生。安全带在事故中事关生死，所以这样规定似乎有道理。座位上有没有乘客及安全带有没有系好应该很容易检测。如果没有遵守这项规定，蜂鸣警告就会响起。然而事实是，车主们对这个实体约束恨之入骨，买新车的时候强烈要求修车师傅把此项功能拆掉，最终竟然成功地废除了这条法规。诺曼分析了几条原因并得出一条结论：人们不愿意被强迫系安全带，他们宁可冒着在事故中受伤的风险也不愿意麻烦自己。这一条强制功能不能分辨出是否真的没有按规定系安全带；没有办法把人坐在座椅子上还是物品放在座椅上区分开就是一例。整个系统也并不成熟可靠，有时车没原因地发出警报或致使熄火。有人干脆把安全带扣长期扣上，然后坐在安全带上面，这样反而让系安全带变得更加不方便。诺曼的结论是："强制人们做他们不愿做的事是很不容易的。如果不得不使用强制功能进行约束，那么这项强制功能必须可靠，且须能准确分辨出什么是正当的，什么是不当的（Norman，1988：134-135）。"

3.4.3 可供性

"可供性（affordance）"这个词是詹姆士·吉布森（1979：127–135）在有关感官的一套生态学理论（ecological theory）中创造出来的。这个理论源于第二次世界大战中的一系列实验，吉布森对飞行员降落时的视觉需求进行了调查，尤其关注了非理想状况。吉布森发现飞行员在决定降落之前简直无法看清地形地貌。有经验的飞行员可以不经过抽象的逻辑推理而直观地看出"可降落性"。物理特征对人的感官（perception）有帮助，但无法单独引起感官。事实证明，二者的关联微乎其微。马图拉那（Maturana）通过对色彩感官的研究得出了同样的结论。物理特征与感官的关联缺失恰恰构成了意义公理（2.2）的基础。吉布森把感官描述为3种要素的契合：人类生理机能、行动的倾向和环境的支持。把这一理论推广到所有动物上，吉布森这样界定："环境的可供性是环境提供、供应给动物的，不论后果好坏……（可供性）史无前例地既指环境也指动物。可供性暗示了动物与环境的互补性……（物理）特性……（可以）用物理学的基本单位来测量。然而环境对于某一物种或某动物的可供性，必须相对于此种动物来测量，它对于此种动物是独一无二的（Gibson，1979：127）。"

我们能从吉布森的建树中学到，人感受到的不是实际物体，而是可用性（usability）：一张椅子的可坐性、一个盒子的可搬运性、一个楼梯的可爬性、一个物体的可挪动行、一扇门的可开性、一个食品的可吃性、一把刀的可伤害性、一道数学题的可解性等。吉布森指出：感官、与人体的构成不可分割。比如，一个5英寸的方块具有可抓性，而一个10英寸的方块就没有。要具有可抓性，一个物品必须有两个对立的平面，平面之间的距离必须小于一拃长，又必须大于两个手指就能捏起来的大小。也就是说，在本质上人的感官与人所能做到的相关。

由此，日常物品是通过可供性被感受和概念化的：杯子通过我们抓握和用其喝东西的能力，门把手通过我们扭转和推动的能力，开关通过我们把它们从一个位置移动到另一个位置的能力，圆珠笔是通过我们手握它们书写的能力。吉布森把这种方法叫作生态学理论是因为他意识到生态学家所说的利基（niche），也就是支撑一个物种生存的环境条件，无非是一个可供性的系统，当然不应与现象世界或主观世界相混淆。要想被看作是有用的，设计一件日常物品时必须考虑用户的能力，即以用户为中心（例子见图3–12）。

吉布森通过对可供性的关注来克服笛卡尔主义的客观——主观二元论。这种二元论至今还影响着大众对感官的概念，认为感官是客观事实的主观表现。这种二元论也建立了这样一种观点：符号学作为一门学科，是对符号载体的客观表达以及其所表达意义之间关系的研究。虽然"以用户为中心"这句话在吉布森的时代还不存在，但他有关感官的理论确实是以用户为中心的。他的理论并没有把感官物质化，也没有把外部世界心理学化。

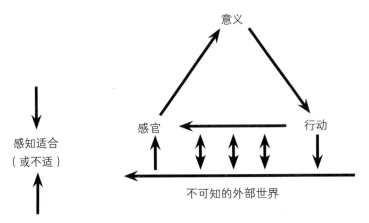

图3-11 可供性：直接感受的单位

　　细读吉布森的作品之后，我们可以这样说：他所谈的可供性，是对可能用途的感受，是对可用性的认识，等于在使用中的人工物的意义。感官永远是某人行动后果的预期。成功带来预期感觉的行动事实上被环境所支持。因此，可供性是感官—意义—行动—预期感官这个循环与外部世界的感觉契合。外部世界只有在这样的契合中才可知。外部世界看起来很听话，让人的多个感官运动协调来发现这种契合，并形成依赖而不是破坏。拿走路来说，走的人多了就成了路，而有了一条踩好的路之后就更容易走。即使是听都没听过棒球这项运动的人，由于棒球棒的形状，也能手握它"正确"的一端来挥舞做击打或者类似于双手握住的动作。一把剪刀有一大一小两个把手，一个放大拇指，另一个放食指和中指，手放进去很舒服以至于其用法显而易见。大拇指和食指可以捏住的一个旋钮（比如收音机上的旋钮）是用来扭的；需要整个手掌握住的把手（如门把手）是用来转的；微微突出于表面的一个按钮（如门铃）是用来按的。这些使用感觉很直观，不是因为可供性可以独立于观察者而存在（正像吉布森所说），而是因为这些感官运动协调被环境和很多设计合理的人工物所支持。可供性表现的是在世界中存在的习惯。

　　吉布森所研究的是生物的行为与物质支持之间的生态学契合，用本书中的语言来表达的话，就是介面可靠性。吉布森一直强调感官的直接性，感受可供性不等于分类或命名。设计者需要关心的是一个用户群体所熟悉的可供性；接受这些用户的感官、意义和行动是如何运行的；千方百计地去寻找、创造让介面有意义的可供性。可供性有如下几种：

- **对用法的直接感觉：**以吉布森的观点，直接感觉是对环境特征的意义的感受，而这些意义是可靠的、理所当然的。用户对于当下能做什么有清楚的预期。
- **实践可供性：**毫无疑问的意义实践，如图3-3所示。以吉布森的定义，一个可供性是某一环境特征对某一特定行为的例行支持。我们应该把被感受到的可供性和实践可供性区分开。前者是预期，后者是当下的表现。对感受到的可供性进行实践，可能不被环境所支持而造成破坏，挑战其意义，并引起学习（图3.3）。被成功实践的可供性则能巩固直接感觉的直观性。

- **建立起来的可供性：** 当用户直接感觉到可供性并不假思索地进行实践时，可能会对人工物和世界建立起更加抽象的用户概念模型。复杂人工物，如电脑的概念模型毫无疑问是在很多个可供性之上构建起来的，而又同时包含对原理的假设，也包含一些方便的、超越表象的隐喻。虽然如此，这些模型可以如同直接感觉的可供性一样被实践、被依赖。然而，使用更高阶的概念、推理、理由、逻辑或语言来进行实践的话，就要面对更高阶的破坏风险，如键入指令、用鼠标拖动图点击按钮等。

语意学转向把可供性作为介面最可靠的构件。就像日常用语一样，可供性的使用相对标准化，也就是说，人们可以直接、省力、不假思索地感受到它。日常用语有很丰富的词汇来描述可供性。在可供性的帮助下，人们可以探索陌生的人工物，并构建自己的和其他相关者的用户概念模型。正像复杂的语言表达一样，复杂人工物的意义已经不再像吉布森的定义中简单、直观的可供性那样单纯、明显。以用户为中心的设计者在工作中可以从这些词汇中有所借鉴。这样设计出的人工物可能会比从纯技术角度出发的设计更容易理解。

3.4.4 换喻

换喻是能代表整体的局部。在语言中的例子甚多。"白宫"代表美国总统这个职位；"皇冠"代表国王或君主。当主持人叫观众中那位"红发"的时候，叫的是红头发的那个人而显然不是他或她的头发。"弦"乐四重奏是指4位音乐家手里的乐器是通过弦来发声的。"华尔街年景不错"，是指美国股民收益不错，只不过他们的股票、基金恰好是在华尔街的交易所里交易而已。一些惯例说法往往使用换喻，以一个典型特征来定义一个阶层，这些看法经常过分简单化，自圆其说。例如，每当说起法国人、政客、素食主义者或单身汉时，或谈起用户时。换喻是认知上的捷径，有的合理、有的不然。拉考夫（Lakoff）是这样定义换喻的概念模型的：

- 有概念A需要被理解。
- 有一个概念结构包含A和另一个概念B。
- B是A的一部分或者在这个概念结构中与A有紧密的联系。通常，在这个概念结构中B单独判定A。
- 相对于A，B更容易理解、更容易记忆、更容易认知，或者在某些特定情况下特定目的下更有用。
- B被用来以换喻的方式代表A。

在认知中，理想型B代表类别A。在语言里，多数换喻与人或地方的某些特征相关，于是这些特征被用来代表人或地方。在探索一件人工物的时候，换喻是人工物上突出的或关键的特征，可以引导用户认识该人工物的可供性，帮助理解构造、功能或可得到的支持。简言之，一个换喻作为某物的一部分，而向用户揭示有关整个物品的一些信息：面前这个物品的功能特征、可能的使用情境等。

换喻强调了感官和意义之间的关系，如图3-3所示。由于"感官换喻性地引发意义"，人可以感觉到表象之下的东西。如果一个人工物的全部都是已知的或可以想像的，那么它所有外观、状态、用途也一定是已知的。例如，一块石头的画面，会换喻地引起人对其表面温度、重量以及背面视图的预期。开车的时候，方向盘、油门、刹车和路边不断变化的景色只是一辆车在行驶过程中发生的所有事情中的一小部分。另一个有关开车的例子是，只有当我们把自己定位在地图上之后，路边的某些景观才变成地标引导我们向目的地进发。有了地图，车的位置和沿途的地标成为这段旅程的换喻。

作为换喻的整体的部分并非任意的。这样的一个部分必须是从某种程度上来说是突出的、易于认知的，而且在整体中扮演独特的角色。鲜明生动的感官总是很显著，而意义则是虚拟、过去经验残留或想像的产物，而且经常是粗线条的概括。一个方向盘是一辆理想型的汽车的一个独特部件。连小朋友假装开车玩的时候都会把一个方向盘转来转去，有的时候虽然两手空空也是握着想像中的方向盘。一个方向盘是开车的一个不错的换喻，小提琴——管弦乐队，面包——面包房，文件夹——电脑文件管理也是如此。

换喻是以用户为中心的符号理论的基础。比如交通标识利用道路、车辆、自行车或行人的象形图，都代表了一个部分——整体关系。当驾驶员遇到一个标识，对于他或她来说，这是一个警告或指示。交通标识是学来的，而整个学习的过程就是交通标识所代表的整体。获取交通标识的意义有多种途径：研读交通守则、模仿其他驾驶员、或被交警开罚单，所有这些经验都包含将交通标识作为视觉上突出的一部分。从这个例子上推广开来，所有的符号都代表它们在一个更大的系统中所扮演的角色——交通标识的大环境是交通法规；门铃的大环境是门铃响过之后会有人来开门；钥匙孔所属的用户概念模型是打开一个容器或把它锁上以防非法使用；电话听筒则是传统电话上的最重要部分。

一句"是的，我愿意"在一个婚礼上是至关重要的一步，成就婚姻，而且通过联结两个人建立起一个微型的社会团体。符号就是换喻，语意学强调：并非符号代表了什么，而是符号被看作一个更大、更复杂的体验的一部分。

设计者可以通过使用共通的换喻形成恰当的隐喻来协助用户去探索人工物。例如，苹果公司最初使用一个废纸篓的图标，让用户把不要的文件拖放到里面删除。在日常生活中，废纸篓正是丢弃垃圾的地方。电脑桌面上的废纸篓图标正是借用了这样一根深蒂固的换喻，并以隐喻的方式：电脑上的文件是硬盘上的数据状态，而垃圾是可搬运的实体，虽然丢弃两者的方式截然不同，但一个废纸篓图标鼓励了用户把丢垃圾的经验引用到文件管理上来。这个换喻的隐喻用法可以用以下的概念模型来描述：

- 面前的一个人工物的概念范畴内有概念A（丢弃东西）需要被理解。

- 概念A也存在于一个更熟悉的人工物A^0（市政垃圾处理系统），A^0与面前这个人工物不在同一个概念范畴内。
- B^0（一个废纸篓）是A^0系统中一个突出的关键部分，而且常常被用作A^0的换喻。
- B（废纸篓图标）描绘了B^0。
- 因为B描述B^0，所以B暗示了A。B^0是A^0的换喻，A^0表达了A。

电脑介面大量地依赖这类概念模型：带有放大镜图标的按钮可以放大文本或图片、软盘图标表明保存一个文件等。软盘仍旧是储存和取出数据这个大系统中最显而易见的换喻。软盘图标和保存文件在电脑屏幕上存在于相同的概念范畴，但这个概念范畴与实际上储存文件的机械装置的概念范畴不同。因为"储存"这个概念A不容易表达，而软盘图标B通过描绘B^0（一张软盘），也就是存储数据这个操作A^0的换喻，暗示了"储存"A。关于A^0的知识也就转移到A上。语意学转向了一套描述关于B是怎样指示、描绘、象征B^0的词汇。要让用户接受B为一个符号而做出行动，指示性、形象性和象征性只是全部概念模型的一部分。

要了解人工物对于用户的意义，隐喻和换喻可能是最重要的概念模型了。以用户为中心的设计者不仅需要承认这两种修辞描述的认知动态，而且要巧妙地使用两者，允许用户自然地探索人工物。尤其是隐喻，在新的或复杂人工物的介面上不可或缺。与隐喻产生对比的是换喻，换喻中的部分和整体同属一个概念范畴，并不出新，但换喻可以增进探索的效率。

3.4.5　情报

"情报"报告别处正在发生什么，回顾某个互动的历史，或引导用户去期待某个动作会带来什么。创造情报这个术语的意图与语言学中的言语行为理论（speech act theory）相呼应。塞尔（Searle）在言语行为理论中就用断言、命令、许诺、表达、宣布5种不同的类型来区分词语以外的不同语言行为目的，同样的词语可以有不同的意义，这取决于说话者的目的和聆听者的预期（Searle，1969）。表面上，情报与符号的传统概念"代表别的某物，而非本身"相似。但它们的区别十分关键。第一个区别是，一个情报只能作用于那些能够并且愿意理解它的用户。从以用户为中心的角度出发，在使用人工物的情境下，意义存在于用户和人工物的关系之中。如果用户不认识到并按其行动，那么"代表"或"参照"的关系在人工物的意义理论中就无从谈起。交通信号灯的颜色经常被引用为符号的例子，但并不代表物质上或精神上的客体，而是告诉驾驶员此时通过一个路口是否合法，而且非法通过将受到惩罚。第二点区别，情报植根于用户与人工物之间的介面的互动之中。回顾图3-2和图3-4，是否成为情报，取决于该信息如何影响互动的进行，如何推动一个介面前进。情报共分3大类：一些情报把用户的注意力转移到重要的地方；一些情报告诉用户它们从何处来、现在在哪里、还要走多远；还有一些情报告诉用户能做什么，可能的路径、机会、风险。下面列举了一些主要的情报，可以帮助用户探索人工物的操作，并为设计者提供一个清单，来检查设计是否为用户提供了足够的支持。

- **信号**引起用户注意，先是注意到信号本身，然后可能也引导用户去注意别处。按照这个定义，显然信号必须成功地从人工物的其他部位争取到用户的注意力。信号通过精神物理学的方式来达到这样的目的，比如，在静止照明下的明亮闪光、静态文字之中跳动的光标、发出很难忽略的声音、手机的震动或背景下某种引人注目的显示。艺术和广告中经常运用心理学上颠覆性的对比作为信号。最明显的信号要属警告了，当用户可能忽视可能的危险、转向错误的方向、某些资源即将耗尽、或无法恢复的错误（例如永久性删除电脑中的文件）。印在人工物上的警告往往无效，因为它们的永久性很容易被归入背景。选择信号的形式、位置、形成对比的方式是一个微妙的平衡：不需要的时候可以退到背景中，但当需要的时候，不论在用户预料之中还是意料之外，都应该可以成功得到注意力。信号如果在不需要的时候分散用户的注意力就成为一种干扰，如果不可靠就会轻易被忽略而一无是处，如果得到用户的注意力之后仍旧持续，而不能被关掉又会成为一个麻烦。

下面列举一些关于显示用户从何处来、过去做了些什么、现在在哪里的情报。

- **状态指示**，告诉用户人工物现在在做什么，在哪种模式下运行。比如，电话拨号后的蜂鸣指示了被拨叫方的状态：铃响、占线、不在网络，还是线路不通；公共厕所门把手附近的窗口显示红色表明有人使用。在电脑上，在程序窗口顶端显示正在运行的程序名称已经成为一个习惯。状态指示有3种：

  – 直接状态指示。与用户需要知道的状态相同。在简单工具的使用上，比如剪刀、锤子或铅笔，用户感兴趣的是剪刀是张开的，还是关闭的，指向什么方向；锤子与钉子的相对位置；铅笔头在纸上的位置。

  – 间接状态指示。当人工物的复杂度妨碍用户直接了解其运行状态的时候，间接状态指示就很重要了。燃油表、汽车发动机的温度表、小区大门被遥控打开时的蜂鸣声等，都是通过一个有因果关系的装置间接传达状态。直接状态指示比间接更加可靠。开关的位置可能会告诉工人机床什么时候在运转，但马达发出的嗡嗡声更加可靠。

  – 计算状态指示。把多个状态抽象化并以用户可以理解的方式展现出来。汽车的速度表是最简单的例子，速度是运动的距离除以时间。速度表的内部机构通过这两个数据"计算"出结果并展示给用户，因为用户理解速度的概念，并且清楚法定的最高车速。瓦特计、盖革计数器、风寒指数和道琼斯工业平均指数都是把一些可测量但不明显的数据转换成可理解、易观察的数字指数。例如，好的经济指数，就可以让人了解经济的健康程度。

  – 状态指示的延迟会让使用一个介面变得困难。例如驾驶一艘大轮船时，惯性使得船的变向与船舵的转向间形成一个延时。想抵消这种延迟不容易，可能需要计算出来一个指数告诉舵手需要做什么。电脑上的小沙漏填补了电脑上的延迟，告诉用户要耐心等待程序反应。

然而，有时这也很让人恼火，因为并没有指示告诉用户要等多久，电脑有可能就此死机了。一个更好的方法是把状态指示变成进度报告，把小沙漏换成进度条、预计的等待时间或告诉用户电脑正在做什么。

- **进度报告**，把现在的时刻定位在从起始到结束的过程上，或告诉用户到现在为止完成了多少。很多日常生活中基本的东西就起到这个作用。一封手写的书信就是记录人的想法和手的动作；书的页码告诉读者看了多少；一栋建到一半的砖房，显示了施工的进度；电脑上的进度条显示了一个任务完成的百分比，都是进度报告的例子。虽然并非所有事情都像这些例子那般线性，进度报告满足了用户要了解他们参与的历史的需求。在一个有关保险办理流程的电子系统的项目中，我们就定义了一些流程中的里程碑。

- **确认报告**，确认用户发送的信息已经收到，他们的行动已经被接受。确认报告是即时的行动反馈。其重要性在日常生活中，尤其是在操作简单工具时，往往被想做理所当然而不为所知。当用剪刀剪纸的时候，用户听到剪过纸时发出的声音。当用钢笔写字的时候，留下的笔迹立即确认手的动作。当用锤子砸钉子的时候，木工可以立即听到撞击的声音，这声音低沉些代表钉子还露在外面，高亢些则代表钉子到底了。想像一下，如果有一支钢笔的墨水要一分钟之后才能慢慢显现，那么写字将会多么困难。一个实验让说话者在几秒钟的延迟之后才能听见自己的说话声，这让实验的参与者无法形成连贯的思维，让他们变得磕磕巴巴、不知所云。要设计一款无声键盘在技术上不难，而且现实中也有人做过——但发现打字的人无法知道是否打出了字。缺少了类似的确认，往往十分令人迷惑。当设计复杂人工物时，当行动与可见的结果之间有延时的时候，或由某些不透明的中介机构间接传达给用户的时候，设计者应该特别努力地为用户提供确认。例如，要确认点击屏幕的某处是有效的，介面设计者用按钮阴影的变化来确认按钮确实被按下，这种画面以隐喻的方式确认了点击的有效。

引导用户了解人工物变量和后果的情报如下：

- **可供性指示**，表示人工物或其部件处于准备就绪、可以被操作的状态。3.4.3节中我们把可供性定义为对可用性的感受，用吉布森的话说，可供性是直接的、不假思索的。可供性指示包括直接感受，比如可弯曲性、可扭转性、可按性、可移动性、可抓性、可转弯性、重量以及危险性，都是吉布森可供性的例子。除此之外，还包括用户可以通过图标、形状、图案等，经过逻辑推理得到的线索。工具条上的按钮可能很明显是可以按的，但要真的了解一个按钮的功能可能需要复杂的认知过程。旋钮、拉杆、手柄、方向盘以及电脑屏幕上常见的换喻，在被看作可旋转、可动、可按之后，就成为了可供性指示，如图3-12所示。对可供性指示有促进的是它们应手

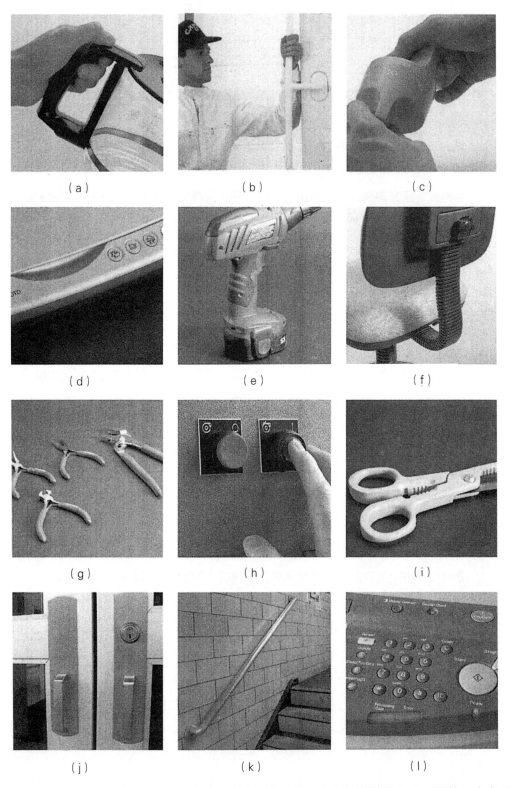

图3-12 可供性指示的例子：（a）可握性 （b）可支持性 （c）可扭转性（d）可开性 （e）可握性 （f）可弯曲性，可调整性 （g）可捏性 （h）可按性 （i）手指可插入性 （j）可拉开性（k）可扶性 （l）可键入性

的程度：大小是否手抓起来方便，高度是否合适，按钮是否在舒服的位置，等等。

可供性指示取决于环境上下文。它们在需要执行某些动作的时候成为前景，而其他时候退到背景中去。

奥芬巴赫设计大学（Hochschule für Gestaltung Offenbach）的一个项目叫作"产品语言（Producktsprache）"，采用了把可供性指示进行分类的方法，尤其所谓的指示功能（Fischer，1984）。在一个功能主义的框架下，理查德·菲舍尔列举了多个关于方向性、稳定性、可握性、可移动性以及精确性的可供性指示的例子。

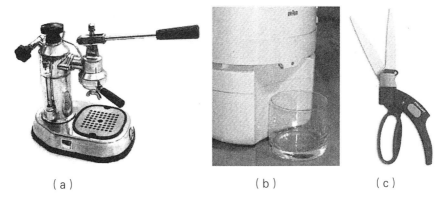

（a）　　　　　　　　　　　　（b）　　　　　　　（c）

图3-13　不连续性表达不同用途　（a）拉帕瓦尼牌浓缩咖啡机　（b）博朗牌果汁机　（c）菲斯卡剪刀

- **不连续性指示**，部件、外观或布局的不连续性暗示不同的意义。比如炒锅的木把，能把铁锅产生的热隔开。把锅和锅把做得视觉差别明显就形成了一个情报，指示两部分的不同用途。图3-13给出3个用不同部分的对比指示不同用途的例子。拉帕瓦尼浓缩咖啡机由大量的镀铬零件组成，使用过程会变得很烫。设计者们使用了与镀铬零件反差鲜明的黑色把手和旋钮，让用户可以安全触摸。在博朗果汁机上，圆柱形的机身被一个凹陷所打断，暗示这里可以放接果汁的玻璃杯。另外，因为果汁的出口并不十分明显，于是设计者在此用一个红点做了标记。虽然再没有其他标记，在白色的机身上，这个红点很吸引人的注意力，引导用户的注意力集中到这一"点"上。菲斯卡剪刀突出了颜色的使用，这里使用了橘黄色表明需要用户关注的地方：锁住剪刀以安全存放的机构。另一个例子在图9-5里出现。在这些例子里有一个通用的原则：

用户倾向于把人工物及部件外观上的不连续性看作是有意义的，尤其是在缺少有说服力的技术理由的情况下。

除了材料，形态和颜色上的不连续性以外，还有其他种类。控制旋钮之间间隔的变化，离得近的一组通常意味着有类似的功能，而离得较远的则没有关联。大的控制器常常被看作比小的更重要。汽车发动机发出怪响往往代表出现了问题。电脑上光标的变化指示着有变化正在发生。人有一种关注不连续性的天性，而设计者们需要关注这种天性，并把用户的理解诱导到合适的概念上，同时规避可能误导用户的概念。首要的是保持人工物易于探索、介面具有意义，而美学和装饰的考虑则应该在其次。

- **关联指示**，是指控制器的运动、排列或位置与其效果的运动、排列或位置有物理上或概念上的联系。诺曼把关联指示称为"映像"，并举了一个众所周知的反面例子：用户搞不清多眼灶台上哪个打火开关控制哪个灶眼。每个灶台有一个开关控制，可能设计者缺乏想像力或想节省空间的原因，开关往往被布置成一横排，与4个灶眼的位置没有明显的关联。关联的缺失可能造成危险。开关上的文字标记，例如"左前"、"右后"……，或者图标很少会杜绝误操作（诺曼Norman 1988：75–79）。另一个例子很小，有关从模拟时间（有指针的钟表）到数字时间的转换。我讲课的教学楼有这样的规章：晚上进来的访客必须登记进入和离开的时间，登记簿面前正好有一块带指针的钟。让人惊奇的是，有太多时候人们不是自言自语地想搞清应该写什么时间，就是问身边的人想确认应该写什么时间。经过多年的折磨，终于有一天指针钟换成了数字显示的电子钟，从此以后，所有人都毫不犹豫地抄下数字，再没有人犯难了。

关联指示可以是正向也可以是反向的。当一个控制器和它所控制的东西朝相同方向运动，效仿彼此的位置排布，或者与彼此成比例关系的时候，关联是正向的。例如，电梯里的楼层按钮较高的楼层在上、较低的楼层在下，这种正向关联明显而自然。当运动或位置与控制器相反时，关联可能有一对一关系，但关联是反向的——就像统计学中的相关系数。例如，有些汽车的倒挡，要求挡把向前推，这就是反相关联，而有些车就不然。有一个通用的原则：

当面对人工物的控制器的时候，用户期待直接、简单的正向关联把人工物支持他们做的动作与动作的效果联结起来。间接和复杂的关联有可能被学会，但需要时间，而与直觉相反的关联尤其容易导致破坏。

用户跟随他们的预期，即使被告知某些关联是反向的或与直觉相反，尤其是在不注意的时候，他们会很容易地退回到他们所习惯的或自然的方式。当控制不明显的时候，时间一久，用户会学会操作人工物。车主会慢慢习惯自己的车，但对于新车主或那些必须经常换不同车开的人（比如汽车修理工）来说，反向关联会带来严重后果。

当用户的动作和效果之间没有明显的机械联系时，这种情况就要看文化规则了。这种文化规则是长期在多种不同技术产品上使用同样的关联而形成的。例如，旋转旋钮相同，但效果不尽相同。淋浴的把手的旋转方向和水温的升高和降低没有一定的物理联系。因为旋转把手的反馈（水温变化）往往有延时，跨过文化疆界旅行的人有时会被意想不到的水温惊得跳出来。在电子产品中，越来越多的产品使用顺时针转动旋钮来增加或提高某些设置。图3–14的中间一幅是一个收音机上的3个旋钮，音量、频率和开关，全部3个都是顺时针增加。建议设计者们不可以依赖这种文化规则，而需要应用传统的图标、方向箭头、楔形标记和数字，借用颜色、大小和布置来巩固这种成规。而说明和警告应该被作为最后一道防线。

有些文化规则在语言学上是行得通的。比如，在多数西方文明里，要打开一扇铰链在右手的门，钥匙要向右（顺时针）旋转，要打开铰链在左边的门则须把钥匙向左转（逆时针）。这个文化规则历史悠久，来自最早的锁具结构。欧洲汽车的车门遵守这个成规，但美国车在这方面就不一致，而本田车则与这个欧洲规则恰好相反。现在的门锁的机械结构允许任意方向，而大多数用户反正也不清楚机械结构的原理，也就是说，机械结构不再需要指示用户那些需要学习的关联。图3–14中显示了3个例子。左面是汽车座椅的控制。这些按钮在座椅的侧面，只能摸到、不能看到。控制键的形状模仿了座椅两个部分的形状，控制键的上下前后的移动与座椅的移动是正向关联的。右图是电梯的按钮，楼层按钮的排序与楼层是正向相关的，但左面的文字注解却与按钮和楼层的顺序相反，为反向相关。

当关联缺失或不明显的时候，设计者可能必须依赖图标或暗示性的隐喻。在美国，家庭的电灯开关朝上的时候开灯，朝下的时候关灯。开关朝向光源，这样想有其道理。而在英国，电灯开关的方向是反过来的，但也有道理：开灯意味着把光线从房顶放下来，而关灯是让光线收回房顶。正在进行的令人兴奋的研究包括手势和数据输入的关系（见图1–13的数据手套），和在虚拟现实当中的应用。遵循正向控制的新方法还有很大发展空间，但原则很简单：用户的行动越是与人工物的对应行动正向相关，或成比例，操作越容易。设计者越遵循文化上已经建立起来的关联，用户需要学习的时间就越短，出现的破坏就越少。

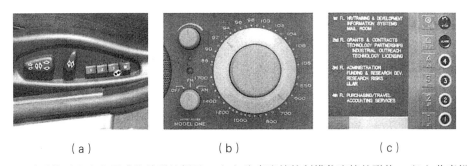

图3-14 关联指示和令人困惑的关联的例子 （a）汽车座椅控制模仿座椅的形状 （b）收音机的三个旋钮顺时针旋转都是增加某个设置 （c）令人困惑的电梯说明

- **可能性地图**，展现用户可以驾驭人工物介面的可能空间。用户的概念模型被看作描绘可能动作的认知地图，给地图的"持有者"一个身在何处的概念。如果已有的概念模型不够细致或者与当下的人工物不完全符合，设计者就需要在介面里给用户提供相关信息以告知用户应该期待什么，可以选择的动作以及每个动作会带来什么结果。可能性地图最常见的例子就是路线图。路线图不预测用户将要做什么，但显示了用户在任何一点可能的前进路径。例如井字过三关（一条龙）这个游戏的决策树

（Norman，1988：120）就是一张可能性地图，银行客服电话的选择图，竞选中政客办公室里的计划图标注着任务和负责人，这些都是可能性地图的例子。一篇文章的提纲定义了作家准备创作的空间。一张组织结构图标识着哪个部门或个人负责哪部分的决定权。餐厅里，菜单表达哪些菜肴可供选择。在电脑介面里，菜单是可能性地图的一个隐喻，引导用户到想要的命令。

未来可能性会通过它的复杂性和多样性能让用户头晕目眩，而地图能把现实简化到可以接受的程度。有几条规则值得设计者们借鉴。第一，考虑使用图像化的方法让用户可以对整个过程有一个预览，把细节先忽略掉。视觉上的展示比文字描述让人更容易看出大的规律。第二种展示的方式是以现时现地为中心，显示现在能做的选择，以及用户能接受的尽量多的未来选择。例如，GPS所提供的路线图把当下车辆的位置放在中心，并提供可以选择的路线。下一步行动的备忘清单在日常生活中很常见，在介面中，如果在做选择之前有一些必要步骤，清单就很有用了。第三种方式是以目标为导向。在国际象棋里，最后的收官至关重要，俗话说，条条大路通罗马。为了达到某个目标，有些现在看起来可行的选择可能并非最佳选择。设计者面对的挑战是如何细心考虑用户在操作过程中可能缺失的信息，并把以上3种方式进行组合。可能性地图满足了用户的一种渴望，就是能看到他们的目标，考虑到他们沿途想要达到的目的，与此同时对下一步作出理想的选择。

- **错误报告**，当某个动作没有达成用户想要达到的目的时，错误报告解释给用户现在应该怎样。如下几点需要澄清：（1）演员在台上会犯"错误"，用户使用人工物的时候也一样。如果设计可以影响错误出现的频率和后果的严重程度，那么设计者必须承认用户错误的存在。用户和演员没有区别。（2）错误与用户的意图紧密相关，但设计者不可能了解用户的所有意图，所以错误报告只能存在于最经常走的、通向不良后果的路径上。如果这个后果有危险存在，那么人工物需要立刻停机。错误不光来源于机械上或精神上的原因，文化因素也很重要。（3）即使很简单的机械装置也可能停止工作、散架，甚至置人于死地，不是所有的事故都因为使用粗心或理解不当，意外事故常常发生。只有当错误的后果对关心的人来说足够严重、增加计划外的工作量或造成人员伤亡的时候，错误才重要。错误按严重程度可以分为几类。下面按从轻微到严重的顺序一一进行讨论。错误报告的目的不是为了预防错误，而是减轻发生错误的后果。

  - 可以立即纠正的过失：例如打字错误，用户可以发现并立刻改正。设计者可以帮助用户认识到这样的错误，比如可以在拼写错误的单词下加下划线，或把从既定路线的偏离标记出来，并允许用户撤销上一个动作。出现这些错误可能会使工作慢下来，但这种提醒会避免无法挽回的后果。

  - 会引起无法挽回后果的不故意行动：例如删除或覆盖一个文件。既然只有用户知道某个行动是否是故意的，为了预防典型错误，设计者可以增加一个可以手动覆盖的约束条件（见3.4.2节）来提醒用户将出现的后果，并要求用户确认这个行动确实是故意的。用户一旦确认，这个约束就被覆盖了。

　　– 会把用户置于临时的死路的行为：这种行动有时被认为是"非法"的，因为人工物的设计用途不是如此，出于某些原因，用户似乎应该了解。多数这种错误其实属于设计或编程错误：在语意学上暗示了，或物理上允许了某些产品无法支持的行动。适当的错误报告应该指出为什么这个动作或这一系列的动作导致了无路可走的境地，让用户了解下次应该怎么避免，而且应该给出关于如何走出困境的清晰说明。

　　– 无法恢复的崩溃：设计者不是总能事先提供警告或错误报告。要发送错误报告，至少需要一部分系统还能工作。一个靠电池运行的设备无法告诉用户自己没有电池——这将成为其唯一的弱点。这里的挑战是如何把人工物的失效设计得尽量安全。在机构中故意加入较脆弱的一环，一旦出事故，在其他较重要的部件受到影响之前，这个部件先坏掉，例如保护电路不发生过载的保险丝。经常备份电脑中的文件以防备病毒或意外断电也是解决方案之一。错误报告应该对故障做出反应而不是被其所要警告的故障所中断。当电脑无法接入互联网的时候，网上帮助毫无意义。错误报告应该以用户的语言来写，避免专业术语，提供一步一步的说明，并且考虑清楚用户绝望时的情况：他们不会接受指责或任何无关的信息，这种情况下是否会真的去读这个信息。

　　– 对用户有灾难性后果的错误要求设计者为用户提供保护装置来防止用户在设备失效时受到伤害，防止手卷入机器中的挡板、灭火器、车里的气囊、船上的救生艇，等等。因为这种错误应该很少出现，保护装置应该被自动触发，或者设计得即使在没有说明的情况下也容易认知、容易使用。在这里，明确的意义、贴近理想型的形态和被广为接受的视觉套路远比美学考虑重要得多。

　　● **使用说明**引导用户在一个人工物可以支持的可能性网络中发现恰当的路。传统的人工物用法明显，比如别针、改锥、望远镜，而计算器、传真机、汽车则自带说明书。除了出现问题的情况，用户通常是不看说明的。产品语意学的目标就是让人工物的用途不言自明，尽量依赖图示和图标，从而把文字说明的需求降到最低。多数现在的电子产品可以有3种使用说明，让用户按需取用。

　　– 增强性说明：增进介面的效率，帮助用户发现捷径和不同使用方法。

　　– 帮助：解决用户犹豫不决不知道如何继续的难点。

　　– 纠错：从明显的错误中恢复，尤其是用户进入死胡同的时候。

　　这3种需求要求不同的说明。当错误在清晰界定的情况下可以认知，而且用户希望修复错误重新得到控制权，错误报告较容易表达：如何在当前情况下一步一步回到正常操作。解决用户犹豫不决的问题的帮助比较棘手，因为设计者即使知道用户在那里卡住，也很难知道用户向往何处去。这里的说明也要取决于具体情况，但有关用户想往何处去，就必须是可搜索的。如果有一张可能性地图，可以用视觉方式帮助搜索。帮助用户探索介面的说明可以更加开放化。一个好的索引也很重要。对自由问题的回答应该基于用户已有的知识，在用户已经试过的路径之外提供别的选择、捷径建议，并鼓励用户建立新的概念模型来代替旧的，也就是使他们陷入困境的概念模型。

很明显，说明应该引导用户走过一个互动的系统。尼尔森（Nielson）（1993：142–144）提出了4个原则。说明应该：（1）使用普通用户的日常用语，而不是晦涩的代号；（2）详细明确地说清能看见什么和能做什么，比如，与其说文档不能打开，应该说哪个文件不能打开，这个文件的哪种属性使它不能被打开；（3）提供建设性的、一步一步的帮助，列出用户可以遵循的步骤，以及在恢复过程中应预期的画面；（4）要礼貌而不要恐吓用户。用户看说明书寻求帮助的时候很少是心情轻松愉快的。没必要把一个操作叫作"错误"，用户永远是心怀好意的，也没必要说用户的操作"非法"，因为用户无法了解设计者眼中合法的概念，责备用户只能是往伤口上撒盐。尼尔森还在以上4点之外提出两点很明智的补充。第一，图像经常比文字更清晰，图像可以重现用户需要看到的画面而不必让用户再去把文字想像成图像；第二，用户应该可以边读说明边操作。

3.4.6 语意学层面

我们以前提到过，工业时代要求设计者用美的形态来遮掩日常用品丑陋的内部结构。它把设计者的角色定义为实用艺术家，了解工业经济现实的美学专家。在这个定义里，美学与形态相关，而与意义无关。美学和功能的平衡中，意义根本就不在考虑之列。用吸引人的外观遮掩内部机械结构这种说法也就分出了两个世界，一个是用户、客户、审美者的世界，另一个是可以制造和修理内部结构的技术专家的世界。从以用户为中心的角度看，形式——功能的区分是错误的。差别不在于美学和技术，也不在于主观和客观，而是在于两个合理的意义领域。工程师跟用户一样也是人，他们也认知、探索，也像普通用户一样使用人工物，只不过使用的方式不同。汽车设计者看车的方式与驾驶员不同；他们会问不同的问题，可能会以与普通人不同的方式驾驶车，但不论从哪种视角看问题，都不应该有什么特权。语意学转向把外壳重新解释为一种区别的具体化，这种区别是两个意义系统之间的区别，在不同的情况下适用，引发迥异的互动，而且经常支持不同人群的不同行动。这种解释暗示着意义可能是有层次的。

例如一部施乐复印机可以被看作具有三层意义。第一层，让普通用户复印文件——放入文件，选好选项，然后复印之后取出原件。第二层意义在复印机出现问题的时候出现。这时，打开外壳的用户发现自己置身于另一个世界，他们可以循着标记清晰的纸的线路，根据说明直到发现出现问题的地方。通过不同颜色和数字标记的把手、手柄和旋钮，用户可以修复问题，回到复印的任务上去，他们本来就是为此而来的。第三层是留给修理工的，他们通过特殊工具可以进入一个故意隔绝普通用户的世界，技工专属的世界。这三个世界由3个意义系统构成，就像3种不同语言，需要不同的能力来和人工物交互。意义的层面与用户并非一对一的关系，如3.4.2节所述。多数复印机用户可以毫无问题地转换于不同模式之间，打开打印机的盖板取出卡住的纸张，然后马上回到复印的任务上去。图3-15的前两幅是一部佳能复印机的两个层面。

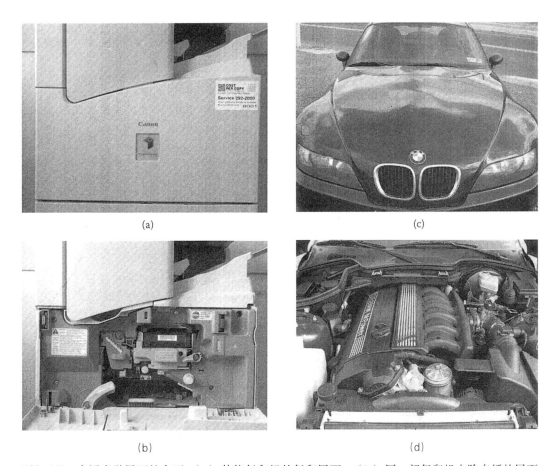

图3-15　有语意学层面的介面：（a）佳能复印机的复印层面　　（b）同一部复印机去除卡纸的层面（c）驾驶时的意义层面　　（d）保养维修时的意义层面

关于意义层面的概念并非偶然出现。在产品和服务分开销售的环境下，用户和技术专家的角色也是分开的，层面的概念也就出现了。早期的复印机卡纸的情况经常发生，用户等客服一等就是很久。增加这个层面让用户可以自己解决简单的卡纸问题，降低了维修费用，缩短了延误时间，最重要的是减少了用户的不满。意义的层面其实很普遍。女士的钱包有展示给大众的一层外表，里面的一层属于私人空间，另有乾坤。胶片相机在照相时展现一层意义，而换胶卷时则展现另一层。传真机表面有一个口放入白纸，另一个口吐出传真，但当要换墨盒的时候，仿佛成了完全不同的一台机器，甚至让某些用户望而却步。

汽车设计的一个新的趋势是更加重视引擎盖内的设计，一打开前盖，远在维修人员开始工作之前，用户就可以看到一部动力强劲的引擎，这种手法引起了各大厂家的浓厚兴趣。图3-15的（c）、（d）两图展示了汽车的两个意义层面。打开前盖后，用户无须再面对乱作一团的电线、管道、箱体、链条、皮带，或是危险、红热而且令人费解的发动机零件。最新的设计专注于帮助普通车主理解力所能及的日常维护。当然，不可否认的是，这种设计一个重要的动机还是以强劲的发动机来吸引买主，用设计来暗示发动机"威猛如虎"。这样的初衷虽与可用性联系甚微，但这至少标志着厂家的注意力开始转向一个新的意义层面：用户自己可以操作的日常维护，并将其与必须专业维修人员介入的层面区分开来。用醒目的颜色把用户需要关注并操作的部件标识清楚，则是在创造清晰意义层面的方向上更进了一步。

电脑介面自然也是利用语意学层面的好例子。自从苹果电脑使用图形介面开始到现在，打开一个窗口，使用窗口里的工具做一些工作，再打开具有不同功能的第二个窗口，然后第三个、第四个，并在打开的窗口间切换，等等，已经司空见惯。用户可以在不同的窗口里做不同的工作，自由地在不同的意义层面间穿梭而不迷失方向。具有多层意义的人工物不仅提供了多个视角，而且其本身在每一层面的意义下会呈现为一个不同的人工物。给用户提供多个意义层面的最大好处是，他们可以在自己最舒服的层面上成为专家。他们完全可以在某一层上尽情享受而对其他层面浑然不觉。对未知世界有所恐惧的用户可以对其他世界的语言置之不理。语意学层面为用户提供了选择介面、选择世界的选项。

在不同时代，对不同用户而言，所有的人工物都具有不同的意义。上述这种关于人工物的认知、探索和信赖的差别已经定义了三种类型的用户。因此，这将为众多不同世界设计人工物时赋予分析上的区别，不仅为不同的用户，也为不同的目的、不同的时代。用户需要穿越的边界是否必须以开门、移动覆盖物或点击新窗口的方式来标注，这是一个组织不同意义系统的问题。

3.5 依赖

在探索人工物的时候，我们所关心的不是它们到底是什么，而是它们有什么用、怎样去用。当我们进入依赖模式的时候，我们不再去问"怎么用"这类问题，而是转而关心它们对我们的世界会起到什么作用。在这种情况下，人工物退到背景中，就像呼吸、走路一样，可以被忽略而去关心真正重要的活动。例如，当某人学会骑自行车以后，他或她就不再有意识地去掌握平衡，担心摔倒，也不会为蹬踏板而分心，而是去注意道路状况、交通情况、风力风向，甚至更远一层地去想到达目的地之后要做的事情。真正在骑车的时候，其实人对如何骑车这件事反而浑然不觉。人体的感觉运动协调能力自动地、可靠地把这些全部承担下来。这就是依赖一件人工物的真谛。

所有有关以用户为中心的、有关可用性的概念都以依赖这个概念为参照点，不论是人机工程学中所说的破坏发生的严重程度和频率，还是民族志（ethnography）中提倡的对用户的倾听。形成依赖是以用户为中心的设计的首要目标，一开始，介面要做到对用户有意义，然后要消失到幕后，让位于其他事情。

让人匪夷所思的是，设计者们很少关心依赖这个概念。一直以来就缺少有关依赖的理论。这可能出于两个原因。首要的一点就是，长期以来以产品为中心的设计关注于产品的美观性、功能性（按设计意图工作，而且被用户正确理解）和营利性。要把产品设计得在使用中隐形、不可见，哪怕只是在使用当中，与工业设计者日夜操劳所要达到的目标简直背道而驰。工业设计要追求的就是吸引注意力，而不是创造一些让大家忽略的产品。其次一点，依赖的状态很难解释清楚。依赖的状态所讲的与美观性、功能性、营利性、市场营销，等等很多人关心的一些合情合理的问题都关系不大，相关的是用户与环境的契合。在使用中，人工物作为手段应该从用户的担心中消失。用户需要关心的是在这个技术支撑下的世界里所要达到的目的。这种更大的关心超越了传统中设计者对人工物的实体和使用的关注。下面的几个概念立足于调和设计者、理论家所做的孤立观察和用户对介面的依赖之间的矛盾。

3.5.1　情境

情境描述的是在一个介面的"一生"中，人–机交互的实际的或预期的事件序列（Nielsen，1993：99–101）。获取情境的方式有多种。可以对某个用户与一个人工物的交互进行录像。这样获得的视频有时不容易解读，但可以用该用户的评论加以补充。评论可以是用户边与人工物交互边做旁白，讲述他、她正在想什么，正在干什么，为什么这么想、这么做，等等，也可以是录影之后请用户边看自己的录像边解释。后一种方式给出的信息更加丰富，因为大多数行动都要比对该行动口头解释来得快得多，要详细解释在当时就更来不及了。用户在交互进行的当时很可能看不全面。这种情境给设计者提供了一个双重的记录，既对实际发生的进行了实录也提供了用户对自己行动和反应的解释。在民族志的传统中，对已有产品和模型的可用性评估就使用了这种方式。

第二种情境，可以与第一种组合使用，是对用户可能或应该如何使用一个人工物进行假想，并做出一张步骤流程图来描述他们会看到什么，对看到的要怎样反应才能完成一项任务。比如，在设计电子邮件系统的时候，设计者需要列出一个用户执行登入、打开、回复、删除等任务的步骤列表。然后设计者可以探索用户达到某个目的的几种不同途径，研究用户是否可以通过熟悉的或可以学到其意义的图标来达到目的。设计者可以用这种理论假想的情境向他们的客户证明，他们的设计与客户的要求相符；也可以用这种流程图为基础做出不同真实度的模型，甚至可以是纸上的一张图（Snyder，2003），来测试用户学习该介面以最终达到依赖的能力，并寻找、发现改进的余地，使设计更加有用和易用。

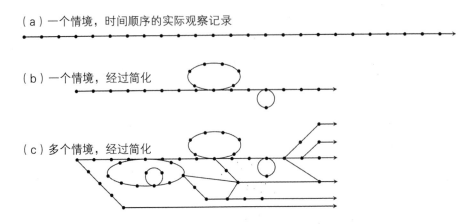

图3-16 对情境分析之后建立的可能性地图

　　情境最基本的形式如图3-2所示，为互动的一个简单序列。因为用户选择某个选项的原因无法观察，前面提到的用户自己的口述就尤为重要。对于设计者来讲，挑战在于对收集的用户情境进行分析，并构建一个可能情境的总图，与3.4.5一节提到的可能性地图类似。这样的图可以作为该人工物的说明材料。图3-16a所示的情境，是一个用户以时间为顺序的交互序列。虽然人对相同情况的反应不一定相同（赫拉克利特说过："人不能两次踏入同一条河流。"），但如果忽略某些无关的功能，可以观察到重复的动作。由此可以把该图简化，成为图3-16b，图3-16a中的每个不同动作只出现一次，重复的交互则形成循环，描述用户重复某些动作直到满意。例如处理电子邮件，用户就要不断重复这些序列：在列表中选择一封邮件，打开、删除、存档或回复，然后回到列表再选择下一封。最易用的情境包含很多这样的循环，不论是一封一封地处理邮件，在自行车上反复蹬脚踏板还是反复开合剪刀来剪纸。把从一个用户多次或大多数情况下是大量用户的情境合并为一张图，如图3-16c所示，就会呈现出用户的决策点，也就是达到最终目的的不同途径的分岔点，以及是有经验的用户所发现的捷径。

　　不变的是，最自然也是最可靠的情境是那些由重复的日常交互组成的、符合熟悉的基本原则，以人们耳熟能详的隐喻为概念模型。这样的情境可以被不假思索地执行（Krug，2000），用户可以轻松学习。很明显，一张可能情境的详细地图比一本并非从用户角度出发而写成的功能说明书能更好地传达有关产品可用性的信息。情境必须同时面对不同种类的用户。由于观察上千个用户的代价太高，一直以来设计者是从每个目标用户群体里选择典型用户来观察。

　　当然，典型用户到底是什么样的往往是虚构的。当设计新人工物的时候，该产品的现实中的用户还不存在，设计者依靠的方法是去创造、虚构出所谓的"角色"（Cooper，1999）。角色不是心理学概念，而是由一系列的情境、习惯或行为构成。这些构成角色的元素是一个想像中的典型用户的预期常规，或是当他们面对一个全新的或改进的产品时愿意建立的新行为、新习惯。设计者会针对几个不同的角色，然后去思考每个角色会如何使用这个产品。设计者所期望的是每个用户群体会像它们的典型，也就是角色们一样地行动。举一些角色的例子，比如：一名创业小公司的年轻总裁，一位搞学术研究的信息技术专家，一位在家带两个孩子的家庭主妇，一个大城市里注重穿着的小资，一位受过高等教育的长期在家的残疾人，等等。对一个角色的理想描述包含所有可以影响产品可用性的特征：社会的、经济的、文化的、生活方式的，但最重要的是技术知识基础和学习方式。这些特征要在可能的用户群中具有很强的代表性。角色的描述需要提供或暗示设计者们可以用来建立概念模型和测试产品的用户行为。虽然角色是由实际用户总结而来，但当设计者在推敲、为角色而争吵的时候，要知道这些角色毕竟是设计者自己创造出来的，这也就存在着潜在的危险。角色代表着设计者的预期，时常在创造出来的时候就已经下意识地倾向于适合某个设计。最终，设计需要面对的是现实中的真实用户，而真实用户需要能依赖多种不同的情境使用该产品。角色在设计过程中引入了用户的人格特征，但要注意的是，在创造角色的时候，应该本着批评、检验的原则，而不是去迁就、适应设计者的创意。只有一个设计可以被最抗拒的用户所接受的时候，设计者才可以放心地认为他们没有跑偏。使用角色的好处是它把可用性原则提到议事日程上，而代替了纯美学的考虑。

3.5.2　内在动机

很明显，人们都是选择他们能理解的、有能力使用的、用着舒服的人工物来装备他们的生活。这些人工物是在需要的时候能被依赖的。然而，仅此一项并不足以解释为什么被某些人工物所吸引而不是另一些。能解释这种选择性的是动机。动机是行动的理由，不应与内驱力、价值观、精神状态相混淆，这 3 个概念都试图脱离人，以因果关系来解释。当某个人被问到为什么行动的时候，所回答的就是动机。在使用人工物当中，有两种动机，都由对人工物的依赖而来。

- **外部动机**通过要达到的目标、要完成的任务和成功后要得到的奖励来解释行动。外部动机是理性的，这个概念始于启蒙运动。奇怪的是，海德格尔一直把科技（对应手之物的依赖）看成一种工具，是被一些其他事物所激发（Dreyfuss，1992）。除非为用户提供导航地图来定位、显示他们来自何处、去向何方，设计者很难支持外部动机，因为用户认为当前的情况不在他们控制范围之内。

除了要求人工物的介面具有意义之外，另有玄机。有的人开昂贵的汽车，虽然便宜的汽车同样可以起到交通工具的作用。有的人愿意保留功能性糟糕的家具，因为他们喜欢这件家具的外观。一个人喜欢的家具并不一定能让另一个人接受，即便他们的生理条件相同。这些生活的现实无法用理性解释，也不能用某些成功的标准来度量；于是，我们需要第二种动机：

- **内部动机**通过行动本身为行动辩护。内部动机是指用户参与到某个流程中的纯粹愉悦，与外部状况无关。奇克森特米哈易（Csikszentmihalyi）把这种流程称为"流"

（Csikszentmihalyi，1997）。如果用户认为介面诱人，令人兴奋甚至引人入胜，内部动机可能就会被触发。内部和外部动机虽然可以被明确区分，但完全可以共存。其实，二者经常共同作用产生某些效果。内部动机涵盖了令介面激动人心的因素，涵盖了由参与感引起的情感要素，而不止于被动观察的层面。被动观察永远限于当前这一时刻，而不涉及对将来体验的期待。

内部动机对可用性的帮助之大难以衡量，而且设计者可以对其提供支持，内部动机是语意学转向的一个重点。下面用三个例子来强调外部动机与内部动机的区别，然后提供一个清单，列举有利于内部动机产生的一些条件。

1980年代中期，当个人电脑开始在美国兴起并进入办公室的时候，宾夕法尼亚大学的沃顿商学院对个人使用个人电脑进行了几个统计学上颇为尖端的成本效益分析。那时大型机已经在解决大组织的会计问题和时间计划问题上证明了自己的价值。个人电脑则是另一回事。个人电脑没有加快打字的速度，但把编辑、排版、出版和数据处理从一些专家的手里夺了过来，放到了一般职员的手里，扩大了普通职员的工作范围。个人电脑把原先集中的情报分散到每个人触手可及的地方。但当把购买和维护个人电脑的成本从它们创造的价值中减去的时候，出现了一个惊人的结论：使用个人电脑根本不划算。这些研究人员没有认识到的是，成本效益分析测量的只是外部动机。

然而历史证明，成本效益分析不是技术发展的唯一衡量标准。现在信息技术早已经成为人类当代文明的重要组成部分。当个人电脑进入办公室的时候，组织内部森严的等级结构受到了削弱。当电脑游戏成为可能的时候，电脑变得令人兴奋。当电脑连接到互联网的时候，它改变了我们看世界的方式。个人电脑的多重意义遍及我们生活的每个角落。不论人机工程学、功能主义还是经济学理论，都是建立在外部动机的基础上，于是只能解释这些现象的一小部分。而内部动机才是科技发展的点睛之笔。

第二个例子是滑雪。人们排长队等缆车像运牲畜一样把自己运到山顶，然后再费尽辛苦滑下山最后回到出发点，看起来好像完全没有现实意义，尤其在天寒地冻的冬天。这里既没有明显的目标，也没有经济上的回报，从事这项活动基本上没有什么理性原因。相反，还有很高发生事故的风险，滑雪的人们经常有摔倒的、骨折的、甚至丧命的。那么人们究竟为什么冒生命危险来做这件事呢？简短的回答是：滑雪的动机是内部的，而不是被事后的奖励或任何可以客观测量的目标所激发的。

第三个例子是电子游戏厅。简单来说，游戏厅就是有一些机器，收入的钱来让他们在一段很短的时间内控制电视屏幕上的画面，并且发出一些声音。有些机器会公布胜利者和失败者，或者给出评分。但输赢好像并没有太大关系，人们的参与没有什么可测量的后果。然而投入的游戏者却被深深地吸引。只有局外人会问："为什么？"游戏者们会认为这个问题的回答很明显，因为游戏本身就是游戏的目的：他们可以深深地沉迷于一个互动性很强的游戏。

上述这些人工物（电脑、滑雪、游戏机）的使用者、参与者可能会认为"为什么?"这个局外人的问题没有意义，但互动结束之后，他们会绘声绘色地向同伴们描绘他们的体验，他们所用的词汇全部是内部动机:"激动人心"、"让人兴奋得颤抖"、"兴高采烈"、"超爽"、"开心"、"毫不费力"，等等。"无所畏惧"、"确定无疑"、"毫无负担"、"自由自在"等感受也很典型。这些高度正面的情感远远超出了说人工物"易用"或"自然"。这些体验"印象深刻"、"非凡"、"深刻"，让人"回味无穷"。这样的体验激励人们重复类似的活动，而对实际的益处和成本的考虑则降到最低。

其他主要被内部动机所驱动的活动包括:跳舞、打篮球、滑翔机飞行、攀登珠峰、作曲、看小说、骑摩托，等等（Pirsig，1999），或者就是做自己喜欢的工作。奇克森特米哈易（1990）访问了很多自称经历了"最佳体验"的人们。这些活动各种各样，但他们所描述的体验基本相似。马龙（Malone，1980）、马龙和莱帕（Lepper，1987）的两篇论文用玩具和电脑游戏为切入点探讨了内部动机。艾莉森·安德鲁斯（Alison Andrews，1996）采访了多名电脑游戏设计者，并总结出了18个触发内部动机的特征。下面列举了内部动机所驱动的活动的组成要素（Krippendorff，2004b）:

- 内部动机产生于有意义的人机介面中。如3.1节所述，介面是一个动态的、相关联的、由人机互动构成的一个流程。因此，内部动机不是一个人工物的物理属性或美学属性，不是精神现象（比如目的），也不能像人机工程学参数一样被仪器所测量。

- **依赖**是内部动机产生的先决条件。依赖是当人工物的技术允许用户专心于要做的工作而不是操作人工物本身，人与物之间的交互形成的一种顺畅的契合。要让用户依赖于一个人工物，物的反应必须是可预期的。破坏会打断依赖，从而让内部动机成为不可能。

- 内部动机需要高度的**用户自主权**。用户必须设定自己的目标，定义自己成功的标准，感觉是自己做自己的决定，并且按自己的意志行事。大多数的技术在限制某些方面的同时会使另一些方面成为可能。比如书写，把交流限制在阅读的框架中，排除了声音，把图像限制在静止画面上，但书写令保存、远距离传递信息成为可能。用户自主权所指的是人工物成全的那一部分。对媒体有限的关注，遵循细致的说明，为了取悦他者而做事，这些例子都是对内部动机的一种偏离。

- 内部动机与**多种感官运动协调**相关，理想情况下是全身的协调。比如滑雪，全身的每个部分都参与到对速度和方向的控制。不仅有西方文化注重的视觉冲击，还有与地面的亲密接触，雪橇划过雪地发出的嗖嗖声，和迎面吹来的劲风。相似的是，使用电脑键盘的时候不只是按下按键，按键带来的效果可以看见，可以听见，可以感受到。除了五种外部感官，还有两种内部感官:感受肢体位置和动作的肌肉运动知觉，和表达身体协调是否顺畅的"e-motions"①。不同的e-motion之间的区别是感觉（Krippendorf，2004b：54）。限制可能的感官模式会让介面变得枯萎，也会降低内部动机出现的可能性。

- 内部动机要求**持续学习**。奇克森特米哈易（1990）把这个特征描述为出色技能的应用与寻找新的挑战之间的微妙平衡。技能源于重复和精练。要想让滑雪成为一种享受需要很高的滑雪技巧，但长期反复的使用一项已经掌握的技巧让活动本身变得无聊。要想让某项活动长期保持其吸引力，就必须有挑战。滑雪的时候，这些挑战来自于地形。打电脑游戏的时候，挑战来自于设计者编入的程序。要一个介面持续提供内部动机，挑战不可过大以至于破坏了投入的氛围，但又要大得可以维持一种感觉：用户需要创造性地发挥自己的掌握才能达到精通的程度。玛丽·凯瑟琳·贝特森（Mary Catherine Bateson，2001）倡导的就是人类持续学习的权利。

- "对会发生的事情尽在掌握"的这种**自信**会增进内部动机。一些设计者争论说内部动机来自于用户的完全掌控（Andrews，1996），但绝对的掌控不可能实现。具有内部动机的活动给用户的感觉是不会失去控制，不会有失控的担心。

- 内部动机无法被观察到，**必须亲历**。产生内部动机的互动可以被录像，发生的破坏可以被记数，过程可以被描述。但，观察永远无法剖析用户的体验。可以观察到的可能是用户对人工物的依赖，介面消失到背景中的这种状态。观察者可以得出的结论可能是具有内部动机的活动会自己决定节奏。但对于被吸引其中的参与者来说时间是不存在的。E-motion只在当下可以感受到。对其回忆和记录与当时的感受完全不同。见证过自己因为投入某个引人入胜的活动中而忘记时间、忘记一切的人都很清楚：感觉就是感觉。

- 内部动机的基础是清晰的**位置感和方向感**。比如画画的时候，画家对于自己当下的状态高度敏感，而且似乎"知道"自己在做什么，但要让他们解释，就不一定能说出来了。画家可能对最终画面有一个愿景，但这些愿景常常与作画的愉悦发生矛盾。去观察画家对一幅画的频繁修改就知道：一幅画完成的时候，画家自己是有感觉的，感觉不到，画就没有画完。在滑雪中，每个斜坡固然有结束的一点，但重要的是每一刻滑雪的人都有一种知道前进方向的感觉。具有内部动机的活动可以说是有目的，但没有具体目标。

- 内部动机在概念上是**自我封闭**的。具有内部动机的活动通常要求参与者精神高度集中，以至于对任何其他事都视而不见。前面提到了忘记时间的情况，被忽略的还包括别人的看法、潜在危险，甚至是做这件事的初衷。意识和动作合而为一，成为奇

---

① 作者特意把这个词的拼写e-motion与emotion——情感区分开来。译者注。

克森特米哈易所谓的"流"，也可以说是一种被深深吸引，只在乎继续畅游在这个介面中，而心无其他杂念的境界。

- 内部动机存在于一个**纯净的现实**中。当用户被一个具有内部动机的活动所吸引，不存在蓄意扮演的角色，不存在假装或说谎，而完完全全回归到真正的自我。具有内部动机的活动的一个特点是被描述为自我注释的遗失。意识其实并非真的丢失了，而是其伪装的表层消失了，虚伪的自我灰飞烟灭，取而代之的是真实的、解放的真正自我。

这些内部动机的特征表明了一点：为什么驱动后工业时代人工物的东西一直无法被技术中心论的方式或客观的度量衡所衡量？为什么一直具有因果关系的理性人类行为模型会落空？这些特征还对人机工程学为手段的可用性研究造成了挑战。并非说所有人工物都需要设计得好玩，也不是说我们应该拥抱内部动机而抛弃外部动机。我们是说，用户需要去完成真正重要的事情，要达到这个目的，他们需要可以依赖的、可以被忽略的人工物；在恰当的时候，当内部动机被激起的时候，可用性会得到一个飞跃。

3.6　可用性设计的原则

用起来有意义的人工物的设计原则正在慢慢涌现（Dykstra，Erickson，1997）。下面总结了一些前文提到过的建议。

3.6.1　以人为中心

本书指出，以用户为中心意味着用人类语言解读技术。而这种解读的中心是意义。就以用户为中心的设计而言，必须认清的是：用户决定人工物的意义，而非不设计者或他者。意义以理解和使用为先决条件。因为一切理解都涉及隐喻，也就是利用对熟悉的其他物品的理解来理解眼前的事情，所以设计者应该发掘正面的体验作为隐喻的来源。当人可以用自己的方式实现自我、自由施展的时候，生命才会绽放。因此，当设计者有这个自由度的时候，设计应该对多种用途开放、促进对话、发展社区、鼓励跨越级别的交流：合作、民主、包容，而不是等级森严的（Krippendorff，1997：30）。源自于好玩的活动的隐喻、源自于享受与人共处的隐喻、源自于社会合作的隐喻都比源自于技术的隐喻更好。

3.6.2　有意义的介面

在使用上，设计的目的是让用户轻松自如地从认知到探索再到依赖，然后停留在依赖的状态，直至用户满意。每一个阶段都有不同的用户参与模式。人工物的设计必须全面支持每个阶段，并使每个阶段间的过渡自然流畅。美学在整个使用过程中只是一个很小的方面。可用性设计意味着鼓励用户的感官运动协调来引领用户避开破坏、到达依赖的境界。可用性可以用破坏的间隔，以及纠正破坏所需时间长短来衡量，但确保可用性，对于那些可能让用户分心而偏离依赖状态的意义，设计者必须想办法阻止。

3.6.3　二序理解

为别人设计需要了解用户的概念模型和他们所熟悉的情境（即便有时用户的理解和设计者的理解不符，也需要在设计者的头脑中注入用户理解）。设计者无法假设他们自己的感受和头脑中的世界构架与用户的相同，甚至相近。设计的目的应该是为现成的或简单易懂的概念模型、情境提供物质支持。要把计划中的功能雕琢到人工物中是设计者永远的谜题。人工物可能会对使用产生束缚，但设计必须为用户提供空间，而不是用技术来逼用户就范。

3.6.4　可供性

在人工物的使用中，可供性是意义的基本单位。可供性是对人工物的部件和控制该如何操作的感官理解。可供性需要一系列的意义，用户可以对这些意义做出行动，而且期待这些行动引发相关的感官。可供性是不可再简化的文化习惯，很难改变。设计者应该让产品中的可供性容易认知，并带来用户所期待的结果，在理想情况下，不引入不必要的约束。

3.6.5　约束性

约束限制了一个人工物可以接受的动作。有时由于设计者的粗心大意，有时由于厂家生产制造上的方便，有时由于技术选择不当，这些原因造成的约束都是可以避免的。总之当造成的约束让用户不能自然使用，终归让人恼火。当约束让用户不能选择自己的目标、不能按自己的标准衡量成功，而必须被强迫遵循某种方式时，就会扼杀了用户的内部动机（Andrews，1996）。设计者应该避免无意义的约束，把约束只用来避免非法使用、避免用户受到伤害。总的来说，用语意学的方式来指引用户的注意力要好于使用物理的约束。

3.6.6　反馈性

对任何用户行动的反馈应该是越直接、越即时越好。从确认用户行动被机器接受开始，到执行，再到这些行动产生的后果，直到表明机器已经准备好接受下一个指令。

3.6.7　一致性

彼此协调、互相依托的视觉隐喻、换喻和图标可以促进理解。文字说明会误导用户，所以人们往往更加倾向于信任直接体验。如果多个隐喻的蕴涵发生矛盾，图标来自于不匹配的系统、或说明不能与所见建立关联，这样就会造成麻烦。设计者需要避免混用隐喻，避开那些会造成歧义的近似点和关联。清晰地定义多个语意学层次不失为一个好方法，创造出几个内部连续一致的层次，让用户可以在不同的隐喻、换喻和说明的系统之间转换，用不同的模式进行互动。

3.6.8　可学习性

人类永远在学习。意义随使用而变化。而设计仅仅在这个过程中起到调节作用。意义、组织意义的概念模型和铺展意义的情境，都是动态的、不断改变的。尽管标准不同、形式不同，学习无处不在。介面变化有快有慢，有的持久，有的则因为新设计的出现而很快被用户抛弃。一份对用户使用能力的科学评估刚刚完成其实就已经过时了。所以，人工物应该围绕可学习性而设计：用户应该可以在任何水平下进入介面而且可以按自己的步伐提升使用水平。用户还应该可以自己定义成功的标准、学习捷径、享受使用的乐趣。用户应该可以决定自己的学习方式，有的喜欢读使用说明，有的喜欢不断尝试新的方式，有的喜欢借鉴他者的方法，而有的希望导师或专家的指导。（另参见3.6.11节）人工物必须基于用户当下所知，而力争可学习性。

3.6.9　多重感官冗余

大多数人工物都是多重感官的现象，涉及触觉、视觉、听觉、嗅觉，甚至味觉。人和人对不同感官的偏爱不同，有的嗅觉不灵敏，有的听不清，更不要提有很多感官方面的残疾。对于某些感官的的不足或缺失，人类会用另外一种感官来弥补，这种弥补有时候不知不觉。全人类约有10%的人是色盲。大多数人自己都不知道，因为他们早就发现了不同方法来应对了。比如，色盲的司机靠红绿灯的相对位置（上、中、下）来辨别交通信号，而他们很可能说话的时候还提到颜色（红、黄、绿），仿佛他们可以辨别出颜色似的。我们很可能永远也无法得知用户实际上依靠的是什么。多种感官冗余的意义是要用多于一种可供选择的感官途径来表达同一种可供性。当提供的信息相互支撑时，这种冗余就不是浪费。

我们文化中占绝对主导地位的感官模式是视觉。稍微注意一下就会发现，有关听觉、触觉以及嗅觉的词汇相对贫乏，而味觉基本只为饮食而保留，肌肉运动知觉和情绪的表达则更是模棱两可。设计者喜欢把自己的作品发表在花花绿绿的杂志上（无法传达其他模式的信息），仅这一点就反映了设计者对视觉的偏爱。为视觉外感官的设计是一个被忽略的区域（Ginnow-Merkert，1997）。更糟糕的是，设计者通过对介面使用情况的录像研究，有可能永远无法得知一个用户到底是靠摸还是靠听，无法得知被观察的用户是否理解了设计者认为显而易见的东西。介面的设计必须保证所有的感官都被考虑到，而且彼此协调，每个感官都能作为传达相同意义的一个途径。能从依赖一种感官转移到另一种的用户不会轻易地分心，而且可以同时进行几种活动。最近汽车厂商开始注意到车内的气味和关门的声音。这些努力可能与可用性无关，但证明了人们对视觉以外的感官体验之重视程度有所提高。想强调的是，设计者对所有感官形式的关注不但可以给人工物注入更加丰富的用户体验，而且给用户提供了自己选最偏爱的感官模式的自由选择。

3.6.10   多变性—多样性

人工物的多变性应该与用户的多样性相符合。在工业时代，设计者相信：根据设计者自己总结的或某些权威规定的标准来优化使用效率是普世真理。这样设计出的产品瞄准的是取悦大多数用户，设计者们坚信余下的用户经过培训也会遵从。但，设计者们很少想到，受益的其实是工业化大生产，而非用户本身。前文的大部分一直反对这种做法。新兴的信息技术鼓励的是不但能让人操作人工物，而且还能与其他用户交流的新型介面。不同的用户可能生活状态迥异，对身边的人工物有完全不同的理解，但他们很可能使用一模一样的产品。今天的设计者面临的挑战是如何设计具有灵活性的产品，提供多线程，可以通过互动做修改，可以在多个系统中进行任务迁移，可以为用户定制配置等。理想状况下，人工物必须具有足够的多变性来允许众多用户在其中构建自己的世界。换句话说，人工物的多变性应该符合用户群的多样性。

3.6.11   稳健性

3.2节中讲到，让某人承担责备是错误的观念。错误这个词的语意学意义在诺曼（Norman）的总结中也并无不同："人都会犯错误"（Norman，1988：105—140）。用户以为一个产品可以做的事情而设计者没有考虑到，这能说是用户的错么？人是不会故意犯错的。用户可能一时走神，但在当时的情况下他们总是尽最大努力做好。要预期用户可能的行动，并且提供必要的线索来避免混乱的出现，这是设计者面对的一个挑战。人工物不应该引起灾难；如果真的可以造成伤害的，应该有保护装置；如果会发生故障的，应该安全地失效；可能出现无路可走的情况的，应该提供帮助；在不可更改的操作之前，应该提供警告。一个真正稳健的人工物应该可以预防绝大多数可以预见的意外事件；千虑必有一失，当意外真的发生之时，人工物应该给用户提供学习的机会。

3.6.12   设计的委托

用户为他们的环境创造意义，并根据意义行动的能力与设计者创造新产品并推广给广大用户的能力，两者实际上并无天壤之别。用户和设计者的目的可能不同；前者是直接理解，而后者依赖的是对前者的二序理解；前者形成市场，而后者通过机构或组织工作。然而，生活在人工物（用户）和设计人工物（设计者）中，两者同样是创新性的尝试。当代的信息技术使专业设计者和聪明的用户之间的界限变得越来越模糊，因为新技术使用户可以自己设置，甚至设计自己的小天地。桌面出版系统的成熟和普及极大地震动了平面设计行业，在此之前平面设计者一直认为排版和印刷是他们的独有技能。电脑黑客往往比电脑的设计者更了解电脑的某些方面。作为一个具有创造性的行业，设计正在向很多行业扩展，但在很大程度上，订制、规划、建构信息已经充斥了生活的每个角落。也就是说，职业设计者已经不再独占设计人工物的特权。设计的权限需要开放，需要更多地委托给用户，推而广之。人工物应该足够灵活、足够包容，让用户可以根据情况自己设计。把设计委托给用户是以用户为中心的设计的一个重要因素。设计者如果能在介面设计上保持领先，并同时把他们的手艺传授给想学的人们，那就真的再好不过了。

第4章

人工物的语言意义

我们所能接触到的与技术相关的人工物，只是用户生活中的一部分；尽管是必不可少的一部分，但往往只有一小部分。大多数人工物先出现在语言中之后才投入日常使用，而且在人们失去兴趣很久后仍持续在语言中使用。你可能会从专家或信任的同辈那里听到新的人工物的信息，或通过出版物、广告和用户研究了解到它们。接受是简单和自动的，获取则倾向于遵循该人工物用途的信息，无论是它们的功能还是价格。人们觉得有必要向朋友或上司证明物品的用途，将你所知道的人工物如何使用教给有可能受到相应好处的人们。技术说明使人工物可以为人使用，工程文本分析了功能的特性。为了人工物的进一步发展，不再使用的人工物进入了博物馆、历史书籍、文学作品和娱乐作品得以继续存在——否则我们如何知道蒸汽机、本杰明·富兰克林用风筝吸引电的故事、中世纪的电，还有远古的箭头。如果没有口头的解释，我们不会知道它们是什么。

人工物因为谈论到它的语言而进入某个特定的语言群体，并成为社会或文化的事物，往往在这之前，他们实际上是由个人使用的。人工物在使用过程中获取到的意义主要由语言框架所建构，并且制定这些意义只占据了他们生活的一小部分。因此，一个关于使用意义的独立理论，抑或是把个人使用者从非使用者中区别出来的想法，都只是一个概念上便利的虚构。技术毕竟是一种被建构和表达的"学科"。本章在更普遍地了解技术的基础上着眼于语言是如何与人工物的概念、应用和处理产生关联的。

在开始探索时，应该认识到大多数人工物的使用都伴随着布鲁斯·阿克提到的使用者的"旁观者"，与他人一起给出判断、提出建议或者讨论使用。那种被受到观察的意识、被受到评判的感觉或者对表现自己给他人的需求和欲望，改变了独立的人-机交互介面而形成公共介面。在使用人工物的过程中，寻求认可，或害怕别人说因我们使用人工物而影响了利益相关者之间的对话和语言。

在1.3节中已经注意到，营销和消费者研究的进步已经改变了设计的现实，重要的是，我们意识到这种研究完全依赖于研究人员和潜在客户之间的口头交流。例如，访谈人员询问问题并记录答案。但不能被语言表达的东西是无法询问的。焦点小组进行的是关于消费品与其使用者的交谈，由此提取出字面属性并探索出潜在市场。2.3节中意义的定义和3.2节中意义的破坏实际上区分了用户倾向于其中一种解释。用户概念模型和情境分析（分别在第3.4.1节和3.5.1节）是建立在由用户表达的关于他们想要达到的目标的叙述性内容或观察结果之上。警告和错误信息提示（3.4.5节）可以使用图标和图像，但很少可以绕过口头的简单表述，不论用户被要求去阅读说明的时候还是人工物本身想要"告诉"用户的时候。还有动机，包括外在和内在的（在3.4.5节中区分），都只能够在辩护或者受到牵连的时候才能得到。没有口头报告，设计师将有很少或没有渠道来理解用户。语言无处不在。虽然不是所有的使用意义都能用口头表达，图0-1中那些我们谈论过的无疑正是如此。

在设计的过程中，语言的作用容易被忽视。举个例子，如果没有得到一些想法能够说明他们的客户想要什么——设计目标，设计师就无法接着完成工作。设计师之间相互仔细思考了解客户的期望，对应采取的路径达成一致，分享相关知识，开发适合情境的概念，并给那些重要的人提出建议。虽然图片传达的信息胜过千言万语，但图片从来没有表达整个故事。图片不能说"不"，图片不能给出原因，它们无法规划，它们无法提供相应的反馈，不管它们是如何被理解的。实际上，优秀的设计师讨论的范围常常多于他们所坚信的，不仅仅是给现有的客户演示，而且也在设计师之间进行讨论，来检验发表的想法，权衡选择，征求意见，和评判解决方案。事实上：

所有人工物的命运都是由语言所决定的。

关于人工物的语言意义理论会关注人工物如何像他们的利益相关者之间相互所说的那样在故事中存在和扮演，实际上就是让人可以使用和保存人工物。语言指向至少涉及两个人，更典型的是指向一个社区或团体，所以关于人工物在语言中的意义理论实质上是一种社会性理论。它指向了个人之间相互的二序理解，因为这种理解同时有涉及到人工物，所以它也必须同时接受关于使用的理论。

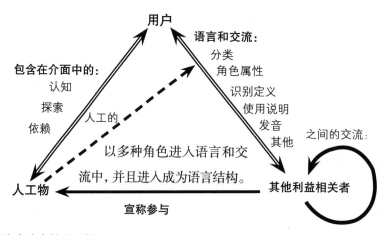

图4-1 语言和交流中的人工物

此外，不管一个理论是否口头说明或书面说明，它都发生在语言层面。因此，关于人工物语言意义的理论一定是自我映射的。它必须把自己当成一个在使用中持续完善和重新建构的人工物。语言始终是这个不断被制造的世界的一部分，所以不能把语言当作固定不变的存在，或把它当成固定的描述世界的工具。因为设计者试图改变这个世界，所以他们也必须创造性地使用语言。

在这个理论层次上，单一介面的概念正在从单用户扩展到第三方介面，扩展到利益相关者群体，无论他们将是用户、裁决者、评论家、特殊利益者，或轻微感兴趣的旁观者。利益相关者通过声称自己入股了一类特定的人工物或技术来定义自己。图4-1表明人工物不仅是拿来使用的，更重要的是在利益相关者，包括用户的交流过程中起了重要作用。在语言中，人工物被概念化、建构、沟通，它们的意思被协商，它们的命运被决定。这样的进程已经不能在认知科学、人机工程学和技术性术语中来描述或量化。他们将不得不用语言学术语来解释，而这些语言学术语由人工物的相关利益者提供。这就要求一个对话，而不是关于意义的独白。

4.1 语言

语言是一个复杂的概念。尽管人们知道如何运用一门语言，但当人们正在说话、倾听或阅读时，他们却很少知道这到底是怎么一回事。在语法课上我们学会了书写，在那儿学生知道了发音、拼写、语法、构成和修辞，导致我们认为这是了解语言的全部要素。然而，对于目前的实际应用来说，这种理解是不充分的。为了做好准备，我们用以下的4种方法来区分概念化语言以及最后的解决途径。

- **语言作为一个系统的符号以及象征：** 这实质上是索绪尔（1916）、皮尔士（1931）以及逻辑实证主义的观点。它认为，语言代表一种媒介，将真理视为有效性准则，常常在非语言的物理世界寻求参考。
- **语言作为一种个人表达的媒介：** 这一概念基于诸多文学理论基础，强调作者的意图，其根基上致力于个人主义。它需要真实性和有效性作为一个效度标准，在讲述者的感情、思想、认知构架，以及更普遍的人类思维结构中寻求意义。
- **语言作为一种解释媒介：** 这种观点试图寻找可能的合法性形式（或文本）的再链接，它依赖于一个社区来决定成员提出的解释（Hirsch，1967）。
- **语言作为认知协调和讲述者行为过程的一个阶段——语言论断者**（Maturana，1988），这个观点能明确意义是在社区人员彼此居住在一起的前提状况下，构筑他们的现实，基于成员之间的彼此理解来制定他们彼此的观念以及彼此的人工物。它以社区内的语言实践可行性作为准则。无论他们是否在使用。在这里，语言就是对话，就是"人类之屋"。

通过列举几个关于语言作为协调过程的几个突出特点，将揭示出其以人为中心的特点。

- **语言的指示作用**。指示、警告、预言、或提出并加以区分。谈及人工物选择，需要注意的是人工物的尺寸和功能。称一辆汽车为一辆大车，一辆设计者的车，一辆昂贵的车，一个柠檬色的车，一辆意大利车，或是一部轿车所持有的特征而忽略其他特征。语言把什么地方该突出与什么地方该隐藏区分开来。

- **语言使用认知框架**。隐喻是认知结构的极好例子。谈及沟通交流，依据隐喻所呈现出的内容，它需要作者进入到他们创作之中，并且读者也需要走出他们阅读的内容。当思考其蕴含的思想，这可能很难被理解，但这些隐喻却可以让我们思考这些信息所涵盖的意义。与此相反，谈及对词汇的影响、交换、交流等有着完全不同的蕴含（Krippendorff，1993）。例如，在辩论中，隐喻战的运用普遍存在。例如，我们攻击敌人，命中、捍卫我们的立场或成功击败了对方的一个观点，我们不只是嘴上说说而且亲身经历过，感知我们对手的攻击性，感受着胜利的喜悦或失败的挫败，俨然人类的交流好似语言的战争（Lakoff，Jonathan，1980：4）。在政治选举中，竞争候选人用语言审议使其突显。宝马公司称其汽车为"高效驾驶机器"，这种全新的感知完全不同于称其车为"新甲虫"的大众，当他们在使用这些词汇时，人们不禁感知他们的世界，即使只是描述它。

- **语言使用创造事实**。声明、承诺、要求和知识都没有真理价值。这些在演讲中已经呈现（Austin，1962；Searle，1969），并一直持续（Searle，1995）。一个国家法案并非一纸空文。当被用到、提及、相信和颁布，它就可以创造政治实践、体系和政府。当一家保险公司评估一辆车祸中的轿车时，如果这辆车维修太贵的话，保险公司就会声明这是全损。这个声明对于轿车的主人来说具有切实的结果。该声明来自预言的伪装，一旦被相信是真的并被实施，会向他们声明的一样变成真的。1920年代的经济危机和1970年代的石油危机就是熟知的例子。那次经济危机是由相信银行不能支付顾客引起的，汽油危机是由相信加油站不久将没有汽油可加而引起的。流行和时尚通常由一些领导者觉得穿什么、用什么、说什么是时尚的观点创造。当大量的人相信如此，并且按照这些观点行动表现，那么很有可能就会变成这样。所有的事实和人工物都首先来自语言，并且这些解释的组成与最终实现具有很大关系。

- **语言使用具有相关性：**所有的故事都是被某些人所描述并且按照他们所期望的去理解。故事被再次描述或去理解和做出反应都会遵循期望的轨迹。他们渴望二序理解并且诠释故事的意义，无论语言或者物品，都在传达者与接受者之间保持着一种双向的关系：传达者选择合适的语言使接受者理解他们的意图。接受者对传达者所想要的做出回应。因此，传达者明白他们的叙述对于接受者而言意味着什么。这种双向关系就像典型的人际关系，例如，权威必须依赖人与人之间的双向关系，通过往复实际执行该角色进一步发展这种双向关系。因此，语言的使用不仅使人们对使用人工物的知觉进行组织，它还在人际关系中"协商"这些观念。通常，在非常结构化的社会中，人和人工物以既定的形式分布。

- **语言的使用是思维的呈现。**能够使用的语言能力包括表达、倾听、学习和概括，还包括感情。这种能力与人的努力密不可分。就结构主义语言学而言，一个系统的语言抽象过程，重要的是理解人际关系中人工物的意义：比较深层次的理解内在动机、情感、协调社区内和利益相关者。意义并不存在于人之外。

在构造、支撑、使用它们的社会性进程中，如果所有人工物的命运决定于语言，那么有理由相信他们必须为了存在于语言和人类交流之中而设计。设计师很少意识到这个基本事实。一个可能的原因是对于前面提到的流行语言概念系统缺乏注意，符号学作为它的一个分支，它可以使人工物在人们日常生活中的意义变得易懂。语言是复杂的，事实上，它是人与生俱来的。前面的话语是为了防止读者回到其他的语言概念上。研究的目的是为了开发一些与设计相关的值得进一步探索的语言概念。

4.2　范畴

在英语和大多数印欧语系的语言中，人工物通常用名词表示，这通常是一种理想的范畴。从一个以人为中心的角度来看，名词是人工物所绑定的概念，而非人工物本身，如"椅子"、"汽车"、"计算机"、"棒球"和"互联网"。我们感知到这个人工物具有"坐"的功能，因此叫它"椅子"，但像"椅子"这样的抽象概念无法可视；所有的椅子或"椅子的特性"不是体现在一个特定的人工物上。因此，"椅子"不能表示真正的椅子，因为它的多样性，没有人见过、记住它。但它意味着语言社区的成员期望赋予一个人工物"坐"的意义。赋予人工物的意义比较严格，就像理论学家的语言提示。单词在社区实践生活中被定义，恰当的意义使其成员能够协调好认知与行为之间的相互关系，以及他们可以利用人工物做什么。在这里，语言表明了它本身并非一个人类之外的系统。言说者也是这样做的，反映了社区如何使用它。不同个体间的意义有所区别，协调社区成员的看法应立足于实践。设计师可以参与这样的协调，但不能完全左右它们。

如前所述，名词形成了理想的分类类型，从而允许擅长某种语言的人根据可用类别的特殊性来区分人工物。3.3.1节中，典型性定义在特定问题的答案之上："两个对象A或B，对于特定的种类哪一个更具典型性？"或者，"在一个给定的规模，A的典型性有多大呢？"一些诸如"这是典型的轿车吗"的问题答案，反映了人们如何用语言来处理人工物："你开什么样的车"、"它是镇上开的车还是轿车"、"这看起来像一个不寻常的（意思是不典型）皮卡"。所有这些论断定位了一辆特定的汽车在几个汽车类别中的位置，或看它如何接近特定类别的中心，而在其他类别中可能会混淆，或它是否不属于这个范畴的问题。在探索一个类别与问题有关的典型性的对象时，你会通过照片来帮助你。"什么车会像你的车那样经常抛锚？"如果没有语言，我们很难查究到类别，而且从这些实践中洞察到的见解，只有对那些理解人们在谈论什么的研究人员才有意义。

范畴之间的组织相互关联。它们不一定像在科学分类中经常用到的那样，在形式上具有逻辑层次结构，例如精心设计的生物学层次划分，技术系统的部分与整体层次结构（分子、基本组件、次级组件、汽车、交通、交通系统、国家等），或学者在开发中所擅长的概括。埃利诺·罗斯（Eleanor Rosch，1978、1981）的开创性研究，将范畴区分为3个层次：

上位范畴

基本范畴

下位范畴

例如，家具：椅子、（儿童使用的）高椅，或写作用具：笔、圆珠笔。上位范畴通常难以想像。一个人怎么能将家具可视化或画出写作工具呢。在基本范畴层次上有着明确的可视化理想类型。甚至孩子可以画出椅子和铅笔。在语言中，这种基本范畴变得简单和精炼。在基本范畴描述的基础上增加了特色或维度，像扶手椅、婴儿鞋，或者钢琴。附属类别的共同属性是不同类型的使用者（婴儿鞋）、态度（运动精神）、场合（晚礼服）、地点（桌子）、社会等级（五星酒店）、工艺品（家具）、尺寸（高背椅）、风格（巴洛克教堂）、科技（高科技、圆珠笔）、动力源（蒸汽机）、成型（圆椅）。

基本范畴很容易理解和识别，需要很少的时间就能获得可靠的辨认。因为他们的可辨性，基本范畴看上去不是那么随意，而是很难改变。另一个方面，上位范畴可能会变成任意的合理区分或者反应体制利益的概念分层。例如，一个超级市场通过增加或停止某些商品的销售，转变那些正在超级市场销售的产品概念。广告关心的是把产品放在超市货架中最受欢迎的地方去销售。甚至是设计者也会对上位范畴感到吃力。公司提供了多样的产品和服务，用户可能会在对这些产品和服务进行概念化时感到困难，费劲为了创造一个可见的识别辨识性，有时会用到标志。基本范畴形成了上位范畴的框架。IBM的前身是制造打印机的。IBM换了国际化的商业名字，创造了一个新的高级部门，其结果直接促进了产品发展。

设计不能绕过人工物和利益相关者的限制，实际上设计师能做得很少。设计师从顾客那里了解到他们想要的产品属于哪一层的范畴，了解到利益相关者对那些不能用语言准确描述的产品的期待。重点在于不应该被产品范畴所限制，而是有意地去使用它们。尽管设计一些接近它的理想类型东西可能不会十分有趣，它仍然可以帮助识别。灭火器需要在压力下被发现并且没有时间去寻找方向，它可能最好是红色的圆柱体放在显眼的位置。设计师可能会倾向于发展一个可变的模式，建筑师更偏向于把一个贴有灭火器标签的物体隐藏在一个柜子中。但无论哪种方式都不会有助于在需要时识别出设备。

当在一个已经成熟的市场中引进一种新产品，是否保持在已有分类的内部或者偏离已经存在的分类是个策略问题。有的时候，当新产品与现有产品出现混淆成为劣势的时候，就需要与已经存在的产品存在差异。有时成熟的分类是销售的卖点，如同假冒的劳力士手表。总的来说，新设计的产品不能和已经存在的、竞争对手的版本、过去的模式，或者其他科技产品的形式出现混淆。然而，引进一个产品并不需要高额的广告去告知那些潜在客户，这个产品的出现以及它的优点。是否用可靠的质量去尽量靠近认可的范畴，或者通过花费来创造一个新的范畴，这需要被检验。SUV作为一个结合了轿车和皮卡特点的交通工具，就是个很好的例子。当它首次出现在公众视线中，并没有这样的范畴存在。它没有名字，并且没有独特的预期。它的名称"多功能运动汽车"对大众来说也不太合适。然而，这个交通工具填补一个空白，现在发展成为一个新的品类，叫做SUV。概念车是被汽车制造商做出来放在汽车展上，提供给用户一个有趣的测试品去了解用户对概念、尺寸、已有产品的外形和特征的意愿。设计实践和概念车展提供给制造商一个测试机会去了解能达到怎样的度，正如雷蒙德·罗维（Raymond Loevy）的"MAYA"原则，表明设计师应该给出"最激进但仍可接受的"的建议。它承认了现在的范畴，并且表明除了利益相关者的合作或者广告的花费，它们之间并没有明显的分界线。

4.3　特点

在语言中，名词常常出现在形容词结构中。他们渗透到印欧语系的语言中。〈形容词-名词〉的形式，例如"一个动力十足的汽车"。〈名词-形容词〉形式，例如"这辆车是动力十足的"，或者〈名词-形容词-名词〉形式，例如"这个汽车拥有动力十足的发动机"。物体拥有的特性既不是自然的、文化自由的，也不具有普遍性。它们是语言属性的结果。属性是语言的表现行为，它们反映了知觉、感受或者在特定社区的语言习惯和传统。正如在形容词的选择过程中很明显，属性揭示了人们的感觉和感受，以及他们所相信的其他人的感觉和感受。语言阐明、区别、证明、调节了人与物的经验。没有形容词结构，一个人就不能区别事物的特性、人们的性格、客观物体所表达的意思。

很明显，它关系到是否人们讨论人工物漂亮或丑陋，简单或复杂，便宜或昂贵，高效或费时，便于处理或难以处理，安全或危险，先进或过时，节能或破坏环境。一旦制作出并且加强了在公众中的循环，属性能确定那些他们所讨论的词条，虽然在使用中时常改变，但很难控制。人工物通过传闻、大众、大量的媒体报道，在语言中被创造或者被销毁，这有点像政治的感觉。有些产品被描述为不受欢迎的属性，导致产品销售不好。广告尝试对抗坏的公众效应，鼓励去讨论产品来增加销量。改写一句这样的名言：在利益相关者的眼里，产品的特征属性比产品在物理上可度量的质量更重要。

特征如何区别于物理属性？物理学和人机工程学更倾向用物理学或者生理学的以机器为中心的方法来检测人类的感觉和谈话，通过替换语言实践中的属性来将它具体化。这个过程中，作为谈话者的特定经验属性的基础，人的感知觉就因为机器所设计的反馈而被忽略和替换了。在考虑一些东西是否重的时候，重的感觉只在与一个不重的物品产生关联的时候才有意义。区别在于提起或拿起一件东西时的感觉与拿起另一件物品的感觉相反。通过对比，一个物体的重量，称作千克或英镑，忽视了人类经验的参照性。同样，舒适这个词与坚硬相区别，它们都描述了触摸的质感。一个人可以通过测试一个给定标准形状和质量的物体表面产生的压痕深度来确定"柔软"。然而，这并没有解释人如何体验柔软或坚硬。对于设计师来说兴趣的特征几乎不能通过物体设备去测量。图4-2表示了悍马的两个特点，一个表现功能、稳健性、物理力量，另一个则彰显运动性、财富、社会影响力。在风格上解释它们的不同意味着忽略了它们的社会意义。尝试着通过物理测试设备去捕获这些不同是基本没有希望的。

有个更普遍的例子，很长一段时间中，瑞士手表都被誉为精确时间的象征，它们都出自于能工巧匠之手。斯沃琪手表，在瑞士本土制造和组装，最初是对部分市场丧失的应答，现在是时尚、年轻、简单、便宜的代名词。酷（coolness）的特点代替了早期瑞士手表的特点，但每个人都认为这很难定义。很明显，这跟温度没什么关系。它不是被某一个特定的颜色所表明，比如阴冷的蓝色。避免定义和测量的理由非常简单。酷根本不是一种物理特性，而是关于年轻人如何独特的谈论、穿着、使用颜色和样式——包括手表。特征的属性和它及时的转变是一种社会性或者文化性，不是物理现象。

特征的属性往往建构了可测量的品质。例如，当认为一个产品便宜或昂贵时，金钱的价值不能解释为什么人们做出其中一个选择。便宜包含的是一种不以为然，而不贵表现的是一种机会，这是两种不同的概念。对客观物体相同现象补充的框架也是如此：当描述同一个人的同一个行为时，这种属性是小气或节俭，根本上表达了不同的态度。又如，告知一个药物在90%的情况下可以成功，或告知在10%的情况会失败，这深刻地决定了你对使用该药物的决定。特韦尔斯基和卡尼曼（Twersky，Kahneman，1985）做了经济抉择、风险评估和其他类似的研究，表明明显的客观质量的框架使人们在做决定和行动时产生了很大的不同。他们的发现对理性决定的理论造成了冲击，并且这一发现使卡尼曼获得了2002年诺贝尔经济学奖。

通过定义，人工物的特征包含该人工物的利益相关者群体认为适合该人工物的所有形容词结构。每一个独立的形容词结构叫作性状特征。性状特征是相对稳定的特定形容词结构所表示的品质属性。由此可以得出，特征是由一系列或系统的性状特征所组成的，该性状特征在此系统中是恰当和适合的。例如，在不同的语境中，不同的特征可能会变得有关联。当一个人工物被重新配置或者被打破，性状特征将被不同程度的影响。

（a）　　　　　　　　　　　　（b）

（c）　　　　　　　　　　　　（d）

图4-2　下面几幅图代表不同产品的主要特征　（a）悍马：军事、狂野、运动　（b）郊区、富有、力量　（c）JVC的音响系统：响亮宏伟、高科技　（d）索尼便携音响：优雅、时尚、女性化

这并非说设计师应该忽视可以被客观测量的属性。然而，他们必须首先要关心那些利益相关者希望看到、感觉到、愿意相信和谈论的设计是什么。由于感觉，知觉和观点是不能被观察和测量的，设计人工物的特点意味着从社区中感兴趣的人那里提取出期望的属性来进行感觉的和体验的设计。形容词的结构包含了询问、使用、喜好、定制或者其他人讨论人工物的特定理由。应该指出，对产品质量的客观测量，仅仅当它们进入到对产品问题的讨论时才变得相关。

英语语言提供了数千个描述产品性状特征的形容词。下面有5种类别被区分出来，每一个类别提供了一些例子，最后的4种是以人为中心。

● 看起来客观的，而且有潜在的定量测量可能性的形容词，下面是一些词的对比：

快——慢

大——小

瘦小——雄壮

吵闹——安静

明亮——昏暗

● 反映评价的形容词，特别是审美词汇：

美丽——丑陋

平衡——失衡

和谐——躁动

优雅——粗野

巧妙——笨重

● 反映社会价值的形容词

上层阶级——底层阶级

昂贵——便宜

时尚——过时

杰出——普通

普遍——个性

● 反映特定感情的形容词

兴奋——乏味

引起兴趣——令人作呕

鼓舞——打击

沮丧——满意

失望——鼓励

● 反映介面质量的形容词

可靠——不可靠

明显——模糊

便于使用——操作不便

危险——安全

有效——无效

前文列表上的一些性状特征可能被确认为具有审美性。作为一种理论，美学追求产生美的感觉。美学理论的认识论错误是：（a）把重点放在有限的类的属性和脱离历史语境的精英词汇上；（b）探寻普遍命题，忽略了深深根植在文化中的随时间不断变化的审美判断；（c）并且没有意识到感觉并不能被从某人识别并使用一个词汇来描述审美感受的能力中分离出来。美学理论的前提是相信感觉是由观察者之外的现象引起的并且独立于语言的使用之外，因此把审美对象的理论化而不是品质的文化属性称之为美学。

感性工学方法（长町，1995）也有类似的认识论缺陷。感性工学源自日本，它关注把感觉（日语称感性）转化为客户产品。然而，实际上不可能在人身上观察到感觉，在产品上则更少，感性工程学不可避免完全依赖于共同使用的所谓感性词汇，声称发现了情绪的反应（7.4.1）。尽管感性工学强调与情感的结合，但它仍然受到了语言使用的恩惠。

尽管如此，特征的概念也已经完全普遍了。可以区分出4种获得人工物特征的方法：

- 语意差异量表：第一个也是最知名的把特征概念化的方法源于奥斯古德等人（1957年）的语意微分[①]。它依赖于大量典型的被调查者、受试者、利益相关者，独立对给定两级形容词评估的样本。这些量表构成一个样本的语意空间，其中每个对象或概念成点状分布。奥斯古德（1974年）对跨文化的概括感兴趣，他与众多同事一起，应用了数百对两极形容词量表来测试各种东西，包括有形的物体、人和想法。他们发现，人们用来描述情感意义的三个维度成为了大部分形容词结构的基础。

评价：	好	+3	+2	0	−1	−2	−3	坏
力量：	强	+3	+2	0	−1	−2	−3	弱
行动：	主动	+3	+2	0	−1	−2	−3	被动

顾名思义，语意微分使研究人员能够获得物体特征间的语意性差异。这样的手段不仅使设计人员能够在语意空间内找到可行的人工物特征，而且可以指出新设计所期望的特征形式，以确定哪些特征需要进行修改来实现设计目标。图4-3显示了一个只由奥斯古德的3个基本维度组成的语意空间。在这个空间中，3个人工物由3个点表示。A和B只在一个评价维度中产生了差异，B比A差。B和C在所有3个维度都产生了差异。如果被访问者的观点都被记录在这样一个空间内，那么人工物就有可能表现为由点组成的簇。那些具有特定特征的簇相比那些特征比较模糊的簇只占有很小的空间（例如，见7.4.1和图7-5）。

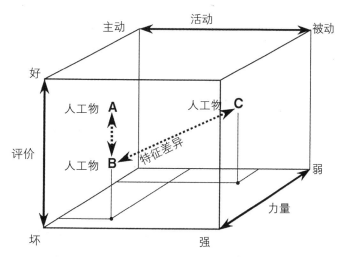

图4-3 三个特征下的三个人工物

---

① 它的标题，意义的测量，现在可以认为是过大了。有很多方面的意义是不能通过属性来指向的，也不能够用固定维度的几何空间来表示——可以看到语言以许多方式参与到人与物的交互中，以及人工物的意义如何引导了它与生命周期、生态之间的相互作用。

设计师很少关心语意的概括，如奥斯古德。他们通常面对的都是在需求中被发现的有待改进的特定性状特征。他们可能会被要求修改产品的特征，以吸引一个新的用户群体或创建一个与竞争产品充分区别的特征。例如，对于选民来说，与政客相关的性格特征可能是受欢迎度、经验、信任度、与选民的亲近度、领导能力、被选可能性。对于一个精致的餐厅来说，可能是位置、气氛、客户、菜单、服务和花费。汽车购买者可能会考虑外观、驾驶舒适、空间、燃油效率、维修记录、驾驶者、价格。肥皂的消费者可能会关注它们的便捷性、清新的味道、干净的外表和柔软性，这些产品特征是营销者相信可以销售出去并添加。事实上，任何被认为是相关的形容词组合都可以。

多重极性形容词创建的多维度空间很难被概念化（图7-4）。多维度的统计学方法提供了多种将复杂分类以较少维度形式展现并可视化的方法。

- **自由联想：** 第二个方法是访谈用户或潜在的利益相关者引出可以用来描述一个人工物或由它支持的实践活动的形容词，从统计学角度来分析他们的回答。焦点小组——把个人聚集到一起进行一个有引导的关于产品和建议的讨论，来引出被认为是合适的和令人满意的形容词——通常用于实现这一目的。由这种方法得到的数据对预测还未上市的产品或存在的问题，例如产品原型或模型的反馈特别有帮助。在这种情况下，焦点小组比个人访谈要好些，因为在面对一个新设计时，利益相关者和用户可能会相互模仿对话。

- **内容分析：** 第三个方法是内容分析（Krippendorff，2004a），这种研究方法适用于大型机构文本问题，并聚焦于围绕一个选定概念的相关形容词。企业将它应用于新闻、科学文章、网站和访谈资料——理想情况下任何可以以电子方式分析的——以监测他们公众形象的变化、他们自己产品的角色、竞争对手的产品，并且发展合适的广告策略。这种方法并不引人注目。通过目标人群分析什么被发布和阅读，与为什么进行分析无关。通过将形容词用于产品成功和失败，设计师可以获得信息来寻找或回避一些产品的特征。

- **引出特征属性的比较：** 第四个方法可以或多或少地控制它的严格程度。它始于一个对现有产品的收集——某个特定类别的原型——例如，手表、眼镜、酒瓶标签，或者一些较大人工物的照片，如汽车、建筑或室内空间。在一个跨文化研究中，Miller和Kalvainen让30个来自英国和芬兰的参与者每人把36张客厅椅子的照片分成语意相似的照片堆，然后对每一组进行描述。图4-4描述的是英国的样本数据的MDS分析结果，得出"舒适—不舒适"，"古老—现代"的设计特征。下面列出的维度通常也能够由该表格描述。

不严格地操作这种方法，更像是一种练习，参与者被要求单独或在焦点小组中，排列一组产品，这样相似的产品将会离得较近，相异的则会相距较远。然后研究人员要求参与者解释（并暗示自己）这些距离的产生是以什么属性为依据的。参与者描述的这些差异实际上将

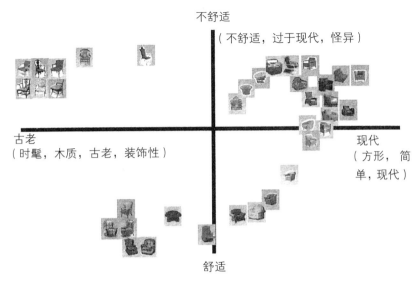

图4-4　客厅椅子在特征空间中的分布

这些产品特征空间的维度文字化了。参与者被鼓励去重新排列那些产品并重新表述产品的区别直到他们觉得满意为止。这个练习以语言表述产品的特征为结束，并且为产品之间的视觉差异提供了一个关于参与者所满意的空间中特征差异量的大致概念。如果在这个练习过程中包含新设计的原型，就能够相对于已经存在的和应该避免的，来给设计者一种感觉来做出定位。这个方法只能限制于相对少的维度中使用，并且不容易在不同个体间量化。但它仍然可以引出设计师未察觉到的特征。

4.4　身份识别

命题是一种陈述，经常以句子的形式，可以被声明、相信、怀疑或否认。联结使用者与人工物的命题根据他们身边围绕的人工物将人们进行分类，通过人们的穿戴、消费、使用、表达、反对，定义了他们是谁。这些命题使人工物成为了社会识别和社会分化的途径。对于这样的命题，人工物的技术部分在它们的社会意义背后，在它们对一个人进行身份识别定位时所扮演的角色背后，逐渐淡出。几乎所有的产品，除了分类和归属特征，也与它们的使用者、拥有者、观察者和评论者相联系。它们支持各种各样的身份识别。自从索尔斯坦·凡勃伦（Thorstein Vablen,1931）提出炫耀性消费的概念，人们认识到，人们对物质产品的决定是遵从理性和功利的，但更好的解释是在一个社区内努力保持或争取与他人的理想社会关系。这涉及到产品的所有权、使用和消费。欧文·戈夫曼（Erwin Goffman,1959）在《日常生活中的自我表达》中的分析支持了这个论点。因此，设计师不能局限于设计单独使用的产品，还必须指出它们的使用如何与利益相关者的识别相关联。这就要求设计者要熟悉围绕在目标社区之中的识别的命题。

什么是识别?《韦氏英语词典》强调同一性，构成某人或某事的、必要的或通用的特征，能从其他事物中区分出一个人或事物的特征。因此，在面对不断变化的环境下，一个识别是相对持久的。人们既识别自己也被他人识别，并且，在后者的情况下，人们可以接受或拒绝自己被打上的标签。一旦通过，人们就会试图通过维持它的定义性特征，反对他人的重新解释，来保护自己的身份。拿走一个士兵的制服，他就成为了另一个人。离开了医院或医生的办公室，一个内科医生就很难维持内科医生的身份。在监狱里，人们失去了他们在外面的身份。那些不知道是什么构成了自己身份的人，将被认定为患有精神病。现实中有很多不同的识别类型。

- 个人识别来自于将自己看作一个自足的个体、自由的代理人、承担责任的人。这些已拥有的、使用的或作为成就显示的产品，体现出我是谁、我喜欢什么、我按照这个方法做、甚至包括我将不做什么。投资于个人身份的产品也一样，个人不愿放弃自己已经拥有的东西，或不喜欢看到别人也拥有相同的东西。

- 机构识别。服务机构通过在一定的区域、占用一间办公室、有着一个位置，并通过行使与职业相关的权利和特权来获得身份识别。如果假定一个机构的身份，那么一个人的个人身份则由他在该机构所扮演的角色所取代。这标志着使用专门的产品、穿着制服、占据一个特定的办公室，并采用特定的工具来实现机构目标。体制身份体现的不是个人，而是从体制位置、个人分配方面发挥的作用。例如，"在我的能力内作为……"，"作为一个……，我掌握的、使用的、拥有的、或者决定的……"

- 群体识别来自一个群体或文化，例如，性别、职业、种族或国籍。假设一个群体识别，一个人的个性被归入群体之中，或群体成员被认定为具有共同的个性。群体识别由归属于某群体的相关论断构成："我们喜欢……"，"我们做……"，"我们拥有……"，"我们不……"

- 品牌识别与企业识别不是关乎个体，而是关乎由组织、生产者或企业一直提供的产品和服务（人工物）。品牌与企业识别归属于购买者与客户的忠诚度，是雇员怎样展示企业产品的行为，同时也是企业行为。品牌与企业识别意味着一个人展示的不仅仅是驾驶一辆车，而是那是"梅赛德斯"；或更喜欢"高迪瓦"巧克力而不是"好时"巧克力。

识别的一个重要特征是在公众中的规则制定。身份识别是一个谈话主题，经常需要和他人一道协商和制定，而且身份标识必须被很多人注意到。在人们视线之外的产品无法构建识别。

识别的另一个必要特征是他们不仅仅显示个体、机构、团体、公司或者品牌，还更强调辨识度。比如当个人身处一大堆人工物之中，只会对那些本身独特或陈列上独特的人工物有印象。而那些随处可得的商品就不能或者不容易留下个人印象。而只能通过不寻常的辨识技巧，或者只通过历史传承留下来的罕见物品、昂贵的商品和人工物，其身份才更有可能从平常的、随处可得的形象中被辨识出来。工业时代一大失败的承诺就是每个人都有平等的机会接触工业化生产的人工物，摧毁其中的封建性差异。这的确摧毁了旧社会的特性但也使得不同的人工物出现。在后工业化社会，个人主义占据主导地位，每个人都想证明自己的独特。集团继续彰显其身份，公司则努力想变得杰出和与众不同。许多设计问题的解决在于介绍竞争人工物与自己的人工物在特征上的差异性，或者至少了解到用户身份和利益相关者的集体身份之间的差异。

身份识别不是简单存在的，而是被制定并需要保护的。关于识别，诸多证据表明设计师要考虑停止通过窥视人和机构在做什么来保护它们自己的识别不受到侵蚀。譬如说国旗。拥有者展示"他们的"旗帜以表示对自己国家的支持。在公众面前焚烧旗帜是一种身份威胁行为。国旗不只是一块具有物理属性的、可被点燃的布，而是一个国家识别的一部分。国民对此感到的愤怒不仅仅是看到自己国旗被焚烧，而是认为这是一种"亵渎"，这些罪犯的合法反抗正体现了国旗对他们来说意味着什么。我们再来看一个不同的例子——哈雷·戴维森摩托。相较于其他摩托车，哈雷摩托的设计是老旧低效的。在美国，许多人骑着哈雷摩托车，来表示自己哈雷摩托车俱乐部的身份。他们共同骑行、分享文化，对他们来说使用那些"燃率"、"生态"的词汇远没有持续地彰显其俱乐部成员身份重要。工程师和设计师已经设计出了更好的摩托，但它们很难进入这些美国摩托俱乐部。统一性不仅仅是指骑了哈雷摩托，而是指共同使用图像、人工物符号、品牌、一致的标准，这些展示了他们的身份。保持相同的身份，不鼓励偏离或超越其身份识别所定义的界限。

较早描述身份识别的词就是风格。风格不是身份，更关注人工物的常规属性。它存在于一个时期、某个国家，或从属于个人的一种特定形式。它常常取自于支撑这一属性的社会语言学过程。从持续识别的动力学中抽象出来的正式属性剥夺了人工物的社会意义，相比之下风格的意义只与没有风格的人和事物相对，是一种绕过意义问题的概念。

从前面的陈述可以得出，身份识别为进行社会融合和区别提供了语言或意义的概念。如果一个人使用的物品并不能有效展现他的身份，那么这个人也许就不得不找其他的身份展示方式。这有许多尴尬情景案例，比如一个女性在聚会上发现她和主办人穿了同样的裙子。如果一个公司发现另一个生产厂家提供的一款人工物或一项服务和自己公司相同，那么这个公司也许会以商业间谍行为违反专利法、版权侵犯等不公平事件来控告或起诉其竞争对手。所有这些都与身份识别相关。通常，采取行动并调整企业识别，或发明新技术、降低成本，这也驱动了很多创新。在此并没有法律来约束一个集团去适应与其他企业识别相符的产品，而是寻找新产品以适应身份识别。比如时尚，就是建立在人对新的且无足轻重的产品的持续需要之上。当企业希望让其产品在众多想要赶超自己的竞争者中脱颖而出时，这种变化就会产生。新一代的客户持续涌入市场，他们需要与众不同的产品，这也催化了这一变化过程。一些产品比其他产品更容易被接受，但设计者必须认识到他们的设计进入了与身份再识别的持续斗争。设计师会受社会动态语言影响，不会只沉浸在那些体现其专业性的人工物上，也通过使用修辞技巧和预见识别发展的能力来打动客户。

以人为中心的设计不得不对利益相关者的多样性身份做出回应，并在社会识别与差异化的过程中介绍新人工物，设计师在其中不可避免地干扰了他们所看到的身份变化。

4.5 文字隐喻

文字隐喻（Verbal metaphor）是语言中一个意义重大的部分，同时也是人类认知的基础结构。因此，这暗示着视觉隐喻在语言使用中未必是完全独立的。许多视觉隐喻所产生的意义仅仅是在听与说相结合后的必然产生和持续发展。文字隐喻被分析研究了很长时间。在文学上，文字隐喻是一些简单的隐喻，为方便起见这里采用一些较短的参考。对于以人为中心的设计者，隐喻非常重要，因为他们可以使人工物让人更容易理解，尤其是对于那些新颖复杂的人工物，并且可以带来新的视角去展示它们。不适宜的使用隐喻也会模糊或隐去事物的一些重要特征。很显然，隐喻不是存在于短语或者身份命题中，而是存在于语言特征和调用整个词汇的借喻中。当设计者发散思维时他们经常依靠隐喻，这种情况经常发生在新奇的领域，但设计者也应该知道有些隐喻设计是被利益相关者审视、决定、执行的。

在文学上，可以或多或少地发现一些关于隐喻的有用定义和一些使用隐喻的不同态度。亚里士多德这样描述借喻：为描述一个事物，而从另一个事物说起。注意不当的使用借喻会产生明显的歧义，所以推荐使用它的定义来替换。揭示一种语言的概念被描述为一种系统观念（4.1），关注于准确的代表客观事实是语言的首要目的。从这种抽象或者客观主义理想角度看来，它的确是错误的：依据另外一个事物来描述这个事物。为什么不直接关注物？意义指向不明已经归因于类比，类比的结构就好比A相对于B就如同C相对于D。A经常引用隐喻特征的定义就如同一个"不完整的类比"——这种观点在文学研究中被广泛传播并被科学写作理论支撑，但它并不鼓励隐喻的使用。这些隐喻的概念远远不够，因为它们忽视了对于人类认知对现实所做的是假想的客观。拉考夫和约翰逊（Lakoff and Johnson，1980:19）认为"隐喻从来没有被这样理解或者被充分代表：它是独立的体验基础"。因此，一个以人为中心的隐喻定义必须包含在概念上、直觉上、行为背景上。

相较于呈现一种定义，用包含5个步骤的隐喻理论去诠释隐喻是更值得推崇。举一个我们每天生活都会用到的例子去说明这些步骤：化学反应存在于两人之间（Krippendorff,1933a,b）。化学并不强调人类的沟通，因此对于化学家或者那些把语言作为一种表象系统的读者来说，"我们之间的化学反应"这种陈述在字面上毫无意义。物理的、化学的、生物的认知也许很好地进入了人际关系中，当然这种认知不明确，然而当它涉及到分子键时就很明确了。在每天的生活中，缺乏化学反应的设想揭示了一个重要的问题，这个问题关于用户之间的猜想和他们之间到底发生了什么。当遭遇文字陈述无意义的时候，隐喻理论便显示发生了什么问题。以下是这个理论的5个部分。

- 隐喻操控贯穿两个逻辑上的独立领域，一个是缺少但常见的经验领域、资源领域，另一个是需要理解或重建的现有领域，目标领域。人之间的化学隐喻将共同的化学认知带入了人类交际的领域。

- 隐喻的有效使用以预想两个有着同样相似结构的领域为前提。比如一个预想往往是牵强而未经检测又无意识的假设。化学关注分子怎样相互影响、相互构成成分。而人类则共同生活合作、交流、协调个人理解、共同协作。这两个领域都分享了一些本质的客观存在。

- 隐喻传递了一种需求（Lakoff，1987:168）。从源域伴随着结构相似性到目标域，这是蕴含在词汇之中的一种理解模式。不管它之前是什么，这些都开始重组。人之间的化学反应是把人生活的领域呈现为片刻产物与无意识的反应，这种无意识的反应是由性格或个人参与者的性质决定的。"好的化学反应"吸引人，建立协同链接；"不好的化学反应"拒绝人、制造困难、分散包含的要素。隐喻有效去除了理解目标域中的可替代方法，并把隐喻自身的需求放在需要的地方。根据化学符号来解释人类之间的交互使得选择性变少了，同时免除了个人对联系的责任，或者缺少责任。这被认为发生是在接触时，不在个人控制能力之内的。"化学反应决定了你。"

- 隐喻没有考虑怎么样和以什么方式来组织用户的认知。当隐喻产生作用时，他们通常有着自我预示的特定现实意义。"我们之间有着很紧密的联系"是一种隐喻的表达，但这不仅仅只是一句话。那些使用隐喻的人通常会有这样的感觉：自己很不幸地被迫进入到一种走不通的情形里面，面临着同事物本身不相符的特性，而这已经超出了人的理解范围。鉴于这种评判的作用方式创造或者构成了它本身阐述的事实，在这里就是指相互联系存在于两人或多人之间的社会事实。在源域里，化学反应不包括学习、适应、谈判和妥协。也没有语言的概念，对于隐喻来说就更少了。因而人们的性格要么相互适应要么相互冲突。隐喻所有的注意力都集中在目标域上。源域与事物之间的化学反应依然不为人知。隐喻的使用者可能并不认同人际关系（比如相互影响、相互合作和交流沟通）与紧密联系推论（试图用比如的方式作说明）是相似的；但是接受这种隐喻让他们通过词汇间的紧密联系发现了他们之间的联系。

- 隐喻在被多次使用之后已经开始失效了，但现实是它们已经超越了自身语言上的意义。当隐喻消失时，它们的内涵变成了自然或者字面上的解释。至于紧密联系的隐喻，人们无法掌控人际关系的看法已经理所当然地成为了日常的交谈话题。某个人谈到人际关系的和谐与否时就表现出理所当然的态度。商业管理努力探寻把个性不同的人聚集在一起的切实可行的合作方式。人们的个性基本上是不变的这一想法促使了社会心理学方面的研究，这涉及到领导素质、喜欢社交和不喜欢社交的性格，以及使得团队合作失败和婚姻破裂的个别行为特征。

隐喻为设计师做了什么？唐纳德·舍恩（Donald Schön,1979）给出了一个很好的例子。他观察了一组设计研究者，他们试图去改善由人造毛制成的画笔的使用方式，他们发现颜料必须蘸到毛上面，然后才能涂抹到表面。同传统的天然毛刷相比，这种新型的画笔刷出来的颜料黏糊糊的而且相当不规则。因此设计师尝试了无数种解决这个问题的方法。他们对不同合成材料和不同尺寸的毛进行了实验，而由于天然毛发梢分叉，因此设计师们也使合成毛的发梢分叉，但是这样做并没有明显的效果。事实上，如果设计师一开始就能确定好目标域，致力于以发现更好的毛发为问题的出发点，然后再对不同的毛发做实验，那效果就好得多了。

经过许多失败的尝试之后，有人提出"你们应该知道其实画笔就是一种泵"。他指出当画笔被按压在表面时，颜料会受到压力在表面和毛发之间的空间穿过，然后就会通过通道流动，这些通道受画家握笔弯曲的程度控制。画家有时甚至会抖动笔刷来促进颜料的流动。笔刷如同泵的说法彻底改变了研究者对研究任务的观念。他们不再关注毛发本身，而开始观察在毛发之间的毛状空间究竟发生了什么。不久他们就发现天然毛的弯曲异于合成毛。结果证明在合成毛之间形成的缺口管子很难受到控制。

很明显，刷子就是刷子，泵就是泵。人们不会混淆这两种概念。画家可能会把刷子看作成一捆可以把颜料从容器里转移到能够涂抹表面的毛。对于画家而言，这样去理解他们做的事情没有任何问题。但这种常见的构想并没有帮助设计师解决设计新画笔遇到的问题。当"画笔是泵"时隐喻有着深层次的考虑，设计师体验了格式塔转换，从把刷子看作是一捆毛到把它看作是毛细管的系统，能够吸收颜料并让画家通过控制毛的弯曲程度在表面涂抹。读了这段故事之后，我们禁不住对绘画有了全新的认识。这并不是意味着我们就能成为更好的画家，或者拥有一种正确的观念和错误的构想，它取决于我们想去做什么。隐喻改变了设计师的观念，并且造就了更好的画笔和一些专利。

这个例子的意义在于给源域带来了新的词汇，泵的域（毛细管行为、通道控制和水力学）存在的情境完全改变了目标源的概念。一旦研究者开始使用这种新的词汇，那么输送和液体动力学的体验就会变得很容易实现，从而发展的进程会被彻底改变。隐喻不仅仅改变理科的个人观念和语言中的事物，而且还协调了社会进程中的团队合作。

大部分的技术创新在适当的隐喻处理之后应该是被人接受的。当然不是所有的隐喻都能奏效，那些能够改变世界的隐喻才能真正有用。由于隐喻跨越明显不同的体验领域，所以人们能够很轻松地跨越很多领域并且感觉在与他人交谈的过程中能随意使用隐喻的修辞手法，比起那些坚持使用书面术语的行家，这类人拥有更好的创新机会。

4.6 叙事

我们很容易看到种类、特点、身份以名词和形容词的结构或命题的形式出现，也能理解如何通过使用隐喻改变观念和行为。这一节我们考虑演讲和写作中更大的语言单元：叙述或故事。故事不同于传统的语言学，需要考虑音韵、词汇和语法。文学学者已经研究了叙事，但很大程度上只是把叙事当成文学而不是生存的历练。曾经有过叙事理论[①]的复兴，它们已经强调了很多更大的议题，但它们并没有特别关注人工物或设计。

叙事或故事到底与设计有何关系呢？

- **叙事是人类的创造，因此叙事就是设计**。科学著述也是创意，但理论之所以被创作出来，就是用来解释事物被注定如何或被设计得如何，而不能解释如何和为什么成为那个样子。

- **叙事本质上是一种合作的建构**。他们需要故事的讲述者和聆听者，而这些聆听者也可能会变成故事讲述者。类似地，设计作品可能是被某人构想出来的，但被其他人生产、支持、认可和使用。设计师和他们的利益相关者相互影响、相互合作。

- **叙事期待得到理解**。没有得到别人的理解，叙事就不存在。叙事暗示着听众的二序理解，对于以人为中心的设计来说，这是基本要求。如果不能构想、生产、使用或开发人工物，那么由于缺乏理解，人工物通常会没有意义和无用。

- **叙事让叙事者和聆听者的世界变得更有意义**，其中包括为出现在他们生活中的人工物赋予意义。当以人为中心的设计同样致力于赋予事物意义时，设计的对象将不再像故事那么容易被复制。因此，叙事和设计之间的关系也有些不对等。然而如上所述，技术也能作为隐喻的资源域，使差异很大的设计作品具有意义——正如泵对于画笔设计的意义，或在认知科学的概念中计算机的作用相当于人类智力（大脑）。叙事跟设计之间的联系并不只是完全单向的。

在人类活动里叙事的中心角色可能就是下面绝大多数来自拉里·R·柯克兰（Larry R. Cochran,1990）提出的建议。

人类生活在故事中。个体生来就处于家族和群体的故事之中，然后继续清楚地讲述这些故事，一直到死。柯克兰提到故事就是生活的隐喻：它们有开始、高潮和结尾。高潮是生活的关键。对于人工物也是如此，它们被生产、被使用，然后消失被回收，它们引起了关于生命轮回的知识。一个人对于人工物的了解，其实就是他之前听过并且也能讲述的故事。故事可能是私人的，如一件关于旅游带回的纪念品，或者从祖父母那里继承来的家具；故事也可

---

① 接下来的深刻见解来自布鲁纳（Bruner,1986），丹托（Danto,1985），麦金太尔（MacIntyre,1984），鲍金霍恩（Polkinghorne,1988），赛宾（Sarbin,1986），思朋斯（Spence,1982），怀特（White,1981），米契尔（Mitchell,1981）等。

能是公众的，如计算的演变，出自著名设计师之手的椅子，或者关于独特技术的权威文献；故事也有可能隐藏在观点背后，比如利益相关者为了完成设计相互合作的管理方式。如果没有关于谁设计了椅子或椅子如何变成个人归属物的故事，那么椅子也许只是一把可以坐但没有其他意义的椅子。在人们周围的那些人工物通常意味着在其所处的故事里扮演着特定角色。

人们通过故事来解释问题。个人仅仅只能观察到现在的情况。回忆过去时，那些变成公众知识的东西，在过去和将来，很大程度上是一种语言学结构。当人工物制作失败了，人们就开始寻找故事去解释发生了什么和为什么会发生。那个故事可能呼吁解决磨损、材料缺点、使用疏忽、监护不力、生产错误、设计缺陷、意图不明，甚至上帝的介入。没有这些问题的解释，设备工作失败就仅仅只是巧合而没有原因可言。对于这些人们已经知道的或者认为貌似合理的故事，这些解释的内容与故事的一致性是次要的。口语分析（protocol analysis）——当与人工物交互时用户说出他们的想法和行为（Ericsson和Simon，1993）——是对用户解释的分析。这论证了在叙事结构与人工物的介面构成之间存在紧密联系。

人类通过故事来探索世界。电脑制造商通过电话所提供的技术支持是被预言在一种信念之上的：用户可以通过部分无法理解的系统来交谈。一个典型的咨询从使用者沮丧的解释开始。随后的谈话中涉及询问问题和引出答案，对在遵循指导的过程中将会发生的情况给予指示和报道。在这个交流过程中，一个问题故事出现了；通过这个故事电脑被重启，如果所有的进展顺利，用户将会理解一个故事，这个故事使得他们有能力独自进行下去。事实上，一台人工计算机的复杂性主要从听到的故事、经历和独立阐述这些方面来理解。从来没有一个所谓正确的故事，只有有用和无用的故事。

对于这些主张我们还需要做一些补充：人类按照故事设计他们的世界，这些故事可以讲给其他人听，可以在任何地方被复制，结合成更大的故事，测试他们在各种不同情景下的可用性（7.4.3节）。

我们能把任何故事按照更小的组成部分来分析，正如技术性的人工物一样。拉博夫和范谢尔（Labov和Fanshel，1977）区分了故事的5种组成部分：

- 摘要：关于故事大概讲了什么的简介；
- 方向：故事发生在哪里，主角是谁，涉及了哪些人，以及他们所处的环境如何；
- 叙事顺序：循序渐进地讲述发生了什么故事；
- 评价：学到的见识，故事为什么重要，故事的结局；
- 结尾：创造一个给听者对当前故事留下想象空间的余地。

大部分与人工物相关的故事一般都按照这样的条款描述。使用说明书是一个典型的以简要的标题形式为开始的例子，讲述着它什么时候可以使用，例如，"怎样更换电池"或者"什么时候需求这样的服务"。然后，他们会定位用户使用的工具、资源和能力，以及他们可以发挥的作用是什么。典型地说，方向是一步一步地紧随着关于必须做什么的指示，并且考虑是否遵循了正确的步骤。一步一步的指令对应，这也是叙述和说明必不可少的组成部分，而在叙事中，测序适合倾听理解，循序渐进的指示通常需要与人工物交互。在这样的探索中，评价是否出现在结果和测试中，取决于是否能够充分地处理人工物的问题。例如，当技术顾问询问客户是否满意，这就明显是结尾了。它会让用户返回到当前对话。并不是所有元素的叙述都需要存在于设计之中，但显而易见，叙事和设计应该是非常相似的，语言信息在驾驶员的操作过程中有着非常重要的作用。

介面与人工物的一些复杂性应该尽可能与叙事结构关联，叙事结构是关于如何解释这些人工物可以做什么，以及如何能与其用户介面关联。用户需要自己能够自然地"阅读"人工物，并且将他们自己从麻烦中带出来。要实现这样一个建议，设计师可能要考虑4个概念。

- **叙事平滑**。介面的详细程度总是远远超过其用户的关心认识和任何描述者的叙述。例如，骑自行车。一个人很难通过一本书或准确描述涉及自行车的所有细节来学会骑自行车。原因在于，它在很大程度上依赖于隐性知识和无意识的惯例，包括一个人的身体平衡能力，一个自行车骑行者需要的不是概念，也不是理所当然，更不是毫无理由地用言语表达。谈到骑自行车仅仅要强调什么与骑自行车相关。同样，漫画由顺序安排的帧所组成，这些帧之间发生什么取决于读者的想象力。通过填写缺失的缺口来创造一个连贯的故事被称为叙事平滑，作者在提供的细节之间寻求平衡，这些可能是清楚的，但阅读起来很乏味，跳跃太大又会影响读者的跟随。交互设计师需要知道多少信息是他们需要展现的，多少可以隐藏以保留用户的想象力。具象真理显然不是问题。了解电脑实际上做的什么超出了大多数人的能力，但使用户能够创建一个连贯的理解，这种理解是所有没见过的事情。

- **叙事测序**。拉波夫认为关于一系列事件的叙述顺序的规则意味着继承、因果关系、意向或逻辑蕴涵。叙事平滑由叙事测顺指导方向。例如，最少两个连续命题是最明显的阅读，"他拨了一个电话号码，火车便发生了事故"，这说明是拨号的电话号码引起反应。相比之下，反转这个叙事，"火车发生了事故，他拨了一个电话号码"，这就会认为他打电话告诉某人制造了这边发生了爆炸。前面的一件事情发生，我们被认为是恐怖分子；后面的一件事情，我们被当作乐于助人的公民。也可以像逻辑漫画条那样读取推论。如图3-16所示，场景是根据规则叙事的测序而构建的概念化介面。已经采取了一系列清晰的步骤，这样组织一个介面非常有利，图4-5显示了某屏幕上的一个页面。它的5个重叠部分让使用者期待跟随分析工作分期的顺序。每一步都为下一步做准备。当某页面右上角折叠，表示该页基本工作已经完成，用户则被邀请继续进行下面的工作。视觉材料的探索不需要遵循阅读约定。眼瞳运动的研究表明，观众是通过由一个视觉突出且信息丰富的细节跳到另一个细节的这种方式来探索视觉现象。眼睛在视觉领域观察时存在一种顺序化，并创建一种连续性，这种概念化在已知的叙述、视角中会积极地引导观众。

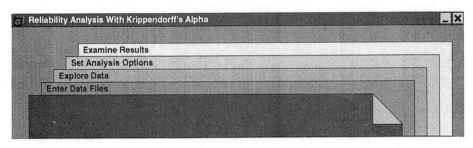

图4-5 叙事测序中任务的次序

- **叙事嵌入。**尽管测序是初级的，叙述也提供嵌入在其他故事中的故事，就像在句子中的嵌入式条款。故事讲述者和听众对于跟踪主叙事中暂时嵌入的条款没有问题。在设计中使用语意层次就是一个叙事嵌入的好例子（见3.4.6节，但这里的讨论没有参照其叙事根源）。人们的经验受限于他们所能同时掌握的叙事嵌入的数量。这就是为什么通常是有限的语意层次嵌入到几级分层中。就像任何叙事的语意层都需要保持理解和连贯性。任何嵌入式的叙述，语意层都需要为其提供一种开启方式，允许回到上一层来工作。就像复印机卡纸时，使用者希望清楚复印的程序和纸张能够退回一样。

- 叙事模式或语意功能。故事通常依赖于将许多简单解释的结构加入到人物、动作和事情的叙述中，并遵守它们的逻辑，这很像将数字输入到一个数学公式。通过从不同的源域导入，隐喻提供了这样解释结构。在叙述中，有互补的角色：英雄和恶棍、买家和卖家，或者领导人和追随者；在这些条款中，叙述人使人们对所做的事情有所期望。例如，用常见的"行为者—行动—目标"模式来解释人们做什么，为什么这么做，以及其中隐含的意图、态度和关系。在人工物的设计上，还有其他补充：门是开启或关闭，交换机是开或关，电梯是向上或向下。它们的逻辑很简单，提到

(a)   (b)

图4-6 违背叙事测序的广告牌：（a）整体　（b）相关局部

一个就意味着其他的可行性。这种图示是普遍可行的，设计师无法避免这种图示，也不希望违反它们暗示的逻辑。例如，美国铁路公司的铁路服务开始在国际机场使用广告牌，提示火车的到来和离开。如图4-6，是费城和纽约的列车时刻图。这些列表无意中违反了叙事顺序和语意模式的规则。人物、事物、河流，当然，还有火车，这些总是从一个地方来、到另一个地方去。在这种秩序中，人们所说的起点和终点，从概念中来说是一个火车要"从A到B"，而不是"到B从A"。虽然语法支持后一种造句，但这并不常见。人们也会从左向右读，这使他们期望阅读关于原点之前的一个目的地。这些广告牌的设计者逆转这种叙事顺序，将火车的目的地列于它的出发地之前。结果导致乘客搭乘了与他们想去地方相反的列车。美国铁路公司将火车的起点列于终点之前来取代以前的方式，然后公司的设计师们认为在这个方案中用"To"这个单词来标记终点那一列，这种字体太小了以致影响阅读，而取代它的是超大的"TO"以及黄颜色标记的重要部分。综上所述，违反常见的叙事模式会导致严重的用户错误。逻辑解决方案可能并没有阻止我们已经习惯的阅读方式。

人工物应该被设计，因此它们的介面是可叙述的。

4.7　文化

文化被赋予了很多定义。考古学家和物质人类学家，没有很多材料去比对其他留下物理证据的文化，因此他们往往趋向于将同一时期使用的众多人工物与文化划等号。对于传统的人工物设计师，这个定义可能是有吸引力的，但以人为中心的设计师会考虑这些人工物的用户、可以促进这种设计的利益相关者，并且将这种体系融入他们的工作中。文化人类学家将语言视为文化概念的主要组织者，并将那种众所周知的习俗视作文化的一部分。在这里，语言不仅仅是叙事方式（讲述一个人的过去和未来，描述个人生活的意义，并赋予人工物以用途），它还是许多人共同的成果，同时是构建文化体系的一部分。同样的，语言支撑着文化及其人工物。对于以人为中心的设计师来说，人工物不仅是物质产品，它们贯穿于家庭、社会团体、政府等社会生活中，最重要的一点是，语言。

说到文化，它是承认共同生活的一种方式，在这一过程中创造人工物，用来维持其生活实践。文化是一个循环的过程，在这个过程中有决策意识和参与感的人数太过于广泛以至于难于理解。文化是一种持续被协商的过程，其媒介是语言、谈话、话语。设计师可能无法直接改变文化。社会建设力量太大了。但它们无法阻止文化的改变，因为他们的建议创造了承担某些生活实践的人工物，使其他人气馁，并进入了大多数人的对话中。从"对话片段（conversation pieces）"开始，表面上看，它们对于促进对话毫无帮助。但这个有点贬义的概念隐藏了一个事实，它存在于人工物在视野中出现或消失的语言中。汽车制造商在车展、时尚活动、艺术活动、公共建筑中展示概念车，同时新的技术需要通过对话才能得以持续。它们通过强调不同点引起人们的兴趣，可能会成为构成社会机构的要素。人们可以在百货商店、教堂、私人家中发现这些人工物，所有这些促进了一些活动并阻碍了另一些活动。通过设计可以展现主要条件的人工物，设计可以应对不同的文化条件，但它也可以削弱这些条件并提供新的文化实践。在人工物设计中反映出的这种意识，体现在他们鼓励的对话中、在他们可能带来的结果中、在一种更理想的文化中。在美国个人电脑的发展史上，给每个人提供智能计算和民主管理这个主意，在当时被认为是相当幼稚的想法。事实上，这是不是牵强地说，这项技术所带来的社会影响，又迎来了一场通信革命？计划经济国家，如苏联官僚阶层的减弱，西方文化在不断变化的过程中从根本上发生了改变。并非所有的技术都鼓励文化的这种规模变化，但设计有潜力改变文化在交流中的驻留、传输、维护和挑战。

海伦·卡玛辛（Helene Karmasin, 1998）发展了一些关于设计的思路。借用玛丽·道格拉斯（Mary Douglas, 1996）的文化分类：等级的、个人主义的、平等的和宿命论的，卡玛辛探索的设计概念适用于以上每个分类。例如，"一个（等级）文化中的设计原则基于两个因素：一方面，设计必须……基于机会和分级使多样的满意度显现出来，以表明共同价值。另一方面，这种文化的设计原则是……创造明确合理、实事求是、面向功能的产品，并提供具有好设计的特征的通用规则"（Karmasin, 1998:18–19）。随着乌尔姆设计学院的关闭，这个标准假借了1950年代的好形式运动（good form movement）。

与之相反，在市场竞争、大众媒体消费中提出了一种强调个人主义文化的设计原则，强调专门"为我而设计"、"没有其他人拥有"的理想人工物。这样的人工物"倾向于玩闹、娱乐、享受、体验惊喜"（Karmasin, 1998:22–23）——例如孟菲斯设计。很难发现任何长期属于一种类型的文化。有人也许会质疑这种分类的有效性。例如，道格拉斯的分类就不包括这种类别，卡玛辛的讨论并没有强调这种由工业化大规模生产背景下产生的文化，这种文化完全不尊重本土的文化形式，认为本土文化形式是原始的和落后的，并不断鼓励宣扬科技理性的对话。但它也很难否认，某些种类的人工物更可能涌现出比其他种类人工物更多的对话模式，这些人工物被投入使用并成为人们谈论的结果；作为回报，人工物的使用能够改变社会结构。因此，人工物获得了不只是使用的意义。这意味着，它们将在推动文化演变这个更大的对话中发挥作用。没有人能够控制文化进程。但设计师可以并应该能够察觉到，这种对话让他们创造自己的设计，在完成设计后仍可继续，并最终影响文化。设计者可以在不知不觉中随波逐流。他们可以将自己作为文化趋势的预测者。但他们也可以参与到改善这个潮流的对话中。

第5章

人工物的生命意义

从宏观的角度来看，人工物并没有一个清楚的开始或结束的过程。它们可能有前因和后果，但常常事后才变得清晰。比如，螺旋桨式飞机成熟之前，喷气式飞机是不可能实现的；几百年的数学积淀、机械计算机的发展和真空管的发明之后才出现了电子计算机。但这两个例子在当时并不能根据它们的前因而预言出来。事实上，科技的理性对科技的后果在某种程度上视而不见。比如，人们当初就没有意识到工业化会对环境造成如此大的影响，因为人们的观念是：人是万物之主，大自然就是用来开发的，而不是应该去爱护和珍视。

同样，设计也没有开始和结束。一些人把设计等同于解决问题，而没有意识到大多数社会问题来源于科技的解决方案，前面提到的工业化生产造成生态问题就是一例，另一个例子是技术产品的价格造成的不平等。特别是以技术为中心的设计理念造成一个无限循环的怪圈：一个问题的解决方案又会造成新的问题需要解决。另一些人把设计看成一个翻译的过程，是把创意翻译为草图、图纸和展示。而这些图纸和设计的过程又成为设计师们进行下一轮设计的参考和教材。也就是说，设计嵌入在一个循环的过程之中，这个循环不断地创造出人工物并给下一轮设计提供前进的基础。

要让设计思维接受这个宏观的视角有四大障碍：

- 错把语意学的自明之理当成事实。想想这样的一个说法："产品制造者制造产品"。这句话给人的印象似乎是在说明一个事实，其实它只是一个语意学上的同义反复而已。产品的定义就是产品制造者所生产的东西，反之亦然。定义的同义反复，通过循环引用，所支持的是某些相关的观念。比如，产品制造者制造产品这个说法，就把产品制造业的责任局限在最终的产品上，于是免除了制造业对用户如何使用该产品的文化后果的一切职责。这样的一种观念同时可能会把设计师们禁锢于制造商的这种逻辑，只要他们做好雇主要求的"本职工作"，那他们对自己设计的产品就没有责任。虽是这样说，但我们必须要给设计师们喝彩，因为他们常常有大视角，他们能意识到他们是在使可能性成为现实，这一章要探讨的就是这一点。

- 对于相关者的制度化观念。在2.4节中我们质疑了一个观念，就是工业生产所认定的用户的概念。这个概念实际上忽略了一大批各种各样的对某个设计起到关键作用或受到某个设计深刻影响的人。为公平起见我们不得不说，确实在一些情况下，使用可以做到标准化，一致性可以确保，而用户也有理由不表现他们自己的个性。比如，军人就可以被训练得只按照预定的规程操作设备。类似地，工厂里生产线上的工人通常也是如此。制度化的观念，其本质就是把人看作可互换的。人机工程学的研究大量产生于军事或工业环境下，这里的性能指标自上而下，而且下级必须遵守。这种环境下产生出来的理论都偏向于受约束、受管制的使用情况，而不适用于用户自主使用的情况，就更不要说用户以自己的方式享受交互的情况了。把用户的概念制度化，包括对人工物意义的规定，严重地束缚了社会对我们所说的宏观视角的理解。绝大多数制度化环境下产生的知识，在新兴的信息社会中毫无价值。

- 强调本体论而忽视个体发生。科学中充斥着本体论的架构，什么都是独立于观察者客观存在的，尤其是自然现象。不光科学，物质的东西占据着整个西方文化的主导。但多数的物质个体都是短暂的。设计师头脑中的创意的物质体现的是大脑神经元的触发。这个现象直到成为一个清清楚楚的行动计划，是没有任何人可以观察得到的。至于这个行动计划的现实性，只有在其成为现实之后才能得到检验。即使是最司空见惯的日用品也要经历出厂、分销、打广告、上架成为商品、购买、使用、维修、废品，直到成为厂家值得吸取的一个教训，等等。新的人工物永远在朝报废的方向运动着。真正的问题存在于变化、过渡、转换、解构和再诠释之中。

每一次的变身都把前身的一些东西带到继任者那里。一个能读懂制造图纸的人会认识最终的产品，一台坏了的设备会保留很多正常工作的产品特性。我们可以把技术产品的起源解释为一个由一系列变身构成的网络。只关注物质个体在某一瞬间的形态，极大地限制了对人工物起源过程之意义的理解。

- 线性因果思维。在科学和工程学科中，发现一件事的原因被认为是解释这件事的好方法。但去解释原因，然后解释原因的原因，发展下去不是回到一个无限远的过去，就是归结为一个最终的推动者，一个上帝，而做出这一系列解释的人却与此事无关。对于创意的源头、要解决的问题和设计招标书的线性因果解释就忽略了社会的大系统，而设计师恰恰是要根据这个系统来理解世界并达到改善这个社会系统的目的。与此形成对比的一种方式是去承认人的参与，这样的话，所有的解释都回到那些试图以自己的方式解释世界的人。如格里高利·贝特森（1972年）所说，这些解释最终是循环的，而不是线性的。

5.1 生命周期

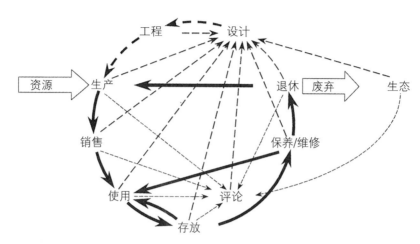

图5-1 设计师眼中的科技产品的生命周期

　　图5-1显示了人工物从一种形式到另一种形式的转化。这个网状图表明这些变化中包含了循环，也就是说所谓的开始和结束是主观的、人为的。如果我们从创意闪现这一点开始，经讨论决定研发方向，准备展示给客户的有关细节，等等。当最终到达设计师通过实践吸收到经验，提高了能力这一点的时候，我们完成了一个循环回到了起点。我们也可以从产品离开生产线这一点开始，到变成商品获取利润，再到在用户手中成为工具，需要维修，报废回收成为新产品的原料，最终成为下一个型号的垫脚石。传统上所说的生产到消费的过程可以被看作是这个循环中的一小部分。如果把这个大网络割裂为小块，就忽略了人工物生命周期的循环性。

　　人工物的生命周期可能非常复杂，但也并非说复杂到有多棘手。包括设计师的设计方案到工程师那里被转化为生产图纸，图纸指导制造设备的调试；包括配套厂生产零件，主机厂再把零件在装配线上整合成最后的产品；包括在生产开始之前的市场调研，为了寻找市场机会，为设计师、广告创意人员和销售人员提供有关购买者的情报。在卖场里，人工物终于成为展示的对象，精美的包装彰显着产品的优点，等待顾客购买。

　　小的日用消费品可能被同一个人购买并使用，但大件人工物很少如此。比如，要保养一个车队的卡车，采购人员负责购入卡车，而开车的是司机师傅们。买车的人可能从来没有坐过卡车。采购员选择卡车的标准可能考虑了司机的意见，但归根结底做决定的是采购员自己。卡车要到司机的手里，还要经过很多道手续、文件、评估、审批等。有些人工物持续有效，比如警报器、电话网络或公路。其他则处于搁置状态，需要的时候再取用。使用中的人工物的介面和储存状态下的可能迥然不同（参见3.3节）。维护和修理是大多数人工物"退休"前需要经过的另一个阶段，之后要经过拆解、分类，该回收的回收，该填埋的填埋。图5-1

是经过了简化的示意图，图中忽略了很多重要的参与者：科学顾问、设计调研专家、项目经理、公司董事会上决定研发资金去向的董事，等等。并不是所有设计都遵循同一条路线。日用品会快速被用光，也有整个系统来支持其他人生产的产品：为汽车制造的道路，为电脑编写的软件等。设计师需要绘制所设计的产品生命周期的转换图。

在图5-1中与实体相关的转换以实线标出，以信息为主体的转换为虚线。可以说，只要有足够的人以一种或另一种实体形式保存或使用人工物，人工物就是不灭的。人工物结束了在一种形式下的存在，还会换一个名称以另一种形式存在。

5.2 利益相关者网络

利益相关者这个概念（在2.4节中介绍过）把设计师头脑中的用户概念拓展为更加多元化的一个群体，凡是受到产品影响的人都被包括在内。这不仅强调了人在能力、可运用的资源和动机上的现实区别，更突出了人们在技术研发、设计以及整个产品生命周期中截然不同的利益，有人可能全力支持某产品走完整个生命周期，而有的则尽力阻止产品的实现。每个利益相关者其实都是在把人工物从一种形式转化到另一种形式的过程中存在。设计师需要了解这些利益相关者之间相互依存的关系。

设计师不应忘记的是，除了他们一贯重视的决定设计"生死"的客户以外，设计师本身也是自己设计中的利益相关者之一。但，客户代表也很少能仅代表自己来讲话，客户代表也要满足他们自己的客户，如上级领导、公司利益和公众意见等。实际上，设计师展示的对象通常只是一个庞大的利益相关者网络的代理人而已，而这整个网络的合作才是实现设计的关键。用户们当然是这个网络的一部分，但除了在参与性设计或用户测试中，用户可能只在设计师与客户的对话中出现。在如此复杂的环境中，设计师需要考虑的利益相关者的特点有哪些呢？

- **利益相关者好像政客一样寻求自我目标的实现**。他们有自己的利益，清楚成败对他们的影响，有权对设计方案发表支持或反对意见，而且会根据实现某个设计或使用某个人工物对他们的影响做出相应行动。

- **利益相关者会试图改变他们有权改变的人工物存在形式**。设计师的工作是把问题或创意转换成引人入胜的设计方案。客户选择他们喜欢的方案，盖上批准的大印，然后分发给相关人员。工程师把商定好的功能转换为生产图纸。制造厂用这些图纸把原料和配件转化为产品实物。销售人员把这些产品看成商品促成一笔一笔的交易。用户使用商品，把产品从崭新的转化为旧的。回收站把报废品拆解，用自己关于回收再利用的专业知识赚钱。社会团体评论、批评或鉴定产品和产品的使用，目的是改变公众对产品的看法并改变产品研发的法规、程序。实际上，所有的利益相关者都对产品的某种形式做出反应，并把它们从一种形式转化成另一种形式，不论他们是认可或反对，还是对它们做实体上的改变。

- **利益相关者在他们自己的世界中行事，但对其他的世界有意识**。这也就是说利益相关者在参与的过程中遵循自己的原则，但即使他们只是在做自己的本职工作，出于无心，也很难不去互相影响。照例，利益相关者是了解彼此的利益、资源以及公众地位的，技术的人工物的源头由此进入了往往令人忌惮的政治范畴。事实上，设计师不得不面对的利益相关者网络正是一个政治期待的网络。有时它推进一个设计走完整个生命周期，有时却使设计的实现变得异常艰难。

- **一旦出现有利机会或不良状况，利益相关者也会随之出现**。例如，可口可乐公式曾经宣布停产传统配方的可乐。利益相关者立刻从各个角落跳出来，迫使可口可乐继续生产该饮品，现在叫作可口可乐经典版。完成任务的利益相关者们于是销声匿迹。正像里特尔和韦伯所说的（1984），利益相关者几乎很少是理性的问题解决者。他们往往了解他们所处网络的政治性质，于是更加关心的是设计结果对于他们的意义，而不是设计本身要解决的问题。利益相关者在面对有利的解决方案时会制造一些冲突，在冲突的过程中保存或提高对他们有利的可能性。这种动机适用于随时出现的利益相关者，也同样适用于公司内的员工，如果某个设计有利于该员工的升迁员工就会支持，如果对其造成威胁就会抗拒。符合互利条件的、有大视野的设计成功的可能性要高于那种被某个主管强行推进的设计。

- **利益相关者在行动进行的沟通过程中，同时创造其他的利益相关者**，有时是在不经意间。在传统的公司里，利益相关者网络通常可以清晰界定。员工清楚彼此的利益。但在公众生活中，利益相关者网络可能以不可预测的方式变化、生长。比如，不论是真是假，如果一个产品被曝光为不安全产品或会危害健康，关心此事的利益相关者会走向前台，维护自己的利益，招募其他的利益相关者加入阵营，让这个产品非做修改不可，否则绝难再卖出去。这是为什么有关客户权益团体能成为变革的生力军。这也是公司培养忠实客户拥趸的途径之一。

- **设计师终归也是利益相关者之一**。设计师无法操纵人工物的实现。一个设计要想成功，必须为其他人提供参与产品生命周期的可能性。当可能性提供给某些利益相关者，而失去另一些的时候，政治因素就不可避免地产生了。在后工业社会，设计师再也不能像以前一样躲在强大的生产商背后；他们必须对产品的起源过程有透彻的了解，如同该设计所涉及的利益相关者一样。好的设计会去拥抱各方面的利益相关者的利益，而不光是设计师自己的利益。

换句话说，设计师们需要提能吸引其他人参与的设计项目，可是我们在1.2.5节中提到的这种项目到底是怎样的呢？

5.3 项目

　　并非所有的设计都新到需要重新获取所有利益相关者支持的程度。熟悉的人工物的重新设计，比如汽车、家电或飞机座舱，不但传承了这些人工物的历史积淀，而且继承了已经定型的利益相关者网络，这些网络已经制度化、机构化，形成了稳定的雇佣结构，有固定的产品开发程序。在这种情况下，生产商鼓励设计师专注于用户确实是可以理解的，因为用户是利益相关者网络中相对较不确定的一部分。这种情况下，推进一个设计的动机往往为职业责任或经济奖励所定。然而，这些情况下的设计往往不足道，只是已知产品的变种。

　　当技术发展并开拓新的使用空间时，利益相关者扮演的角色的重要性往往超过用户。人们不只是闷头做事，他们对自己所做的事有观点，想追求自己的利益，愿意自己的声音被听取。这样的情况下，设计师不能只是低头画图，做模型，像工程师一样写产品设计任务书，也不能自以为是地套用典型用户的所谓知识。相反，设计师必须为其他利益相关者创造出参与的空间。这意味着用设计方案的某些细节换取其他利益相关者参与的可能性，让他们有话语权并能加入到成就一个产品的联盟中来。对于后工业时代的设计师来说，真正的挑战在于在自己的项目中联合利益相关者，把敌人转化为盟友，并创造实现他们愿景所需的资源。项目的本性就是激发利益相关者的合作，除了1.2.5节已经提到过的以外，另有如下几点：

- 在一项技术或一个人工物中，**项目给予利益相关者网络以能量**。
- **项目给有能力的利益相关者提供一个开放的空间**，让他们感到所作出的贡献被接受、被重视，他们自己被尊重。
- 项目有一个"观点"，一个能团结参与者，并让他们觉得有共同目的或相同愿景的故事。**这个"观点"指引参与者的注意力**，让他们步调一致，引导资源分配，减少意见不一和冲突的发生，并让参与者看清项目的完结点。
- 与日常的对话不同，**项目不能被其中任何一个人所控制**。一个设计在不同利益相关者眼中可能是不同的，合作的结果可能与任何一个参与者事先的预想都不同。要呵护项目的合作性，任何人都不能支配一个项目，连设计师也不行。
- **项目的寿命可能比项目参与者的任职时间更长**。利益相关者可能在一个项目中进进出出。他们在不同时间做出不同的贡献，后来的参与者可以做出改进和发展。一个项目的生命力不在于参与或曾经参与的个人，不管人员的变化、意料之外的变化、当前的进度，项目的生命力在于当前的参与者对其核心"故事"的重新解读。

因此，一个项目的发起者，或说项目的"设计师"必须关心的是：

- 项目的社会生命力：不断吸引有能力的人来做贡献，并激发他们的合作精神和能力。
- 项目的方向性：引导参与者注意力并集中精力于项目关键点的能力。
- 参与者的投入和承诺：参与者并不衡量投入精力的回报程度。

5.4 基因意义

在使用环境下，意义引导用户与人工物的互动，理想情况下，意义引导用户从识别到探索再到依赖（图3-3）。在语言环境下，意义就某件人工物的问题调和话语群体的感官和行动。形成对比的是，在人工物的生命周期中，意义指导人工物的起源，指导人工物现在的形态造成的影响和将来的变化。于是，重要的并非一件人工物的形态，而是其从一种形式到另一种形式的变化次序；不是其物质性，而是从一种物质性到另一种的转变；不是其使用，而是在一种环境下的使用到另一种环境下的另一种使用的转化。在生命周期里，一个人工物的基因意义引导着人工物走过它创造的利益相关者网络。在这些网络中，任何一个时刻，能见的，能被拍摄的，永远仅仅是一件人工物在转变过程中的一张快照，而不是人工物的全部生命。

因此，基因意义为一件人工物的成熟和发展提供了方向性。在人工物的起源过程中，一个成功的产品是那种可以在市场中轻松穿梭、到达用户手中、被更新的型号取代的产品。一个成功的设计展示不能仅仅展示一个模型，而必须向客户传达这个设计为他们开辟出来的新的可能性，和那些出乎预料的特性，但由于这个设计的存在而展现在面前的振奋人心的机会。语意学上来讲，"成功（success）" 就意味着要有 "继承人（successor）"。基因意义连接的是某个时间点上的人工物（或某个利益相关者）和其将来的继任者。基因意义告诉利益相关者人工物可以成为什么。没有基因意义的人工物除了物理学规律（比如热力学第二定律说一切物质都不能逃脱熵衰变）能预测的之外，没有清晰的未来。基因意义让利益相关者能在物理学规律之外有所作为。

在人工物的生命周期中，基因意义不仅与设计师的愿景息息相关。有时并非所有人都能看清设计师所能看到的未来图景，设计师的职责之一就是把这些可能性传达给那些能实现它们的人，这些人往往正是客户。然而，客户却很少只代表他们自己。通常，只有在客户认为设计的可能性会被其他相关方面所接受的时候，他们才确信设计的价值，当然客户这样做是出于自己的原因。一个成功的设计是一个能被传递的设计，是一个能在各个节点开拓激动人心的可能性的设计。工程师可能会因为某个设计的技术挑战在自己能接受的范围内而认为这个设计是成功的。广告经理可能因为该设计的某些卖点可以被用来做成功的推销并顺利在市场上站稳脚跟。环保组织可能因为某个设计会有助于生态多样性而认为这个设计是成功的。所有这些意义推动着利益相关者前进，看清自己通过支持某个设计而在自己领域做出的贡献。

设计师需要考虑的基因意义好像一个含有多层意义的洋葱，当穿梭于利益相关者网络之中的时候，意义会一层一层地展现；或者说像一个故事，虽然好像只讲给一个人，但其中嵌套着多个故事，等待着后来的人理解、解读。设计师的每一个设计方案都应该着手应对受众的希望和理想。每一个版本的设计方案需要向受众讲述一个可能性的故事，参与这个项目，这些可能性就会成为现实，鼓励人们加入这个项目团队。这个设计故事的叙述在人工物生命周期的种种形式中，应该力争达到4个目标。

- 建立可信性。所有的利益相关者都需要证明自己参与的能力。没有可信性没有人会听你讲话，层层传递的基因意义可能因此而失去吸引力，这个设计可能因此而在生命周期中停步不前。以人为中心的设计师们需要用事实来支持自己的语意学主张，证明自己的设计所能做到的，要么就让怀疑者自己去测试，直到证明他们的怀疑是虚妄的。

- 按利益相关者接触设计的顺序，用每个人熟悉的不同语言进行交流。像一封按顺序在多个人间传阅的连锁信，基因意义必须指引人工物在利益相关者网络中穿梭，而且是按每个利益相关者贡献的先后顺序来进行。这样的一个序列可以参照类似人工物的序列，如果没有参考，就要按照基因意义来创造这样的一个网络。

- 通过创造清楚的、易识别的、吸引人的可能性来鼓舞利益相关者个人，并同时给整个利益相关者网络注入能量。人工物的生命周期不仅包括单个的利益相关者，而且包括那些代表了整个组织、企业、机构的利益的人们。

- 给出清楚的利益相关者能做出贡献的方面，去哪里寻找需要的资源，如何实现该人工物。这包括要求当前的利益相关者去想尽一切办法与其下游利益相关者进行交流（建立自己的可信性、抓住其他人的利益核心、鼓舞其他人来做贡献、明确能做出贡献的方面），理想地来说，项目的"观点"可以在此过程中得到保存。

要想创造出包含成功的基因意义的设计方案不是一件简单的事。但话说回来，设计本身就从来不是一件简单的事。设计师们需要撰写设计意向宣言、定位报告、把未来图景以引人入胜的方式图像化等。仅只产品草图很难把可能性传达得到位。

我们提到过关于"成功"的辞源。"成功"来源于"继续"，也就是来源于某物经历后续的转变而幸存下来的能力。向前看，一个成功的设计承载着令所有利益相关者支持其走完生命周期的意义，成为社会进程的一部分。回头看，一个成功的设计是在很多人的帮助下开花结果，并引发未来新产品的方案。

在后工业社会，要制定一个包含所有人工物可能面对的意外事件的计划几乎不可能。与高度制度化的工业时代不同，现在的项目成功概率更低。各方面利益相关者的参与必要性，往往意味着必须把设计的一部分委托给参与者。最终的人工物也就随之成为整个利益相关者网络想让其成为的样子。这个事实让人想到迪阿尔希·汤姆逊（D'Arcy Thompson）（1952）法则："万物如此，皆有原因。"对"皆有原因"这部分继续分析的话，又引导我们到另一条关于意义的公理：

如果一个人工物对有能力推动其走过不同定义的人没有意义的话，那么这个人工物就不可能在这个文化环境下实现。

显而易见，一个设计如果不能迫使客户考虑其可能性的话，那么它在展示结束之前就已经死亡。一个设计如果不能让工程师看到解决技术难题的希望的话，就不可能量产。一个设计如果不能让销售人员和大家称赞的话，就不可能卖得出去。一个设计如果不能让用户理解就不可能被最终使用。意义是每一个阶段的主宰。

引用肯·弗里德曼（Ken Friedman）的话："有研究表明，通过方案评审的创意中，57%的达到了技术要求，31%的得到了营销支持，只有12%的造成盈利（Mansfield等，1971：57）。按照某些专家的看法，大于80%的新产品在投放市场的时候遭遇失败，另有10%在五年后也会失败。"（Edwards，1999；Lucas，1998；McMath，1998）这些数据有多新并不清楚，然而它们向我们表明，这些失败的产品不具备令利益相关者参与而完成生命周期的意义。

西奥多·艾林格尔（Theodor Ellinger，1966）是提倡意义驱使产品实现的先驱。他探讨了要达到一个目标用户产品所必须传递的意义。他还建议产品去表达它的特定用途（参见第三章），在我们前面提到的设计故事表达的四要素里就有涵盖。对于语意学转向，市场方面的考虑在产品的生命周期中很重要，但绝不是唯一的考量。艾林格尔（Ellinger）对于意义的概念在这方面有其局限性。产品的广告支出告诉我们，产品本身可能无法提供足够的信息，而围绕产品的故事和销售渠道等因素综合在一起，可能会达到预期目标。

5.5　支持团体的临界大小

过去的工业设计师们被训练得只看得见他们的用户。诚然，在工业时代，资源的稀缺、生产制造的制度化以及高需求把一切都搞定了，只有用户是变量。人工物应该对每一个用户来说都是好用的产品这个想法，不但是对工业大发展、拓展新市场的回应，也给社会理想主义提供了助推剂。想想19世纪50年代中国人的衣着，统一的着装压抑了个性的表达，消除了不同文化的区别。奇怪的是，统一的产品与西方一人一票的民主精神也不谋而合，还有强制教育、统一考试、大众传媒、全民医保等。更有意思的是，这个想法似乎还暗示了，如果均一性如果没有达到，那么就一定存在使用上的"缺口"，而这些缺口就需要被填补。有研究探讨了所谓的"信息缺口"，在使用信息技术的人群和其他人群之间存在着一条"数字鸿沟"。然而当人们努力减小、消除这些缺口的时候，又会有声音跳出来对文化、传统、民族性的流逝而扼腕叹息。统一性是工业时代的产物，在后工业时代已经不再适用。

技术的应用上，均一性不但不能达到，而且对社会的发展是一种抑制。以时装为例，有人引领潮流，必须有另外一群人跟随潮流。专业分工是从个人对教育道路的不同选择而来，医药使用的技术和艺术显然与工程技术需要的训练大相径庭。在团体识别的建立过程中，人们往往通过对人工物的选择和使用来彰显"我们"和"他们"之间的区别，从带耳钉到买名贵跑车，不一而同。保持一个团体的识别特征意味着要保持圈内人和圈外人之间的缺口，一旦二者之间的区别有所缩小，人们宁可寻找新的识别标志物。在使用技术上的巨大分歧不但不可避免，而且是技术发展的推动力。有三个观点供设计师们参考：

- 所有技术都存在于某些特殊的团体中，正是这些团体担负着推动技术走完生命周期之旅。有单车族，但不是所有人都骑自行车。有书迷，但不是所有人都对书本如痴如狂。有驾车一族，也有一辈子没碰过方向盘的。几乎没有任何东西，对所有人的意义都完全一样。

- 任何技术，要想存活下来都必须调动超过一个临界数量的利益相关者加入到项目中来。对于生产较简单的产品，比如面包，它的临界数量较低：一个糕点师加上一些顾客，只要能让老板付清房屋水电费、工资和成本就行了。一个具有多个用户的系统就需要更高的启动资金、更高的宣传成本，以及长期的资源来为最先接受产品的人服务。当一款新车进行换代的时候，设计师还可以依赖对更新换代已经轻车熟路的专家网络。如果想建立一个全新的研究生教育院校，越过临界值这道门槛就难多了。有高临界值的人工物可能需要依赖于一些企业孵化器，或是已经站稳脚跟的大组织、大机构。例如，要建立一个有关设计的研究生院，可能开始要挂名于另外的一个学院下，开设一些课程，从别的院系借调一些教授，直到有足够的学生，自己的教职员工队伍。最常见的引入新技术的途径是借助于另外一个已经具有足够利益相关者的技术。拥有一个用户群体永远是一个关键。

- 有些技术只限于一个指定的用户群，如医疗器械；另一些技术则是参与的人越多价值越高，如电话、大众传媒和互联网。还有一些技术是越经过用户群之间的传递越兴旺，如与时尚相关的产品。这些产品可能一开始只是在某个人群中造成一点小波澜，这些用户可能必须担当第一个吃螃蟹的人才能保持自己的识别，到最后当该产品成为被大众广为接受和使用时，已经不是某种身份的识别标志了。普遍性不是问题，但当利益相关者停止推动某产品走完生命周期时，就一定标志着该产品的消亡。

- 技术可能被故意设计得排斥某些用户，如预防儿童打开药瓶，或防止无照人员触发手枪（参见3.4.2节）。然而，对于有知识、有能力又愿意使用某个技术，而且不会造成伤害的利益相关者，设计不应该故意排斥，这是一个道德问题。这意味着在设计的时候，要投入特别的努力来包容在社会阶层上或生理上有劣势的人群。

- 有关用户群体的临界大小的观点也是一个道德范畴的问题，关乎会反对某技术实现的利益相关者。从纯实际角度来看，项目永远是为了能说服足够的利益相关者加入而建立的，但项目不应该以绕开某些可能反对该项目的利益相关者为目的。比如，在阿拉斯加的野生动物保护区内钻探石油，就应该是一个接受大众监督和讨论的议题。设计师的天赋可能会使项目绕过大多数的反对意见，但比如一个未经用户允许，或在用户全然不知的情况下进入用户电脑，窃取个人信息的木马程序，就是不多的例子之一。像这样的产品，有原则的设计师就不应该参与。

5.6　着眼整个生命周期

工程师的责任是让自己的设计达到可测量的产品性能指标：桥梁要设计得可以经受住某个强度的风速的考验，而且可以承受最重的车辆，比如坦克；变压器要能经受住某个最大载荷；电脑要在某个运算速度下运行等。这些往往被认为是基本要求的技术指标，使工程师们专心于他们可以测试的、可以控制的方面，往往是某些机械的或客观的数据。这也就造成有时工程师会从观念上忽视技术的整个生命周期。有时正是生命周期的某个被忽视的阶段会造成环境问题。

着眼于整个生命周期的大视角的障碍之一，是设计的效率原则。与效用（utility）和效能（efficacy）类似，效率（efficiency）是目标效果除以要达到该效果所付出的努力，或输出除以输入。效率的衡量多种多样，但最常见的是用能量、时间和金钱来衡量。例如，对一辆车，能量效率是通过每加仑油能驱动汽车走多少英里（或每升油走多少公里）。人机工程学中的效率在于测量人的"性能"，比如，单位时间内生产的产品数。泰勒主义就是以效率为中心对工作场所进行规划。成本效益分析是按花费的金钱进行衡量的。在可用性测试上，错误率、达到某目的需要的步骤数、学习介面需要的时间，都是测量效率的缺失。整个有关优化、最大化、满足最稀缺资源的概念在北欧文化中有很长的历史，在那里这些做法等同于技术理性，而且作为普世标准应用于每人每处。然而这种原则更多服务于工业时代，而不是服务于用户。

诺曼（Norman，2004）的有关以用户为中心的概念把可用性的概念拓展到情感，也就是喜欢和不喜欢。他认识到引人喜欢的人工物更容易被学会，并且会比让人讨厌的产品更好用，他接下来继续开始讨论什么能让东西更加让人喜欢。虽然诺曼正确地把技术理性和心理学区分开，但他对于意义的观点招致了如下三种批评。第一就是他对于心理学的过度关注。诚然，美学、乐趣和享受是重要的，但心理学的语言并没有认清心理学本身的个人主义偏见。第二，通过看起来客观的语言来架构这些问题，诺曼是为设计师提供一种心理学上的方法来测量效率，比如让人喜欢的东西更好卖，更可能被使用，在使用中更不容易分散用户的注意力等。很多美国人很乐意开十分耗油的皮卡或越野车，只要他们喜欢，这个例子可以支持诺曼的观点：技术上的效率衡量并非最有意义的，但这并不能证明其他的推论更高明。有些人拒绝接受别人对他们使用人工物的情况进行推论，不论这些人是科学家、权威，还是所谓的大众。这也是为什么时装的发展完全无视简单的推论。第三，而且是最重要的一点，诺曼对于意义的概念并没有超越使用的范畴。效率的测量无法推广到人工物的生命周期上来，生命周期依赖于利益相关者网络，网络中的每个人都在自己的领域中应用着自己版本的"理性"。销售中的效率可能与使用中的效率风马牛不相及；生产中的效率可能与生态的平衡毫无关联。金钱的衡量永远是短视的，长期成本的评估尤其困难，比如用光地下石油储备的成本、砍伐巴西热带雨林的成本等。利益相关者会拒绝被强迫接受别人的效率原则。

在一个复杂的利益相关者网络中，对于一个技术的考虑不能局限于任何一个参与者，任何一种测量标准或一种视角。比如，太阳能天天有，而且完全无污染，应该是"正确"能源的选择。然而，那些持有这种狭窄观念的环保人士所没有意识到的是，当他们购买太阳能板和电池的时候，他们所付的钱中一部分支付了太阳能板里所需的化工产品和生产所需的燃料，这些他们忽视的东西恰恰是他们本来想避免的污染。另一个例子是政府投入经费支持的氢动力汽车，允诺的是车的零排放，但其实到头来车子所需的氢燃料还是需要化石燃料来生产。在那个狭小的视野下，氢燃料汽车是能成立的，而恰恰在这个狭小的视野下，石油工业可以得利。

当把一个利益相关者的成本效益分析强加给另一个利益相关者时，也是如此。例如，在一个国家限制单辆车的排放标准，但不限制购车数量，其结果很可能是更高的总排放量。西欧和美国的政策制定者在这一点上就无法达成共识。西欧单辆车的排放标准较宽松，但总的来说欧洲车较小，且开车的人较少；而美国人则是相反，美国反而成为全球排放大户。类似地，对于原子能的效率也有两种不同的看法，一种人测量单个核电站的效率，认为很好；另一种人则考虑到开采、提炼铀矿，处理用过的燃料棒，填埋核废料对环境造成的长期影响，他们得到的结论则截然相反。

总之，虽然人工物的生命周期在设计师们眼中的重要性至高无上，设计要想开花结果，必须使各方各面的利益相关者加入到合作网络中来，并让每个人在自己的领域里发挥建设性的作用。对于生命周期的考量不能被任何一方的利益相关者所支配，包括设计师。均一的衡量原则几乎总是会创造出技术"怪物"，让世世代代的后来人承担后果。遗憾的是，人类赖以生存的大自然在这个大讨论中无法表达自己。通过利益相关者网络中的不同意见、不同概念（包括对环境的看法）的碰撞和协商，资源在各方的参与中交换。只有这样，在这个越来越难懂的谜题中，才有一线希望出现更加公平、合理的解决方案。

第6章

人工物的生态意义

前三章通过介绍不同的模式情境来阐释人工物的概念，即独立的用户使用情境、语言情境、人类交流或者社会使用情境，以及人类的生活圈、基因和成长历程。这些情境各不相同，意义的概念和人类参与将它们联系在一起。这就引出了目前章节，本章点出了尚未涉及的内容，即人工物之间如何有意义地关联、它们互相起到什么作用、人类如何设想它们。这些就是在生态系统中人工物之间的意义，这种意义存在于技术的动态使用中，也存在于设计师的头脑中。

6.1 生态

通常，生态是这样一个学说：大量的生物物种间互相影响，在这个过程中，它们以彼此为食、繁殖、扩散，直至死亡。传统意义上，生态也只是涉及了生活在有养分和危险环境中的动植物种类，这是因为追踪大量物种的踪迹并不容易，所以早期的生态学家将他们的理论范围限制在某些特定的湖泊、森林、沙漠等小生态系统中。

尽管很少有生态学家承认，但人类无疑是任何生态系统的一部分。这里有两点原因，首先，即使是小的生态系统人类也会意图干预它的构建。通过干预，人类试图理解并改变生态系统，进而作为参与者进入了生态系统。其次，公平地讲，大的生态系统，特别是全球性的，很难排除人类作为一种物种与其他物种共同生存的情形，人类以许多物种为食，人类鼓励一些物种的繁衍，或设法消灭一些人类认为对自己有害的物种，例如，致命的细菌。

环境行动小组已经确定了许多全球性生态问题，其中大部分是科学技术扰乱了生态平衡。例如，农业降低了植物的多样性；公路系统限制了动物的活动；工业废水杀死了河流中的水生生物；猎枪减少了鸟、兔子、鹿的数量；砍伐树木威胁到了生活在森林里物种的栖息。然而这些真实的描述往往会忽略人类行为对这些生态问题的影响。例如，保护濒危物种，保持一个生态系统平衡的想法，虽然意图是好的，但保留的往往不是自然而是人类观念上的自然。在一个生态系统中，非人类物种并没有生态的概念，真正的生态正是物种做自己该做的事，捕食其他物种或者与其他物种合作，数量上增加或者减少，以及不断变化的物种间相互作用。

　　然而，作为参与到生态系统中的人工物，常常被以非生态的方式来描述，这种观念并没有被批判反而得到了认可。在全球生态环境中，正是科学技术使人类成为占主导地位的一个物种。然而，很少有发表的文章涉及到人工物间是如何相互作用，它们怎样发挥各自作用，以及是什么使得他们之间相互作用。以下探讨生物物种间相互作用与人工物种间相互作用的相似之处，目的在于使设计人员考虑生态概念的意义。

6.2　人工物的生态

　　正如肯尼思·博尔丁（1978）指出，人类知道的人工物种类远比生物的种类多，例如：鞋子、瓶子、面包、书籍、汽车、工具、紧固件、家具、绘画、飞机、建筑、煤矿、街道、通信系统等。百货公司邮购目录和互联网中显示的仅仅是人工物种类多样性的小部分。从字典中列出的名字则会更多。

　　人工物种类的涵盖范围也远比生物物种大。摩天大楼比鲸鱼更庞大，人工分子比细菌更微小。尽管现代计算机网络是一种不同寻常的人工物，但它确实比任何一种生物体的内存大得多。互联网的使用历史虽然不长，但它制造的图像远比任何人一生可以读到的多得多。人们用蜘蛛网来比喻概念化的万维网。蜘蛛网比织网的蜘蛛大好几倍，但万维网却能在全世界范围内传播，它的大小使它的建设者和使用者显得很渺小。飞船可以移动得比鸟类或昆虫更快更远。城市的寿命比他们的居住者更长，档案馆和博物馆能够保存人工物的时间远超用户对它们的使用时间。人工物在博物馆中的角色与在生活中的角色也不相同。事实上，相同的人工物可能经历不同时代使用者的使用（Krippendorff，2005），相比之下，至少在人类存在的时期内，生物物种只能慢慢改变他们自己的行为。

　　尽管不是很清楚工业产品的数量是否超出了植物、蜜蜂、蚂蚁或细菌的大量繁殖，但大多数种类的人工物都是大批量生产的结果。人工物被聚集到运输系统、公司、网络，他们创造的系统复杂性远超过森林、蚁群、蜂群。蚂蚁和蜂群很难合作，甚至彼此根本不认识。技术性的人工物也彼此不了解，是通过设计师的整合和用户的期望将它们联系起来。不像生物物种那样，需要起码的数量才能生存，复杂的人工物也许还可以很好地作为独一无二的物品而存在。

　　生态环境中的物种与人工物的关键区别是生态物种只是在自己的范围内相互联系，而人工物是在人类的界限内相互关联。每当人们在家里摆置家具、将电线与计算机硬件组装在一起，或是安装一些使人群受益的设备，这些都诠释了人工物间相互作用的生态学意义。当设计师宣称他们的设计能在其他人工物中扮演重要的角色时，他们就证明了这一点。但人们对于人工物之间是如何关联的这一"人类规范"的理解具有高度的本地化特征。这种理解并不适用于整个生态系统，因为它并不能归纳出这一结论。由于生物物种的生态环境多样性决定了当地不同生物物种之间的多样化，同样人工物的生态系统决定了对当地生态理解的多样性。由于不同物种的生物体在当地交流的多样性造就了生态环境中的生物物种，同样，对当地生态理解的多样性造就了人工物的生态系统。

因此，人工物的生态系统即便是一般复杂的，也可以避开任何个体的理解。但为了应对这种复杂性，我们可能会探讨满足部分人工物相互联系的理论。为了迎合这种复杂性，我们可能要为人工物相互联系的理论感到满足。在人工物的生态系统以外创立了两种便于管理的方式：

- 对一个或几个人工物进行历时性描述，跟踪他们的演变，就像研究生物形态的线条，通过时间来考证它们不断变化的角色以及与其他人工物交流的频率。
- 对人工物生态系统中的一个特定子系统进行共时性描述，例如，通信技术是如何结合在一起，跟踪它们的相互依存关系，就像在生物物种的生态系统中研究物种的食物链。

以电话的演变为例进行人工物的历时性描述。1987年发明电话不久，亚历山大·格雷厄母·贝尔（Alexander Graham Bell）介绍：电话是一个木盒子，里面藏着比较简单的接线，外面安装了铃，一个固定的发话筒用来对着说话，由曲柄产生信号，一个可拆卸的听筒用来听另一端微弱的声音。这一时期其他电器的发明大放光彩，新型的设备几乎进入日常生活的所有领域，人工物的生态环境淹没在众多家电和形式日益多样化的工具中。随着种类的不断变化，早期的电话振铃器从视野中消失。话筒和听筒的联合就形成了一体式手持式接听器。刻度盘的出现可以让人们输入数字，从而不必再要求电话营运商安排连接。随后几种不同类型的家庭电话开始出现。然而，1930年代，电话的外形已经趋向稳定。它的样式被普遍认可，几乎没有竞争对手。设计师带来的改变只是微乎其微。除了按钮取代了拨号，无线电话进入了日常家庭，电话并没有其他改变。然而，1940年代这种电话继续生产，因为美国电话电报公司是垄断的，而且其他国家的邮政和电报业务大多是国有的和保守的。直到1996年美国最高法院作出裁决，打破了美国电话电报公司的贝尔系统，电话才得到发展。这为不得不与竞争对手在产品上区分开的厂商打开了市场。有很多思路可以借鉴，军事技术（实地电话）、科幻电影（电视剧中的便携式播放器，如星际迷航里的）以及耳机和麦克风（来着电话运营商）。电话在使用上没有发生显著变化，但竞争却催生了众多不同的形式，取代了1940年代电话所固有的标签，同时带活了电话标牌。电话垄断解体后出现的电话公司已经放弃了对于新的电话原型的期望。而是寻求多种技术的融合，将图像与声音结合。早期的可视电话失败了，因为人们并不喜欢被那些他们仅仅想交谈的人看到。电话和传真机的结合虽然成功，但没有产生引人注目的新形式。应答机与电话的结合仅有一段时间，随后从一项分离技术发展为一项电话公司提供的服务。一个融合了计算机、写作、会议、电视、电子邮件等技术的电话已经产生了无数的设备。现在电话的主要形式已经成为无线"手机"，它和数码相机相结合，但最重要的是运用了个人手持技术，手掌大小的电脑，提供了各种功能。语音、电子邮件、与其他人联系只是其中的一部分。如果把电话看作分离的介面，电话是没有活力的。电话的形式将淡出而变成袖珍型或类似于手表一样的通信设备。电话这个词可能会被替换、淘汰或是仅限于作为一个历史时期使用的人工物。这种演变使得电话公司很难通过一个明确的产品来自我识别。

总之，历时性生态描述通过时间、其他技术语境、机构以及社会问题去追溯一个或几个人工物的演变。在生物演变过程中，由主要的种别形成，由一个物种分离成两个独立物种，这通常用树状图形描述。而人工物在技术上的演变，许多过程都显而易见。在形态上也有几个人工物合并成一个，也有一种人工物的特征迁移到另一种人工物，保持一种人工物的活跃度意味着这种人工物的大量生产。然而，这是"不完美的复制"，它增加一个物种在其他同期演化的人工物中的生存机会。人工物物种通过改善才能获得成功，即便意味着它会被另一种技术吸收或渐渐消失。

相比之下，共时性描述强调人工物之间发生联系的网络，这种网络产生于共同决定它们自身作用的人工物之间。继续以使用电话为例，这些联系可以概括为四个方面。

- **因果关系**将人工物本身相连接。没有电线网络、无线电发射器或卫星，电话无法使用；没有调制解调器计算机无法连接到其他电脑上。所有的因果关系（非人为的）都基于机械连接或通过导线、无线连接等传输信号的各种方式。这时的设计问题通常转向为端口的标准，它可以出现在人工物的使用历史或作为制造商谈判的结果。一旦共识达成，因果关系不会受太多人为因素的干扰。

- **家族相似性**的提出，是源于将不同人工物归类成组合或家族的构想。电话、电话簿、应答机、电话亭等，他们不会彼此干涉，但用户会概念性地将它们连接在起来。因为碗碟、刀叉、餐桌它们一起使用，从这个意义上他们可以共同组成一个家族，这些人工物因为美感上的一致性而被购买，并且在用餐的过程中互相支持。家族相似性又可以派生出部分与整体的关系，即部件与系统的概念。应当强调的是，系统、家族相似性、归属是概念上的、标准的，因而不同于物理连接。当一些部件在庞大系统中扮演着特定的角色时，总是因为某人工物的概念关系到它们，这种概念包含这种有家族相似性，包括当这个部件为一个更大的整体提供功能服务的时候。人工物不知道自己如何被概念化，也不知道他们的期望是什么。这里没有什么是具象的。

- **隐喻链接**也是概念上的。隐喻通常将意义从一个较熟悉的人工物物种承载到另一人工物物种，如在3.3.3节和4.5节中讨论的，从而在它们之间建立联系。电子图书作为一种新的设备在两种人工物种之间建立联系，因此隐喻通过从一个人工物种到另一个人工物种的信息转移参与组织了人工物的生态系统。

- **机构联络**。当不同的机构发现他们依赖于同一个人工物种或做法时，机构联络就形成了。因此，电视台、设备制造商、制作室、新闻娱乐制作人、广告商、有线电视或卫星电视服务提供商，他们的蓬勃发展都依赖于人们观看电视。正如人们不再看电视这种机构联络将崩溃一样，如果参与机构不再保持他们的联合利益或长时间合作失败，那么电视将一无用处。在联合委托中机构联络是隐式的，这是为了保持一种人工物种存活或以它自己的方式发展。另一个例子是汽车，它被一个复杂的机构利益系统支撑，这个系统的运作旨在保持汽车的可用性和可上路。

设计师不能忽视这里所说的任何生态系统的相互作用。设计师的设计要与其他人工物产生联系，同时必须基于人工物在生态系统相互作用过程中的生存能力。历时性描述了人工物在生态系统相互作用过程中的生存能力。人工物生态学的历时性描述提供了一种人工物物种间相互作用的解释，这种相互作用塑造了人工物种随着时间推移的演变过程，或许某项特定的设计会被设计来延续至它的未来。共时性描述了人工物的关联网络，即一个设计将不得不面对的任何一个时刻。生态的稳定性依赖于这种强有力的联系。然而，通过人工物的生命周期，任何创新设计更可能干扰它存在的稳定性，开启或关闭对于未来设计的选择，因此对生态系统理解的必要性也在它的范畴中。

6.3 生态意义

在人工物的生态环境中，一个人工物的意义可能在与同种类的一个或两个人工物的相互作用中体现，但更重要的是在与其他种类人工物的相互作用中体现。在个人利益相关者看来，生态意义将人工物引导到它们的能源来源，让他们处于运动中，让它们与其他人工物相互合作。人工物的生态学是各种利益相关者行为的综合效果。

任何生态都有三种相互作用：合作、竞争和独立。因为生态所关心的是物种之间的相互作用，关心的是种群而不是个体成员，物种数量的多少是描述人工物种如何相互影响的一个关键变量，对于任何两个物种A和B，我们区分为：

- 相互协同，当A数量增长，B的数量也随着增长。
- 相互竞争，当A的数量增长，而B的数量下降。
- 相互独立，A的数量发生改变与B的数量发生改变不相关。
- 物种的数量不仅因为这些相互作用而增长或下降，还会因为出生率和死亡率的变化而消长。

生物物种的生态系统中，每种物种都很重要，在种群繁殖的过程中，每一个个体的行动会总是潜移默化地影响着整个生态系统。如果生态意义的概念用于这里，它将属于每一个物种。相比之下，人工物的生态与人类是一个整体，生态的意义源自一种综合效应，这种效应是由无数人类个体对技术发展的思考形成的。我们从语言的使用上可以知道生态意义有很多可类比的现象，这再次证明了理解的语言模式的重要性。

如果一个人工物可以代替或承担另一个的角色，那么两个人工物可以说在意义上是同义的。对于同种人工物而言，生态意义的同义性被认为理所当然，它也有其生态原因，那就是大规模生产。无论蚂蚁还是汽车，鉴于某些个体死亡或损失，大规模繁殖或生产确保了物种的可持续性。人工物的故障率、自身消耗、使用寿命、其他所有条件确保不变的情况下，当物种以与消失同样的速度被复制，生态的稳定性是可持续的。这是最普遍的生态法则。但在人工物生态系统中稳定是罕见的，甚至可能是最无趣的情况。

人工物的同义性来自于不同物种间的竞争。以马和拖拉机为例，它们都能够拉犁和运载，并且能够运送乘客。事实上，1930年代初，在农业生活中拖拉机开始替代了马，主要是由于拖拉机使用时不必喂养、比马更强大、容易控制的优势。但这并没有使马一无用处。人们把马用到了体育中，它们在并不突出的工作领域却获得了价值。打字机和电脑之间存在着类似的竞争。但打字机就没有那么幸运。电脑键盘出现之后，它们只能生存在技术博物馆中，几乎毫无意义，电脑可以随时随地接手它们工作。用"电子图书"来描绘一个计算装置的特性，这是一个隐喻，但使它与一个传统纸质书进行直接的竞争，正如已经指出的，人工物不会像生物物种那样相互作用。一个人工物吞噬另一个这种发生在生物学食物链中的情况几乎不会发生。人工物基于它们的意义进行合作与竞争，在它们相互比较的某一点上，例如用户决定购买、安装或使用某人工物时，就意味着以生态上相似的另一人工物为代价。手机和即时通讯设备的竞争发生在购买点上。即时通讯设备的使用需要其他人工物的配合。这样的决定会受到不同认知差异的影响，如技术如何运作、现有的相应技术如何联系、应该给决策者提供哪些商机等。设计师如果要设计具有竞争优势的人工物，就必须提供使决策者们支持它们的生态意义。生态意义可能表明某种因果关系、家族相似性、隐喻上的关联，或基于前面所讨论的体制机构的联络。然而它们的生态网络效应总是合作、竞争或独立。

技术社会学已经提供了几个特定人工物的历时性研究，例如自行车的研究（Pinch and Bijker，1987）。总的来说，平奇（Pinch）和柏克（Bijker）观察到：一项发明的不同阶段推进着技术的发展，这两个品牌对于不同的利益团体有着不同的意义，通过利益相关者的努力，用以解决人工物出现的问题，如人工物如何演绎，人工物如何在设计中保持稳定（架构稳定性）和意义（解释关闭）。然而，技术的改变不仅仅是人工物理想模型的轻微变化，也是众多利益相关团体对于它的意义在某种程度上达成的共识，如人工物如何使用、什么时候使用、什么人来使用——这称之为解释的灵活性，这些问题将人工物看作解决问题途径。在这一点上，人工物能够被其他人工物替代，人工物的生态意义已被制度化，并且已经和其他种类人工物相互作用变成相对稳定状态。生态稳定性是少有的、暂时的。但这很好地证明了人工物生态的社会性，即人工物对于不同的利益相关者的意义所扮演的角色。

将合作、竞争、独立三种形式进行交叉列表，鲍尔丁（Boulding 1978：77-88）发现了任意两种人工物间的7种相互作用，3种对称性的相互作用即相互合作、相互斗争、相互独立。4种非对称的相互作用，寄生、捕食、主导合作和主导竞争。这些提供了两个物种之间、用以总结它们在生态意义上的相互作用的词汇。

- **相互合作**是在设计中，一种支持其他种类人工物，进而又被这种人工物支持的能力。汽车和道路之间是相互合作的。更多的汽车需要更多的公路，更多更好的道路激励生产更多更好的汽车。以类似的方式，计算机软件的复杂性驱动着个人计算机的内存容量不断增大，反过来也使促进着更复杂的软件开发和安装。苹果的iPod 协调了音乐产业中的新技术，这些新技术是音乐产业、艺术家，以及对音乐品位高的听众所追求的，因为这可以让人们下载到喜欢的音乐。这种合作在唱片、磁带和光盘产业方面得到很好地表现，并且提供了一个更易于分类和使用的技术。设计鼓励不同技术间的相互合作，增加对方的生存机会，最终形成共生关系。

- **相互竞争**是指设计与有同样竞争力的替代品竞争的能力。今天，私家车与公共交通系统就是如此。公共交通（轨道交通、城市公交车和电车）设计必须考虑怎样使公共交通比私家车更具吸引力。个人与公共交通工具在运送上相互作用或许不会在一个或另一个的胜利中结束，但能够驱使两者发生微小的改善。

- **主导合作**是一种设计利用另一种设计的能力，把它当作领导或宿主，在这过程中两者的数量都会增加。一项流行的新技术趋向于鼓励那些所谓的二级设备。数码摄影出现在操控摄影图像软件、高品质照片彩色打印机和可以储存和复制图片的网络服务之后。事实上，正是这些小设备使得数码相机流行起来。当种类的优势、依赖的技术、数码相机三者变得过时，它们将消失。购物商城、邮购商品目录、流行杂志上刊登的广告上充斥着这些二级设备，如使航空旅行更便捷（适合放到飞机座位下的行李箱，能舒服地睡在座位上的颈托），为了便于在家中准备食物（使用电动开罐器而非机械的），还有更有效的组织工具、家中的装饰、使你的车变得更具吸引力等。二级设备的设计师更倾向于利用主导技术的细微缺点。

- **寄生**是指设计在另外一种物种数量没有增加的情况下，使得本人工物物种茁壮成长的能力。曾经的电话线路就处在这样一个位置，公司可以通过折扣价从它的所有者那里租借，然后用来向个人业主提供有偿服务，将对它的控制从所有者那里转移到服务供应商，而不必增加电话或呼叫的数量。鉴于互联网的开放性，垃圾邮件是互联网上很难根除的寄生虫。它的增长降低了电子邮件在互联网上的利益。那些通过主机技术杀死他们自己的寄生物种被称作掠夺者。在人工物的生态系统中，寄生物种和掠夺者不一定是坏的或不道德的。

- **主导竞争**是指物种为了与其他物种相竞争而搭载一个主导性物种的能力。这就是微软公司被指控的原因，因为微软为其广泛使用视窗操作系统而建立了自己的浏览器，并且使得其他浏览器安装困难。目前不清楚的是这项措施是否影响了个人电脑和主导物种的数量。但无疑这种竞争关系影响了网络的使用。

在人工物物种怎样交流、成长、数量减少和成功进化方面，生态系统意义从根本上关系到在众多用户行为下的联络效应，在引导特定用户的选择时，它应该被重申。生态系统是复杂的，远远超出了一个个体参与者的理解。技术上的利益相关者认为生态意义在于正确预测他们的行动，但他们的行动往往产生不曾预料到的结果。能够运用生态意义的设计师，他们赞成的提案有更好的机会使设计保持活力。

6.4 技术合作

任何时候人工物竞争中两者都是可用的。但大多数种类成为互惠合作关系。这可能与设计师对连贯性的偏好和用户倾向于依靠常识（共同的理性假设或技术逻辑而不是完全新的替代方案所面临的不确定性干扰）有关系。这种偏好的结果是通过技术合作，使复杂网络中的人工物日益完善。

一些人工物促进关键技术的发展，其他则在这个过程中被边缘化。例如，一百年前，在运动中汽车建立了一个动态的生态系统，最终改造了西方文化。汽车需要的道路网络建设已成为一个行业，它可以成为一个重要的经济引擎，并拥有众多子公司，如汽油经销商、汽车修理店、路边的快餐连锁店。汽车带来了交通法规的设定和执行机构，体现在发放司机许可证、车辆检测、公民交通使用税等系统。它建设着城郊，转化着城市的建筑，使石油成为越来越稀缺的商品，引发战争，改变每一天的生活。能够整合技术合作的物种是具有优势的，然而没有人能够设计得如此全面，但每个人可以参与制定各自的生态价值。具有优势的人工物可能在设计和意义上具有稳定的关系。汽车仍然有4个或更多车轮、发动机、1名司机、乘客，并且作为一种交通工具提供服务。它使马车、狗拉雪橇、牛车等其他交通靠边站。在美国，甚至火车都受到严重影响。

最近的技术合作体现在新兴的电子计算机领域。方便打字、发送信息以及更轻松地访问信息是如此重要。这种便利推动着计算机网络进入大的合作，互联网是一个空间，吸引着无数种类的人工物和机构相互合作，为进一步发展这项技术而争夺股份。计算机几乎已经进入了每一个家庭、企业、行业、机构、社会组织和政府机构。他们在辅助股票和债券交易，选择审判陪审团，调度航空运输，创造娱乐等众多领域，甚至调节汽车发动机中的燃料喷射器。电脑已经改变了社区中人与人之间的相互关系以及政府的工作方式。例如独裁统治、统一规划等一些政治实践已经变得不太可能。其他需要关注的，如客户或政治行为的隐蔽性监控，互联网提供信息的有效性下降。

科技合作和人类集体行动结合在一起，通常由社会机构进行协调。技术合作的历史和发展经过了几代人的时间。它们在生物物种的生态环境中没有对比。它们不只帮助社会生活，还能够改变作为人类的意义。因此，这种互动模式更容易摆脱对传统设计的考量，保持或推动着技术合作。人工物的生态价值在于，可以有能力去选择或鼓励设计师在技术开发上的大作为。支持、破坏、或重新确定方向是可能的，语意转向提供了这种可能性。

6.5 迷思

尽管在技术决定论上有共同看法，但这种错误的认识归因于自主性的技术合作和描述适应他们的人类，我们需要提醒的是人工物生态系统源于人类和那些生态系统的融合。热力学第二定律，由于完全封闭系统的运行最终陷入混乱，在这里并不明显，因为人工物的生态系统并非封闭的。设计不断参与其中。见证了人工物的多样性成指数倍增长，以及先前出现的对巨大技术合作的话语。那些容纳了整个人工物生态系统，使得它们迅速增长以至于超越了所参与人工物的生态意义，而其利益相关者的认识是错误的。

当然所有的人都有自己的理由处理诸如更换家具、买新车、在电脑上安装强大的软件等人工物，也有自己的理由参与互联网社区并改善他们的实践。然而，这只是一个局部的世界结构，他们的沟通调节永远难以了解整个生态环境。因而，这并不令人奇怪，成功设计师的生态论据是他们能够敏锐地感知令人着迷的事物和文化的趋势，这些感知都是模糊的，但令人庆幸的是，它们却以一种难以解释的方式相连通着。例如，信息社会的先知威廉·吉布森（1984/1995）的《神经漫游者》，他的诗歌令人着迷。他的小说给了网络空间这个名字，虽然他并不懂得电脑和网络。艾萨克·阿西莫夫的科幻小说容易想像，但很难转化为用于工作上的人工物，读者将不会愿意去体验他们所讲述的故事。人们阅读比尔·盖茨并不富有诗意的《未来时速》，想知道他真正想说些什么，然而他的公司的决定表明他所做的已经把握着我们这个时代的脉搏。

除了聚焦于特定人工物种、历时性和共时性地描述它，生态语言利用错误的认识使文化有生气，使技术有发展动力。错误的认识是人类的思想、故事、协作实践无意识的叙述。一种文化不能没有它的神话、不能没有它的形而上学，不能没有它的展望和想像，即便是贫瘠的阐述。在一些文化中，错误的认识往往是宗教仪式的编码。在另一些文化中，他们表面上讲述巨大的未开发的或是超自然的故事，实则是为了拨乱反正使众生高兴。在西方工业时代，这是与技术进步改善每一个人的生活，包豪斯的视觉艺术与社会主义思想的大规模生产相结合等思想观念是相违背的。在后工业化的西方，错误的认识不仅隐藏在对于成功故事的叙述中，隐藏在追逐梦想和机会中，还有那些被剥夺的无奈，为把事情做好而付出高贵的努力，与大机构愈行愈远。当代的认识是选择，选择越多越好，更多程序运行的洗碗机，更多的电视频道选择，更大的家用图书馆。人们在这些选项中没有穷尽。1984年乔治·奥威尔小说《未来技术》，电视连续剧《星际迷航》，电影《星球大战》、《终结者》、《黑客帝国》都是阐明认识的重要媒介，它们说明了人类参与物质生态是有意义的、令人兴奋的。他们还为设计师的想像力注入了活力。认识给文化以连贯性，它证明设计工作的合理性，它赋予人工物的生态意义，它引导人类个体和社会参与其中。

设计师总是跨越于语言、直觉与摸索之间，还需要人类个体参与其中。通过理想的理解生态意义，语意学转向把神话学作为人工物生态的最终推动力。它应当成为设计师的思维（Krippendoriff，1990：a21）[1]，因为：

如果违背生态文化的智慧，设计策略就很可能会走向失败。

---

① 作为递归过程的思维，只是人类大脑的参与方式，这一概念归功于贝特森（Bateson，1972年）。

第7章

设计方法、设计研究与设计科学

前一章阐述的观点是将1.4节中的理念拓展开。设计师在"人工物的意义"这个具有重要经济和文化影响的领域再次成为权威。没有其他任何职业对这个领域有明确的领导权。在现代科技中，语意学至关重要。如果设计师不将其作为设计专业的关注点，那么其他学科将捷足先登。以人为中心的思想关注的焦点是对人与科技互动、人与人互动的理解。它将使设计师们重塑自我。

虽然语意学是一个新概念，但类似的关注一直都是设计的一部分。例如，长久以来，建筑学注重建筑的外观、纪念性和庆典类建筑，比如教堂、银行、学校、军事结构等具有象征意义的功能性建筑，来表明它们的预期使用。而不是从使用者的角度来考虑问题。而大部分建筑学著作中展示的仅是没有人的建筑物。本书第4章从使用者的角度，而非建筑物的角度，重新诠释了建筑师眼中以人工物为基础的风格、象征性和审美观。在新观点中，公共场所是一个容纳多个用户的空间。用户在城市里和高速路上寻找道路，认识建筑物功能，共同纪念胜利或灾难。公共场所应该满足用户的需要，而非只是一种象征。以前，拥有这种观点的多是建筑评论家或历史学者。现在，语意学将这些观点系统也归纳起来，成为走向设计的科学途径上的重要一步。

第二个体现语意学的例子是设计领域边界的重新划分。长期以来，平面设计关注如何建立有内容、有说服力和感染力的二维信息。美感和信息是平面设计的关键。其中，美感取决于大部分观众的喜好，而将平面设计比喻成信息的容器，似乎有误导性。新媒体使平面设计师和产品设计师的角色越来越难区分。产品设计师开始涉足平面设计的领域，将交互和信息带入产品中。这两个职业间逐渐消失的界线并非人为规定，而是由设计师对设计方法的认识和理解所引起。二维物品应该以对三维产品的方式来看待。我们对一件物品的理解，不应该由其维度来决定，而应该在用户如何使用它。语意学从根本上使它们之间的区别消失。

语意学对传统设计界限的扩展也能在第三个例子中体现。博物馆、展览中心和舞台设计都属于特殊设计。这些公共场合通常利用平面展示传达信息。但它们不仅需要向广大群众传达消息，更是需要有关人员合作的多用户系统。在设计这种场合中，有关人员不能被简单地看成个人使用者，而是活跃的、明智的、代表某机构或组织行动的成员。公共场合设计与竞选活动、时装发布、公司策略制定或政府改革有异曲同工之处。它们都需要文化、政治、管理和经济方面的知识。设计给它们带来的不仅有某种特殊技术，更能为技术的利用创造条件。1.5节和5.2节中的一些项目不一定是由一个设计师完成，但它能给世界带来巨大的影响。所以，如果我们要将注意力放在设计师拥有的知识，而不是他们的特殊技巧上，设计行业能扩展到其他急需关注的领域中。

前几章中指出的语意学例子只是简单的阐述。从更深层次看，语意学意味着设计领域的重新划分和对"以人为中心"的关注。语意学也引导着将需求转化为各种意义、设计方法和设计修辞，使设计师与其他职业建立公平的合作关系。要达到这些目标，我们还要付出很多努力。设计课题在文化变迁和科技发展影响下，将持续变化而永不完结。

7.1 设计的新科学途径

总结前面的内容，我们也可以得出一个结论：语意学鼓励对以前被忽视的领域进行探索。新领域的探索需要一种对物品意义、介面、用户模型、相关用户、承担特质等新的描述方式。也就是说，语意学提出一个新的设计话语。它不仅对科学家，更给设计师提出新疑问，特别是其他学科从未解决的新疑问（第8章会详细阐述）。设计语意学需要新的科学途径。

1.4.3 节中曾引用过尼格尔·克罗斯（Nigel Cross）的结论：

- "设计的科学（science of design）途径尝试通过'科学'（系统和可靠）的调查方式改进设计方法。"

需要指出的是，克罗斯对设计的定义是在设计领域之外提出的。他的观点建立在将设计作为一门学科领域的调查基础上。

- "设计科学（design science）是一种有序、理性并系统的设计方法。设计科学不仅是对人工物知识的科学应用，它本身就是一门科学（克罗斯，2000：96）。"

相对而言，语意学对设计的科学有不同诠释。

- **科学的设计（science for design）**是对成功设计案例、设计方法和设计经验进行系统整理，并将其在设计圈里广泛流传和评估，使设计行业不断更新和延续。设计的科学里也包括从其他知识体系中借鉴的方法，使设计师与有关用户合作，进行项目研究和验证设计成果。设计的科学致力于让设计保持可行性和高效性。

与设计的科学不同，科学的设计指的是通过运用不同的学术观点和自然科学创建的理论模型，用以对设计方式、设计师、设计机构、审美习俗和设计史进行准确描述。设计的科学更加主动。它不会被现有理论、传统模式和泛指的可行性所限制。设计的科学必须使人们认识未知、给世界带来改变、描绘设计能给未来科技、社会和文化带来的影响，最重要的一点，设计的科学能有力地说服受改变影响的团体。所以，设计的科学不能仅像一些新学科一样，纯粹使用自然科学套路。它必须形成自己独有的模式，才能创造出实用的知识。如果设计师们无法自主建立可行的设计科学途径，那么没有其他人可以代劳。以下是设计科学需要包含的五个重要方面：

第一，设计师关注的是创造出新颖且不会自然发生的人工物、产品和方法（1.4.1 节）。所以，设计科学不能建立在命题知识、客观事例或泛指的观察结果上。自然形成的现象不能引导设计师的注意力。作为对重复发生现象的概述，科学理论往往比较抽象和公式化。而设计师们更关注偶发的或理论外的变数。事实上，设计的出发点就是打破平衡、挑战常识和克服障碍。它的本质在于不断进步甚至颠覆传统。设计，作为一门学科，并不能被常规惯例所约束。它的根本是创新与改革，而设计师们往往勇于挑战传统。

设计科学中一个重要的部分是对变化性的追求。变化性，字面的意思是具有变化的能力。其意义是为人与科技的交互、人与人的交流创造可能性。因为设计科学不断探索变化性，寻找机会改变未来。所以，它需要了解阻碍改革的原因，从而为创造理想的未来克服障碍。毫无疑问，设计科学尊重自然科学中传统的研究方法——利用实验推论出的理论和模式高度概括现象。但，设计科学只能通过这些方法根供一个大方向，再从中发掘变化的需要。

第二，虽然变化性是促进设计发生的条件，设计师也必须找出哪些事物在未来会发生改变，哪些则不会，而这些改变会影响到谁，发生于什么时间内，需要什么措施。由于设计师往往依靠其他人士来实现他们的提案，或者为某用户群体设计，甚至与用户共同合作，所以设计师们必须在利益相关者和用户的理念之上建立自己的设想。无论这种设想是凭空提出或者讨论得到的，它必然由语言而非观察组成。设计科学不仅要为设计师提供展望未来的语言，更重要的是能为用户提供沟通的语言。因此，设计科学必须成为二级科学，设计师在不赞同用户设想时，也必须聆听他们的观点。设计科学也必须成为社会科学，足以跟随科技发展，容纳多样性评论与观点，并适应多种变化。设计科学必须保持长期与用户进行沟通。

第三，在对利益相关者的观点有了详细了解后，如何让他们的观点影响设计就成为一个问题。在工程学里，这个问题很好解决。工程学关注的是一个物品的机械结构是否能够运作，而不用考虑这个物品的功能。工程学对物品的功能性、经济性、有效性及持久性都有规范，但并不建立在物品的意义上。所以，工程学的方法通常包括对物品的初级理解。设计方法不能如此有限。设计方法必须了解用户需求和对设计的掌握程度、用户介面、用户反馈、特定用户群对物品的接受度、对市场的影响及对物品生态的改变。这些方面对设计科学有高度要求。接下来的章节会提到6种以人为中心的设计方法。前两个方法建立在产品语意学的基础上，已被广泛利用。

第四，任何话语成功与否在于它的观点是否能被别人接受。自然科学通过一系列观察现象证明其论点、理论或模式。它们最基本的论据由事实和推论组成：事实作为论点和观察结果的一致性；推论作为概括性归纳和观察结果的一致性。在工程学里，推论与构造设计密切相关，推论是否正确在于机器是否能够在特定环境里完成任务。人体工学在此基础上通过测量使用效率对推论作出评估。市场学用预测统计学巩固结论。

长久以来，传统工业设计师没有自己的方法进行设计。成名的设计师往往利用他们的名气和使用设计专业名词，自己对用户需求和文化趋势的了解。设计师也依靠工程学的一些功能设计的方法。所以，其他学科能够使用实验数据作为论据，与它们相比，设计科学的说服力有所不足。工业生产发展到今天，错误造成的成本越来越大，而现今情况下，当务之急是增强设计的说服力。企业决策制定者将会采纳最可行的设计方案。

为了让自己的设计更有可信度，设计师们向其他领域借鉴各种流行方法，却没有一种能真正地为设计所用：用市场调查的方法评估用户期望值，但并非所有的相关用户都是购买者；用人机工程学的方法测量用户使用心理，却忽视了每个用户自己特有的使用方式和使用感受；用经济学的方法分析成本与利益，但给用户带来的利益很难量化；用工程学的方法制定产品机械用途，但无法附于产品意义。盲目地滥用其他领域的概念只会导致设计失去其独特性，而设计师们不得不服从其他部门的指示。

正因如此，设计科学的一个重要组成部分就是为设计师提供增强设计说服力的方法。以人为中心的思想使设计关注于物品的语意，如其意义、功能可视性及人机介面。与科学和工程学不同的是，为了证明设计的语意，设计师不能忽视相关用户的需求。

第五，也是最后一点，设计科学需要能够经常审视自我，摒除误区，发扬成功经验和持续扩大词汇量。设计师们有责任维护这门学科的荣誉感。如果设计师们轻率地使用不正确的方式，导致无能力或不正当的行为，就会损害设计科学的名誉。设计师们非凡的成就则能够增添设计科学的名誉。

换句话说，设计科学在为设计师提供设计方法和知识的同时，需要保持其持久性。

从学术的角度，科学和科学的哲学并不同。它们是不同学者的研究领域。后者研究的是科学家明确目标、提出假设及概括常识的方法（Popper，1995）。而科学的使用者并不需要掌握科学的哲学，因为科学的哲学对实践的影响甚小。然而，设计科学作为一门能够支持设计师工作，又能够研究设计方法的学科，必须集二者于一体。设计科学既是设计的实践科学，又是设计科学的哲学。

西蒙（Simon，1969/2001）曾提出过人工科学。设计科学结合了他的提案，摒除了一些例外。西蒙是计算机学的先驱之一，他从工科的角度提出介面的概念，而并未考虑人机介面的发展和以人为中心的设计理念。他提出的人工科学主要关注如何解决技术问题，及依据可计算性实施解决方案。在解决管理和组织问题时，他也坚持采用技术方法，这在现在看来有所不足。里特尔和韦伯在1984年证明：当一件事物有众多用户时，解决技术问题只是整体问题的一部分。设计科学对此的看待角度有所不同，它提倡探索不同解决方法，并借鉴用户的看法，从而选择最理想的方法。在国家科学基金（NSF）举办的"设计的未来"工作坊上，与会者对"人工科学作为二阶科学"表示赞同（Krippendorff，1997）。语意学带来了探究各种可能性的契机。接下去的章节将概括介绍设计科学的3种主要方法，提出论证事物语意的方式，并对设计科学进行高度总结。

7.2 创造未来的方式

在心理学中，创造力的根源来自于想像。这种说法也许正确，不过也有研究发现：想像力受到各种影响和约束，例如害怕失败，担心在众人面前丢脸，担心名誉受损及不愿意冒犯某些专家、客户和朋友。这些都是与社会关系紧紧相关的顾虑。一个人童年受到的教育也给他带来对创造力的约束，比如，特立独行的做法导致对他的惩罚。这些约束并非与生俱来，而成年人往往意识不到这些已根深蒂固的想法。所以，接受新事物、重新看待世界和探索可能性并不容易。以下是几种鼓励创造力的方式。

7.2.1 头脑风暴

头脑风暴有许多不同方式，其目标是为产生创新主意制造环境。头脑风暴建立在参与者互相尊重的基础上，提出意料之外的话题并引进讨论。人们也许都受到对其创造力的约束，但他们都能积极参与集体讨论。麦克道尔（McDowel）于1999年提出以下组织头脑风暴会议的步骤：

1. 在小组中选出一位组长和一位记录员（他们可以是同一个人）。

2. 确定讨论的问题或主意，保证每位成员对议题都明确。

3. 建立会议规则：

- 组长有领导权；

- 每位组员都能够参与讨论；

- 不允许对其他人进行攻击、侮辱及评价；

- 说明过程中没有正确或错误的答案；

- 记录所有不重复的答案；

- 规定时间，并于时间结束时停止会议。

4. 开始进行头脑风暴。组长选择组员，令其发表其见解。记录员将所有组员的发言记录下，最好能写在能让所有组员看得到的地方。在组员发言过程中，其他人不应对其发言进行评价或批判。

5. 在头脑风暴完成后，小组成员们一同审查所有记录结果，并对它们进行评估。评估的几个要点如下：

- 寻找重复或相似的方案；

- 将相似的方案归类；

- 去除不可能的方案；

- 在缩减范围后，小组成员们对剩余的方案进行讨论。

以上会议规则里没有介绍如何寻找头脑风暴小组成员。监督与被监督的关系往往不利于组员坦率地发表意见。性别歧视，比如对异性的不屑甚至诋毁，也会对头脑风暴会议造成不良影响。一些小组成员认为他需要在头脑风暴会议得高分或者受到奖励，这种想法也不利于头脑风暴的成效。头脑风暴会议最理想的成果是通过过程而非某位成员，得到多种创新想法。

7.2.2　重新构造

重新构造与头脑风暴类似，但它强调通过多种途径理解复杂的问题。在重新构造时，设计师可以利用以下的认识方法选择最理想的答案。

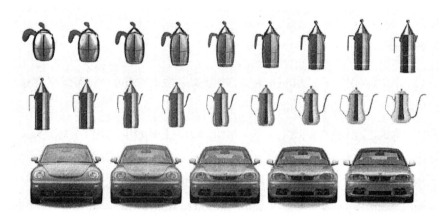

图7-1　变形：从一个物品渐变至另一个物品

- 改变已知内容：

– 将已知的部分推向极限（例如图1–3中，数据手套将一件人工物缩小至它的介面；或系统地将其扭曲直到它完全变样，从而分析其极限范围）；

– 通过逐渐变形寻找两个或多个已知事物之间的所有可能性。图7–1是利用电脑软件绘制的（Chen，Liang，2001）。这个图例中使用的都是同类型的物品，不过，变形也可以采用不同类物品。例如从独轮车到多轮车之间所有的不同交通工具。这种方式可以用以发掘交通工具的种类及不同种类的区别，比如三轮车，也能够发掘许多未知的可能性；

– 将事物内部结构展现出来，例如法国巴黎的蓬皮杜中心；

– 整合事物结构，将零散的部件合并至一个总视角下；或者拆散事物结构，将整体分散至部分；

– 尽量减少事物功能，抓住其本质；或者尽量添加功能；

　– 将事物覆盖的部分显示出来，例如音叉手表（Accutron Watch）；或者将其展示的覆盖起来；

　– 将事物明显的部分转为隐蔽；或者将不明显的部分展现出来；

　– 将整体分解为能够任意组合的部分；或者将部件组合为一件多功能的整体；

　– 将延续的过程划分为多个步骤，例如数码摄影；或者将步骤融合；

　– 从软件内区分硬件部分；或从硬件内区分软件部分；

　– 重新认识现象的起因；

　– 使用全新的材料；

　– 将事物放在全新的环境里，从而发现新用途，等等。

● 使用不同的隐喻：

隐喻可以改变对事物的理解。用不同的方式看待一个问题或一种可能性，并共同分析其意义，可以带来新见解。例如在物理学里，光可以被理解为波或者粒子。多数现象均可被几种隐喻方法解释，每种方法含有不同的意义，而其中一些隐喻方法能够带来创新。

● 寻找既定情况的类比：

相似的事物拥有类似点，比如事物成分间的关系相似。最简单的类比是："甲与乙的关系就像丙与丁的关系。"使用类比法，甲与乙的关系可以被用来描述丙与丁的关系。已知的技术就可以被应用在新的物品之上。

● 选取不同理论视角：

学习各种学科的方法，用多种角度看待问题。例如，一个介面的问题可以从心理学、认知学、数学、人机工学、信息学、通迅原理或平面设计等角度分析，每种不同分析方式能够带来不同的见解，从而引发新的可能性，也显现出每种方式的局限性。

● 采取不同利益关联者的概念框架：

除了直接用户之外，事物的发展也会涉及到诸多关联者，例如利益相关者、工程师、市场专家、批发商、经销商、文化评论员、维修商、环境保护小组等。同时也会有幻想者、政治家、艺术家，甚至天真的儿童。聆听并吸取不同关联者的意见可以带来多元化看法。

● 将一个问题或设计转化为不同的概念化媒介：

传统设计师擅长通过绘图、三维模型及照片等表达设计概念，但这些方法都只着重于静止的物体外观。故事、图、情节设定和计算机模拟等虽然可以体现过程，但不能显示特殊点。数学公式或许带来不必要的精确，但它具有科学的严谨性。计算机辅助设计能完整地体现三维物体，却不能传达触感、动感及其他重要的感观意识。有创造力的数学家擅长将一个系统引进另一个系统，比如将理论上的提议运用在代数或概率上。使用不同方法能够指出不同系统之间的相似结构（Simon，1969/2001：85–110）。而通过不同方式看待问题，设计师往往能获得崭新的见解。

与单一的角度看待问题相比，重新构造能够使问题朗化和简单化。以上多种重新构造的方式都能给设计师带来更大地探索问题的空间。共同使用这些方法比采用其中的一种更为有效。设计学生需要从中学习到如何接受并利用新的方式。学生们发现他们经常所犯的一个认知的陷阱是，它们的熟练使用迫使设计师们不会被卡住，或过早地决定一个想法从而与更好的想法无缘。

7.2.3　组合学

在字典里，组合学（combinatorics）是数学的一个分支，研究一组物体可能形成的排列组合。组合学中的一个分支着重于物体能够组合成的所有可能性。图7–2中列出了7种选项所可能组成的所有二进制决策图。组合学中的另一种侧重于决定最理想的方案。而第三种则判断物体各种组合的特性，例如，某些物品部分或功能能够被结合，形成特定系统。这种方法很大一部分由工程学借鉴而来，但它对设计师而言，是调查多种技术是否能够结合的好工具。

汽车设计是使用组合学的极佳领域。一辆汽车是交通系统的一部分，同时本体也是一个系统，由引擎、车轮、刹车、传动、方向盘、电子系统及乘客仓等部件组成。交通系统是既定的。设计师对汽车结构的解析反映了设计师的理念。工程师可以通过组合法，将现知的引擎、刹车和方向盘等用表格交叉列出，从而系统地分析这些部件各种组合的可能性。组合的过程可以产生不同于现有产品的新概念。例如，一辆车不一定必须拥有4个轮子，它可能拥有3个及以上数目的车轮。又如，传动系统不一定只局限于前轮驱动，它也可能平均地分布在所有车轮上，使这辆车能够任意转弯甚至在停车时侧方向移动。

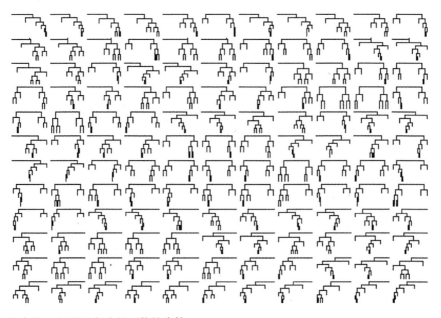

图7-2　组合学：在7种选择中的可能性决策

使用排列组合方法，设计师们可以系统地发掘多种可能性，并逐个进行分析。有些时候，使用排列组合方法得到的方案过多，设计师们不一定追求最完美的方案，也可以从中选择符合要求的方案（西蒙，1969/2001：25–49）。使用排列组合方法最大的好处是：将不同的分系统整合为兼容的总系统。

亨利希·阿尔特舒勒（Genrich Altshuller）于1997年创建"创新理论"（俄语中简称TRIZ）。他在对全球上千个专利进行分析之后，提出了创新的五个层次：

第一层次：将现有物品进行改善。例如改进现有物品的规格；

第二层次：结合物品各方面的技术特性，解决技术不兼容的问题。有时，改进物品一些特性时可能导致技术不兼容，损伤物品另一些特性。例如，增加车辆引擎功率的同时会增加引擎的重量，反而引起耗油量上升。这个情况下，发现折衷的办法可以解决技术不兼容的问题。

第三层次：结合物品所在环境，解决物理对冲的问题。当物品的一些特性必须在某些环境中存在，而在某些环境中消失时，物理对冲将会产生。折衷的办法无法解决此问题。例如，飞机在起飞和降落时需要起落架，而飞行途中不能展开起落架。其中一种解决方案是将两种有冲突的状态分开：在起飞和降落时将起落架展开，而飞行时将它缩回。另一个例子是折叠刀：用户需要使用刀的时候，可以将刀锋露出，不需要时可以将刀锋折入刀身内。

根据阿尔特舒勒的理论，第一层次的创新不具有技术上的革新，而第二和第三层次的创新必须用新方式解决问题，它们带来创造发明的空间。

第四层次：结合多种学科知识，使技术有新的突破。这个层次的创新也包括了在现有技术基础上实现新改善。例如，从真空管到晶体管的革新并没有使收音机的结构发生改变，但使收音机变得更小也更可靠。又比如，从打字机到电脑的革新并不会改变书写的内容，但使修改及联网更加方便。

第五层次：通过发明新结构，促进现有技术的改革更新。例如，宾州大学发明的第一台计算机ENIAC在每次运行时，都需要人工输入程序。冯·诺伊曼（Von Neumann）提出将程序以数据的形式储存在计算机内存里，便于以后重复使用。他的提议衍生出硬件、软件及数据的概念，带来了计算机技术革命。

阿特休勒和他的合作团队也提出了技术发展的40条法则。设计师在设计发明时可以借鉴这些法则。以下是其中代表性的几条：

* 将现有物品变得更轻、更小、更快、更高效、更便宜或者更好用；

* 通过结合关联功能，拓展物品现有功能。如在铅笔尾端加上橡皮擦；又例如在电话机上添加重拨、会议电话、录音和转接等功能，为拨打电话过程中、准备打电话时和拨打电话后带来便利；

* 当多种功能可以共同使用一些相同的技术时，结合这些功能可以产生新的物品。例如，掌上电子产品结合了电话、笔记本、地址簿、录音机、邮件、记事簿和相机等

功能；这些功能可以共同使用电子产品的内存、计算能力和相似的人机介面。

- 调整物品的结构，使其在多种形式下运作，而非局限于某种特定形式。一些软件能够识别用户的使用习惯，并在使用的过程中，通过识别用户声音、减少搜索次数、减少点击次数及隐藏不常用选项等方式，让软件的介面更方便简单。

- 将重复的活动转换为连续的过程。例如，四冲程发动机的工作循环由进气、压缩、做功、排气组成。涡轮发动机利用废气吹入引擎，将以上四个步骤结合成为一个连续的过程。

- 将用户不喜欢或者不擅长的活动自动化，并将物品不重要的特性隐藏在重要的特性里。这条法则在计算机介面里被广泛应用。

"创新理论"（TRIZ）里提出一条"理想法则"，指出科技产品在发展的过程中会变得更加稳定、简单、有效、便宜或轻便，总而言之，更加理想。人工智能的发展过程就很好地体现出这条法则。TRIZ研究员列夫·苏尔雅克（Lev Shulyak）曾经提出一个问题："当某个产品或者系统达到它最理想的状态时，会出现怎样的情况？"苏尔雅克对自己的问题有以下的答案："系统的机械结构将逐渐消失，而系统将继续实现同样的功能"和"发明的艺术在于寻找达到理想状态的方式，从而引起技术上的改进"。在语意学里，一件物品最理想的状态，是当其达到类似语言的状态：用户能够自然而然地使用它，众多用户能够利用它，而物品能够符合每个用户心目中的最佳状态。必须说明的是，科技发展不一定使物品达到其"理想状态"，更多取决于物品和用户的关系。

阿尔特舒勒对多项专利的研究也衍生出另一个有趣的发现。他发现，绝大部分发明专利所针对的问题，都能在其他领域中发现解决方式。这些所谓的"发明"仅仅在某个局限的知识范围内解决问题。在设计过程中，项目调研及设计师灵感搜寻，均从其他领域里引进知识。而第三阶段和第四阶段的创新发明并不能从调研中产生，它们是结合了多领域知识的成果。

排列组合是一种探索组成结构、功能叠加和系统结合的方式，由此得到新的发明。更多情况下，工程师使用这种方式促进技术发展，而较少使用于人机介面的发展。事实上，这种方法也大大减弱了用户个体的需求。如TRIZ里"理想法则"所指出的，这种方法的前提是"好"和"满意"是一种普遍共识，而这种前提的语意又不能完全支持。同时，TRIZ对科技的阶梯状的概括依旧属于传统设计理念。在TRIZ的概念里，问题往往由整体系统产生，解决其问题部件则能解除系统内问题。使用这种方法解决的问题大多为技术问题，比如，设计师从设计一辆汽车开始，对其部件进行排列组合，最终设计出的新车还是局限于现有汽车的范围里。在很多其他场合，设计师并非从问题出发，而是发现新的契机，将其转化为机会，得到新的发明与创新。

排列组合是提出新想法的有效工具。或许由于这种方法从数学中产生，所以它吸引了更多工程师的注意力，以致这种方法多被应用于解决基础问题和技术层面的问题。在用户需求已知的情况下，排列组合、再构造和头脑风暴都可以辅助创意。在下一节中，本书会讨论如何发掘用户需求。

7.3　探寻利益相关者的概念和意图的方法

如上所述，设计师成功与否，在于他的设计提案是否容易理解，用户是否对他的设计方案感兴趣，设计方案是否能够得到足够的资源，以及设计产品的使用是否能够得到社会支持。以下几种"二序理解"可以辅助设计师：

- 了解用户希望新科技给他们带来的变化，以及不希望发生的变化；
- 了解用户对类似产品的用法及习惯；
- 理解设计方案的使用介面将会产生怎样的发展和进化，用户将会如何使用此介面、如何对其进行改造、或如何将设计方案融入自己的生活环境中。

7.3.1　对理想未来的描述

人类习惯使用自己熟悉的语言和概念。新兴概念往往从语言中诞生，作为描述未来事物的方法。神话和小说作为人类想像力的重要代表，用以叙述想像中的未来。古希腊神话里就有对人能够飞行的想像。"机器人"一词源自于1920年布拉格上演的戏剧，记叙16世纪时人形傀儡（humanoid golem）的传说。令人畏惧的人形傀儡流传了几百年，直到伊萨克·阿西莫夫（Issac Asimov）提出他对"机器人"的看法。他的理念对人工智能的研发影响巨大，更重要的是，他使"机器人"的概念成为一门学科。语音识别和人机交流只是其中的一部分。今天的"机器人"虽然长得与阿西莫夫小说中描述的不同，但它们被广泛应用在工程、航天、证券市场里，逐渐取代人类从事他们不愿意进行的工作。乔治·奥威尔（George Orwell）在科幻小说"1984"中形容的未来既可怕又具有教育意义。今天，"Newspeak"被使用在政府及政治系统里，也在社会法规中造成影响。又例如，电影中常见的会飞行的汽车、传输门、雷射枪、激光剑等皆为美国"星球大战"防御系统计划带来灵感。吉布森于1995年所著的科幻小说《神经浪游者（Neuromancer）》里使用了"信息空间"一词，之后被广泛应用于全球信息结构的发展过程中。"信息高速公路"已经成为了政治话题。

以上所有想法都远远超越了当时年代，由小说作者和诗人笔下传入读者的想像里。被影响的包括未来主义者、工程师和政客们。这些想像不仅创造了可能的未来，更重要的是，它们促使人类审视自己对未来的欲望。拥有一个美好未来的蓝图，人们便拥有实现未来的激情，就会努力将事物往想像中的未来发展。

科幻小说和科技展望对未来有深远的影响。这不是因为作家和诗人拥有非凡的想像力，而是因为他们的作品为读者们带来诸多新名词，并且能够激起读者的兴趣，最终将他们描述的未来变为现实。

7.3.2 问卷调查和结构式访谈

调查问卷和结构式访谈或许是了解用户最有限的方法。这是因为调查问卷往往发放给广大受访者——潜在购买者、现有用户、反馈者——大量人群中被吸引的人，如果需要从这些大量人群中得到可以被分析的数据，那么调查问卷的问题极可能获得的回答就必须被规范化，例如，使用统一答案。同时，调查问卷的问题成为针对问卷设计者（市场调查员、投票结果统计员或他们的客户等）想看到的，而不是用户想要回答的问题。调查问卷成为证明调查员结论的工具；用户的回答只能够证明调查员已列出的类别。在这种情况下，调查问卷无法带来意料之外的信息。所以当问卷选项直接联系到具体设计问题，问卷可以给设计师提供有效指导。比如，如果通过调查问卷发现极少数人接受一件新的产品，那么设计师就需要重新审视他的方案了。但问卷无法帮助设计师指出设计方案的缺陷。

除了不能有效反馈用户意见之外，调查问卷也具有偏向性。受访者倾向于给出访问者希望听到的答案。有一些场合，受访者不理解问卷问题，却因为怕丢面子而随便回答。也有些时候，当受访者的回答不能够被归于已知答案种类时，他们的回答会被看待为"不符合"或"未回答"。设计师在遇到此类问卷答案时，必须仔细分析，从中得到结论。

7.3.3 非结构式访谈

和问卷调查相比，非结构式访谈减少了生硬的套用规范。访问者和受访者在自然的状态下交谈。访问者在保持访谈随意的同时，也可采用事先准备好的问题大纲，用常识问题将访问内容引导至想要了解的话题上。不过非结构式访谈也有缺点：这种方法费时较长，受访者人数有限，不同受访者的回答内容难以作横向比较，而且访问内容也较难总结。非结构式访谈时，记录下的访谈过程以及访问者的笔记将被研究分析（Krippendoff，2004a）。

怎样的用户调查问题能够激发设计师的灵感呢？在新产品研发初期，有关用户喜好倾向、产品外观、产品功能以及用户使用理由等问题其实对设计师没有太大用处。这是因为当用户遇到此类问题时，他们一般从自己对已知产品的理解上来回答。所以，此类问题的答案或许对市场调查员更有价值，但无法给设计师提供新信息。有创意的回答少之又少。针对行为的问题通常难以用言语描述，比如用户为什么依赖某种产品，他们为什么觉得某产品更好。就如怎样骑自行车是一件极为日常的行为，但骑车人通常不会考虑骑自行车的原理，如果旁人问起"怎样骑自行车"，骑车人很难给出话语或者文字的回答。又比如，外科手术医生能够容易地说出多种手术工具的用途，对设计师而言，手术医生如何在手术过程中使用这些工具才是最重要的信息，但却难以用言语形容。

用户在产品使用过程中遇到的问题是非常有用的信息。当用户在使用时遇到挫折，他们能很快发现问题，记住问题，并与其他人讨论——投诉、询问或阐述中止使用的原因。对设计师而言，他们的故事能够反映用户需求与产品之间的差距，也能反映用户习惯与设计师理念之间的差距。

问题与解决方法在概念上相对应。用户在反馈问题时，他们已经对解决方案有自己的期望。对问题的讨论也反映了用户希望改善产品、学习更多产品有关知识或者停止使用产品的心态。所以从使用问题反馈中，设计师可以大概了解用户是否会接受新产品或者新概念。需要注意的是，在收集此类用户故事之前，访问者需要赢得受访者的信任，让他们知道自己被聆听，而不是被审问。用户调查也需要遵循"以用户为本"的中心，不能强迫用户接受不合适的产品。

7.3.4 焦点小组

在市场调查中，当产品开发商想了解自己和竞争对手产品表现时，焦点小组被广泛使用。通常，一个焦点小组由8到10位参与者组成，他们应邀请（或受聘）来对某件产品、广告、服务或某个问题发表意见。与非结构式访谈相似，焦点小组的讨论往往没有规定的结构，而由一位主持人领导讨论方向。小组讨论通常历时几小时，讨论的过程被记录在案，以便之后内容分析（Krippendorff，2004），在过程中，旁听者也可以通过单向镜观察讨论。与独个访谈相比，焦点小组提供机会让组员交流。在非结构式访谈里，所有相关的意见、观察以及抱怨等都被记录为数据。而在焦点小组里，任何发言都有可能将讨论引到意料之外的话题上，带来更详细的阐述、反驳或者反思，在真实的社交环境里产生数据。如之前所述，产品使用中遇到问题的故事比产品的使用知识更有用。例如，在一个讨论时尚的焦点小组里，成员们理解相互间遇到的尴尬时刻，同时向调查员揭示了女士之间对衣着打扮的一些意见。

焦点小组也可能提供不相关的信息。人们很容易给出意见，但他们的意见并不代表他们会实施的行为，特别在行为需要很多付出的情况下。基于以上原因，成功的焦点小组通常会给组员提供看得见摸得着的东西，例如：使用模拟情境、短片演示、竞争对手产品或模型等。

由于焦点小组成员数量少，那么小组成员能否代表一个用户群体成为一个问题。焦点小组调查员偏向邀请"领导者用户"，指的是率先使用某项科技的用户群体。但很难召集到这样的用户。焦点小组的另外一个问题是，小组讨论产生的数据往往代表了组成这个小组的成员，以及受到主持人的影响，那么，这样的数据难以代表整个用户群体。所以，焦点小组最理想的使用场合是：核对设计师对用户的理解，或者用户对产品的误操作。

7.3.5 观察法

调查问卷、访谈和焦点小组都采用语言的方式，同时，纯粹观察用户平时的生活习惯、使用产品之后的生活习惯也能带来非常有用的信息。例如，在设计办公室计算机系统时，在办公室里安装一个摄像头，能够让调查员认识到职员如何工作：工作时的步骤、工作场合的情境、在工作时被电话打断会发生什么、遗漏的步骤、了解自己工作进展、向上级汇报、和同事们搞好关系以及工作之余安排私人事务等。产品设计师往往会对办公室职员如何使用各种复杂的产品，完成任务以及处理各种人际关系等感到惊讶。

为了更好地分析发生的事件，观察者需要通过多种方法将观察到的内容记录下来：纸和笔、录音机和摄像机、或者收集用户访问过的网页和网站链接、发送和接受的邮件、手术中的记录、填写的保险单等。这些系统收集的观察记录将被仔细地分析。通过分析此类少数案例产生的无结构数据，设计师可以了解用户潜意识里的习惯，及用户难以用言语描述的日常行为和认知模型，特别是用户在使用过程被打断情况下的反映。这些观察内容可以带给设计师对产品改进的建议和意见，但却不能指出用户对产品的态度、他们可能接受的新产品。

7.3.6　口语分析

在研究人类认知学，特别是信息处理方式时，纽厄尔和西蒙（Newell，Simon，1972）率先提出通过语言模型辅助解决问题的方法。这种方式于1984年被爱立信（Ericsson）和西蒙进一步推进。他们的研究之后被人工智能科学，特别是被专家系统的发展当作典范，也留下了辅助研究人机介面的方法。在他们提出的方法里，用户被要求在进行某项活动时将他的想法说出来。由此得到的数据能够将用户的想法和调查员观察到的行为联系在一起，正确地解释用户某项行为的意义。在观察人机交互行为的基础上，同时将用户对其行为的解释记录下，这样能够为"无意义"的观察记录添加宝贵的内容。

这种方法也有一定的局限性，它要求用户在使用的同时讲述自己的想法，让用户同时进行两种不同的交流。我们经常在做一件事情时同时说话，比如开车的时候或者和同伴跑步的时候，但我们很少交流当时所进行的活动。有经验的专家，例如钢琴家、水手、玩杂耍的人或者电脑高手，他们是胜任自己工作的专家，但他们也难以将自己的行动用言语表达出来。当这些专家应要求将自己进行的活动同步解释的时候，他们常常会影响自己工作的速度，甚至无法完成工作。纽厄尔和西蒙在研究信息处理的逻辑学问题时，不需要担心这方面的问题。可设计师需要关注用户的行为感知现象，就必须注意这点。

7.3.7　民族志研究

民族志研究是人类学家发展的一种观察方法。民族志研究，从字面上的意思看，就是通过观察对象在其自然环境的状态而得到第一手资料，并且用系统方法描述被观察对象的文化。最重要的是民族志研究员必须负责从被观察对象的角度，对被观察到的人、事物、行为及环境等做出解释——提供实际上的二序理解（二序）。同时，研究员在进行观察的同时也自身存在于被观察的环境里，所以这种方法是自我指涉（self - reflexive）的。民族志研究能够完整地分析一个存在多维度的问题，包括从日常生活里人与产品的细微关系，到人与人之间如何建立和交流价值观及世界观。问题的每一个维度都被看作是一个大问题的组成部分。

民族志研究员经常在研究地长时间驻扎。他们使用很多的方法记录观察结果、自己同被观察对象的交流以及基础量化数据。他们需要同被观察对象建立互相信任的关系。

民族志研究的重要性在于它能够揭示一个环境里存在的社会关系。它能展示许多背景和技术环境；可以发掘事件参与者的计划、观点和目标等；也能够解释科技是如何融入到用户的日常生活之中。这种方法在封闭的环境里最为有效，例如公共场合、空气控制室、手术室、庆祝晚会或治疗室等。在以上的环境里，数量有限的参与者有明确的目的，他们进行互补的行为；环境中的物品为了这个特点场合而存在；发生的行为也是这个场合的一部分。

民族志研究聚焦于现有状态，为设计师提供改变的空间或者在一个新产品推出后发生的变化。虽然这种方法也会调查用户对未来的理想和需求，但它难以被用来预测新的科技会如何影响未来。民族志研究对设计最重要的贡献是超越现有文化关系，揭示用户愿意舍弃的功能，从中发现新的机会和如何改变用户现有习惯的方法。文化是一个持续学习的过程，在这个过程里不断发明新的产品改变世界，而新的产品又成为新世界的一部分。

7.3.8 三角定位法[①]

在以上方法中，没有任何一种方法能够向设计师提供所有用户信息。模型分析对研究用户如何使用一件产品非常有用，可是用户对产品的使用模式变化多端。录像分析能够形象地展现一个新技术如何被使用在工作环境里，可是它不能够解释用户对新技术的看法；它让调查员盲目地相信自己看到的就是事实。民族志研究通过观察到的信息带来二序理解，但它需要研究员接受专业训练，并且花费大量时间和精力。

所有的方法都是为了回答一个关键的设计问题：如果新产品能够带来新的改变，用户对它的态度如何？例如，模型分析能够对助产士和客户关系提供有用的信息。但在研究过程中，如果让助产士同步解释她的行为，势必会影响她在接生时与客户间重要的交流。从这点出发，使用录像分析的方法会更加有效：接生的过程被记录下来，有所不同的是，助产士，而不是调查员，在接生之后重新解释接生的过程，详细分析她当时的行为和想法。在重播的过程中，影片能被慢速播放，助产士有时能意外发现自己当时没有注意的行为。在这个情况下，合理结合各种方法能够避免每种方法的不足之处。

另外一个例子是将人为规定的语言或行为模型转换成一个自然发生的情形，比如，一次培训课。培训员对受训成员的问题所进行的回答是揭示其想法的重要信息。培训员遇到的中断能够为设计师了解用户想法提供有用的信息。这种方法将模型分析、民族志研究和观察方法结合，对用户进行分析。

---

① 参见Krippendorff（1990）。

7.3.9 参与式设计

以上所提到的所有方法都有一个共同的局限性，那就是对现有使用方式的专注，在此基础上，调查员发现使用过程中产生的中断或者问题，收集用户对产品、模型和竞争产品的意见。这种调查能够指出存在的问题，同时证明或者推翻之前的假设。但这些方法不能够指导设计师从一种方法转换到另一种方法，或者从使用现有技术发展到利用更先进的技术，又或者从现有的使用方法转变成全新的使用方法。同时，通过研究用户如何接受新事物和用户愿意花多少精力接受新事物，能给设计师带来重要的信息。对用户而言，为了学习使用新事物和新技术，他们必须打破现有的使用模式。真正的使用新的产品与单纯地讨论自己想要的新产品并不一样。民族志研究员能够自豪地描述用户如何接受新技术，但这在新技术已经被开发并实现的前提下才能做到。这是许多观察方法最基本的局限性。

针对这种局限性，有的方法提议让利益相关者参与到技术发展的过程中，在设计的同时从用户的使用过程中学习并改进设计。虽然这种方式听上去十分有效，但在现实生活里很少被使用。以下列出了用户参与的几种方法：

- **即时市场调查：** 能够在市场调查员规定的范围内，给设计师提供即时反馈。这种方法注重市场调查员的关注点，所以无法收集受访者的意见（见7.3.2），让产品的爱好者和专家变成了单纯的问卷参与者。与此同时，市场调查的焦点代表了公司的利益，通常不能代表用户的需求。

- **内部可用性实验：** 内部研究对公司而言是一种强调可用性的简便方法。通常此类研究室采取传统人体工学的方式，将可用性专家邀请至公司部门，对公司的产品可用性进行分析。这类研究室依赖专家的专业知识，往往通过实验结果对用户进行概括。过于狭小的关注点使公司无法接触到现有市场之外的用户，使公司产品无法拓展到新的用户群中。

- **外界咨询师：** 咨询师参与到项目里，了解利益相关者对设计的看法。他们通过焦点小组、观察方法和民族志研究等方法防止企业里官僚主义对项目产生影响。作为第三方，外界咨询师可以给问题带来崭新的视角。但，他们对产品的了解不完全。与此同时，咨询师在不同地点工作，只能在被需要的时候来到公司，与公司内部的研究员相比，他们不能随时工作（Butler and Ehrlich，1994）。

- **用户辅助设计小组：** 与以上三种传统方式不同，苹果公司在设计笔记本电脑的时候尝试了用户辅助设计的方式。

苹果公司邀请了一个咨询小组，里面的成员都拥有实用笔记本电脑的生活经验。小组成员一同工作，并在设计的过程中学习使用新技术。小组成员拥有不同行业经验、良好的教育背景、参与测试的经历、观察和参与多种实验的能力（Gomoll and Wong，1994）。

探索设计实验室（the Exploratory Design Laboratory,EDL）为艾因霍芬的飞利浦所设计

了一个研发项目，他们邀请利益相关者加入设计的过程，包括软件设计师、市场调查员、公司总裁和能够代表用户的专家们。探索设计实验室为他们准备了问卷和工作坊，在讨论过程中一同决定设计方案。在项目结束之后，其中一位参与者诧异地问：为什么公司要聘请探索设计实验室？所有的决策不都是由参与工作坊的成员们一起决定的吗？（7.4.5 节）多位利益相关者的参与能够避免个别设计师的主观意见，也能够让设计更加贴近用户群体的需求，并假想其在整个生命周期中的活动。

7.4　以人为中心的设计方法

以下描述的方法有三个共同点：

- **它们都是设计方法**，能够系统地发现设计机会，并将最合适的提案选出，从而实现理想的未来。
- **它们都能够使相关者提供产品的意义**。产品的意义不能被设计出来，而是在用户的使用过程中体现出来。产品的意义与用户息息相关。以用户为中心的设计方法将用户使用信息结合在设计的过程中，确保设计能够给用户带来稳定的使用经历和价值，同时避免使用过程中可能发生的中断、沮丧、失败和损害。
- **它们让设计提案能够被实验测试并证明**。因为未来发生的事件不能被观察到，设计方法能够通过论据、演示或模拟测试来证明设计的可行性。以下描述的方法都具有产生设计想法和评估想法的延续性。

至于设计的"意义"，设计师必须意识到他们无法将"意义"赋予一件产品，也无法强迫用户接受他们想传达的"意义"。意义不在于在产品上加入一些部件，让用户理解设计师的意思。意义也不能够被描述给用户听。同样的，我们也不能把意义看成是主观的，而产品的属性为客观的。这种态度会让人产生偏见，觉得设计师的意见最关键，而其他相关者的看法不重要（参见 2.5）。如 2.3 节中所述，物品的意义在使用中产生，并且指引用户与产品的交流。设计师能够做到的是限定一件产品的功能（3.4.2 节），从而防止某些使用中可能产生的错误意义。比如，通过限定某项功能，防止用户将自己锁在车外，防止幼童打开药瓶，又或者防止用户将电子产品链接到错误的底座上。计算机介面设计里充满了有用的限制和警告信号。与此相反，一个锤子可以被用在不同的地方，它可以被用在修东西时，也可以被用来伤人。当一件物品的功能无法被限制时，设计师只能通过这件产品对现有用户的意义来改善可用性。产品外观设计有三个基本原则：

第一，一件产品对一个用户群体的意义必须同产品实际功能相符。一件产品不应该外观看上去比它实际上能做到的功能更多。许诺的比实际的少好过许诺的过多。

第二，如人与人之间的交流一样，广告、品牌、公共空间、交通指示牌、产品等的设计不但需要满足用户的需求，同时也需要避免用户对其产生错误理解，避免造成使用中的困难、错误方法甚至造成对用户的伤害。在设计里，产品的外观不但需要引导用户，也需要防止用户进行错误操作。

第三，学习是一个人性化的过程。在连续使用中，产品的意义一直在变化。用户的看法不像产品的机械结构一样稳定。与工程学不同，产品语意不能局限于产品对用户的现有意义和传统意义。产品语意必须为新的意义和新的理解方式留出空间，在合理的范围内，让全新的交互方式出现，也让不同的用户概念发生。

后文阐述了从多种方法中筛选出的5种经过证明的方法。

- （重新）设计产品特征
- 让产品展现其工作信息
- 在故事和隐喻帮助下设计原创产品
- 设计策略的设计
- 设计的对话方式

7.4.1 （重新）设计产品特征

（重新）设计产品特征（4.3节）是俄亥俄州立大学研究出的一种方法，最重要的代表人物是莱因哈特·布特（Reinhart Butter，1989、1990）。一件物品的特性由一组特征组成，每个特征对应一个形容物品质量或者描述使用情感的形容词。作为辅助，奥斯古德（Osgood et al，1957）提出的语意差异量表（semantic differential scales）可以分析用户对物品不同特征的识别。

- 重新设计产品特征方法可以应用在已知或能被清楚分类的物品上（例如汽车、卡车内部设计、手表、香水瓶、品牌设计、甚至政治家等）。
- 这种方法要求对物品需要具备的性质和需要避免的性质有明确的定义。这些性质包括美学品质、用户反映以及群体属性等。一般情况下，客户提供一对形容这些性质的词汇。设计师也经常同公司客户一起完善这些词汇。此类形容词通常简单易懂。例如，一辆强大马力的汽车，一个优雅的酒杯，一位穿着出众晚装的女士，一件亲自准备的礼物，或者一件专业的医疗器械。而需要避免使用让用户感觉产品难看、沮丧或讨厌的形容词，需要避免产品竞争者所拥有的特性，也需要避免引起强烈政治或文化反对的词语。重新设计产品特征是为了寻找产品现有性质的不良因素，并将不利特征减轻或取消。时尚产品经常重新定位自己的特征。
- 这种方法也要求用户群体、相关者及评论者参与重新设计。产品的特性并不抽象。它们是一个特定人群所产生的特性。设计师不能成为重新设计的唯一制定者。

这种方法的5个步骤：

1. 详尽阐述或拓展产品相对应的一组特性，将其拓展至同义词和近义词，尽量在新产品的范畴内，包括所有用户可能识别的特性描述。设计师可以通过辅助方法来获取更广泛的特性形容词。例如，通过查询同义词词典，组织用户焦点小组，拜访语言学家、学科专家、专业从业者，分析相关刊物、产品说明、产品评论、用户反馈或批评等。

2．分析并将这组拓展的特性归类，去除个别不常见或特殊的特性，将它们按照用户习惯重新编排，并将它们按照相同处和不同处分组，突出其中重点特性，淡化次要的特性。通过使用多维比例表、MDS技巧或要素分析方（Osgood and Suci，1969），将潜在维度提取出。

3．为选出的特征创造感官体现。特征指的是人工物体或自然界事物中能体现其特色的物理特点。在这个步骤中，所有特征的感官体现将被收集起来。例如，如果"快"是一个物体的特征，设计师需要寻找能够形象的体现"快"和"慢"的方式；如果性别是一个物体的特征，那么设计师需要尝试能够体现"女性"和"男性"的各种形状；如果特征为"耐用"，设计师可以收集展现"坚固"及相对的"脆弱"的照片。收集此类感官体现的一个重要来源是通过让相关人士展示他们心目中能够反映此特征的物体、图片或事例等。此外，竞争产品、工厂样品、杂志剪贴、图画涂鸦等都是常见的收集感官体现的方法。收集到的物体特征的感官体现必须明确，与不想要的特征有明显的区别，而含糊不明的特征需要被去除。通常，在收集到需要的特征感官体现后，设计师会将它们陈列在"情绪版"上。不过这种方法的目的并非为设计师创造一个创意的环境，而是为设计师提供物体特征的感官体现，从而确保设计建立在明确的物体意义之上。

4．将物体特征整合。这种方法最具挑战性和创造力的部分是探索物体的哪些特征能够被整合，并影响设计规划。有些设计特性是独立的，例如表面外观（颜色等）与味道（车内的皮革座位），它们之间不会产生严重的设计问题。而另外有些设计特性难以实现一致，例如位置摆放（不同控制按钮之间的区分）或设计风格（高科技风格、新艺术风格、朋克风格或日式风格）等，需要设计师做出妥协，比如使用相似的形状，或者将按钮摆放在网格内，才能将它们之间进行统一。当一种特征阻碍另一种特征的使用时，它们互不相容。这个时候，设计师需要考虑其他方式，能够更和谐地将两者结合在一起。不相容的特征十分常见，也是对设计师创造力的挑战。设计师应该利用报告、设计原型或者模型等方法，对设计概念进行测试，从而避免不相容的问题，最大程度满足用户和相关者的需求。

5．测试由第四步产生的设计概念，按照第二步里归类出的特征维度，分别对其每一个特征进行测试。设计概念里必须包括尽量多理想的特征，尽量避免不良的特征。设计师可以从多种方法得到对设计概念的评估：（1）让用户对某个产品提出他们理想中的特性，将设计概念的特征与用户的理想特性进行比较；（2）让用户对设计概念的每一个特征打分；相比第一种方法而言，第二种方法并不理想，但更容易分析其结果。

以上的方法里，第一步：分析并拓展产品的特征；第二步：在用户和相关者的基础上重新归纳特征；第三步：在用户感知和需求的基础上，拓展设计元素；第四步：将人为分散的元素重新融合为一体；第五步：让用户评估设计是否符合他们的需求。

这种方法被广泛运用。但它只是一种辅助指导，而不是一种规定；它能够系统化地拓展设计师的想像力、创造力和感知力，同时为可设计提供一个可实现的范围。通过相关者、用户、专家、评论员及其他感兴趣人员的参与，产品的特征能够被辨认及确定。必须重申的是，设计的特征由设计语言体现出来，并经过用户的认知和感觉得到认证。

俄亥俄州立大学的卡车内饰设计项目（Butter，1989）是一个很好的例子。图7-3展示了4种不同的设计。卡车生产商福莱纳（Freightliner）提供了40吨卡车的内部规格。布特教授的学生制作了一个全尺寸卡车内部模型。在与生产商商议后，学生们分为5组，每一组选择了一个方向进行设计：高科技、低技术、现代化、功能化和未来感。在第一步和第二步里，每个小组针对自己的设计方向提出合适的产品特征。为简单起见，每个小组避免采用其他四个小组使用的特征，这样，每个小组都能采用迥然不同的特征。

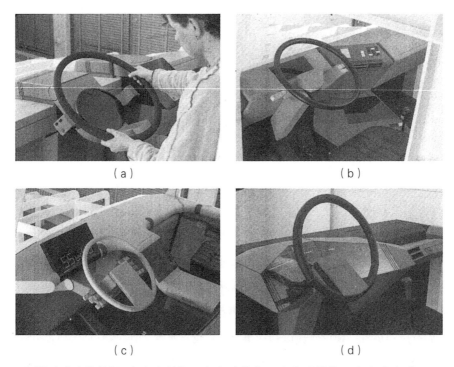

（a）   （b）

（c）   （d）

图7-3 不同的卡车内饰特征：（a）高科技   （b）功能化   （c）现代化   （d）未来感

在第二步里，采用高科技方向的小组总结了以下5个特征：

电子的

模块的

交互的

安静的

外露的

在接下来的第三步，小组将以上的特征拓展到具体的组件上，众多组件可以总结为以下5组：

透明技术

积木式的组成部分

可调节的部件

直线性样式

符合人机工程学的色彩

这些互相兼容的组件被融合到一个设计概念中，在第四步里经过测试。图7–3-a中的设计看上去像一个移动的电子办公室，而卡车司机成为控制系统的一部分。

在第二步里，采用功能化方向的小组总结了以下特征：

简单的

结实的

工业的

清洁的

反应灵敏的

同样的，小组将以上的特征拓展到具体的组件上，组件分为以下5种：

先进的技术

被隐藏的复杂结构

防水

开阔的空间

能掩盖灰尘的颜色

图7–3b是该小组的设计概念。这个设计将卡车的技术性表现出来，侧重体现出设计上的简洁和耐久，而将复杂的电子设备掩饰住。图片上无法显示卡车内部宽敞的感觉。令人惊讶的是，在第四步里，设计产生了意料之外的特征。设计的组件采用了许多军事设计元素：结实、单色调、缺乏舒适感和诸多机械控制。这些组件与小组起初的方向"功能化"产生了冲突。设计师们选择避免这些设计特征，最终得到了一个人性化、符合使用习惯、操作简单却又精彩的设计。

采用未来感方向的小组的得到以下特征：

深奥微妙的

精密的

有条理的

敏感的

严肃的

而从中得到以下几种组件：

太空时代的工程设计

飞行员座舱布局

办公室形式的硬件

结晶形状

较少使用颜色的材质化喷涂

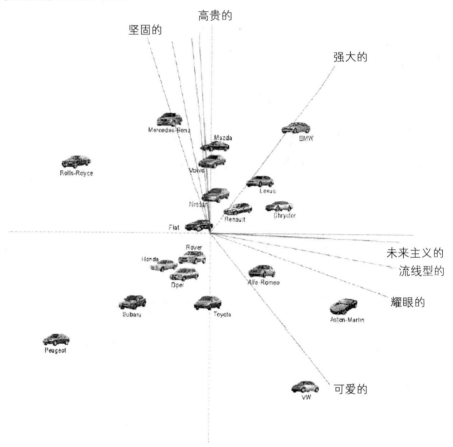

图7-4 汽车特征的多维分析

　　将这些组件结合后，小组在第四步中得出一个惊人的雕塑型设计，干净简约的介面将司机和乘客环绕其中（图7-3d）。

　　虽然这些设计提案没有经过大量正式测试，但小组成员通过采访了解到用户心目中的理想设计特征，同时与设计概念的特征相比较。未来感小组的设计与用户心目中的理想设计最为接近（Butter，1989）。

　　图7-4中显示了对汽车特征的多维分析（Cheng and Liang，2001：533）。物品的特征形容词被解析分拆，从中提取影响它们的原因。这一方法被用于获得现有汽车之间的语意差异，它也可以被用在步骤2中，从而发现一组简化的物品特征，或被用以测量设计方案是否与市场上现有的汽车具有差异。

　　另外两个例子可以证明这种方法能够被使用在多个方面。图3-10中，设计师用隐喻表现电梯内部设计的特征。该项目是为了缓解一些人位于狭小空间时感受到的心理紧张问题。

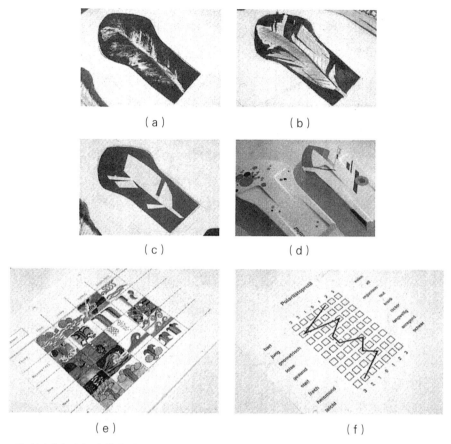

图7-5　通过图形方式探索替代特征

图7-5中，设计师使用图形化方法来改变物体的特征。这个项目里，美国俄亥俄州立大学的布特教授指导他的学生设计滑水板，一种二至三英尺长的，用以锻炼和娱乐的水上浮动装置。瑞士圣加仑造型学院的学生汉斯·吕迪（Hans-Ruedi Buob），从语意学原则的角度探索这个项目。图7-5a演示了他用羽毛的形式来体现"轻"这个特征，在图7-5b、图7-5c中变得更加抽象。在图7-5d中，汉斯采用其他表现方式来体现另外的特征。图7-5f中，9组语意差异表被用于衡量描述"轻"与"重"的形容词。作为描述"轻"其中一项，"轻巧"显而易见。同时，"轻"也与"年轻"具有明显的关联。其他形容词则位于语意差异表的中心地区，它们比较模糊。而抽象的形容词也不一定比形象的形容词更清楚。最后，这些形容词需要通过用户测试得到最终确定。

一个在日本被称为"感性工学"（Kansei Engineering）的设计评估系统，也是（重新）设计产品特征的方法。它关注物品的特性。"感性工学"采用了略有不同但部分类似的术语，采用了不同的认识论，同时省略了步骤4，但也利用了奥斯古德（1957）的语意差异尺度，使用形容词来表述一件物品。语意差异尺度是定量分析方式，被感性工学工程师广泛采用。

在日本，"感性"涵盖了多种英文意义，如敏感性（sensitivity）、感觉、识别力（sensibility）、情绪、美学、情感、感情和直觉等，这些意义在日文中指的都是人对外界刺激的心理反应。在日文里，"感性"的反义词是"知性"，指的是对外部因素的知识（Lee and Stappers，2003）。感性工学的研究人员认为，所有的人都有自己特有的感性反应去应对外界的刺激。

根据长町三生（Mitsuo Nagamachi，1995，1996）提出的理论，"感性工学"包括5个步骤。首先，通过问题或者形容词汇的形式，从用户处收集"感性"词汇；其次，建立产品的功能和"感性"词汇之间的相关性，发现物品属性的表现；第三步，搜索并扩充针对这些相关性的"感性"词汇库，对它们使用语意差异量表进行分析，并减少它们的数量。这个专家一般的电脑系统就是感性工学的核心。第四步，让潜在用户对新设计提出自己的"感性词汇"，在第五步里评估这个新设计是否接近于理想中的设计。

因此，"感性工学"假定产品的功能和用户感受之间存在着一个非常明确的关系。如果产品的功能可以被控制（设计师的职责），如果用户对于产品的感受可以被预知，那么，设计师就可以改善用户的感受，从而提高销售量、易用性和用户满意度。然而，"感性工学"难以预测人的感受。"感性词汇"涵盖了太多的社会现象。通过收集用户形容产品的单词和得到用户最终的评价结果，"感性工学"工程师过于偏重语言。这种方法可以预测经由用户的概念、期望、感情以及语言习惯所形成的"感性词汇"。但语言和此类评估方式不能发掘人们内在的情感。

如图4-1中指出的，同介面、概念或感情一样，物品成为了人们语言交流中的一个部分。

在语言中，用户用多个形容词和其他语言结构来描述一件物品的特征（4.3节）。只有当用户通过认知、体验、感觉和理解，才能用形容词描述物品的功能和设计。所以，（重新）设计物品特征的方式，包括感性工学，并不能脱离文化习俗和社会影响。人们的感情不具有全球普遍性，因此，也不能证明每个人对某种形态的感情是一致的。虽然"感性"一词在日本可能是明确的，但它无法准确地被印欧语言中的常用概念所概括。以人为中心，也必须尊重每个民族文化之间的差异。

7.4.2 让产品展现其工作信息

这种设计方法旨在强调产品的意义、组成和功能，让设计自我体现出产品的功能性。这种方法：

- 适用于技术成熟并已经解决工程问题的产品，例如空气加湿器、咖啡机、个人电脑、电话等。但
  - 它们的技术可能不能被用户广泛理解；
  - 产品加入了一个新的功能，而这个新功能可以将该产品与同类产品区别开；
  - 这个类型的产品已经变得非常大众化，如果能够重新强调它的功能组成，也许能给产

品带来新的生机。例如,目前的办公设备、传真机、复印机、打印机、碎纸机都拥有非常相似的形状和颜色,而难以得到区分。重新设计的目标是根据它们自身的功能出发,进行设计,从而区分每件产品。

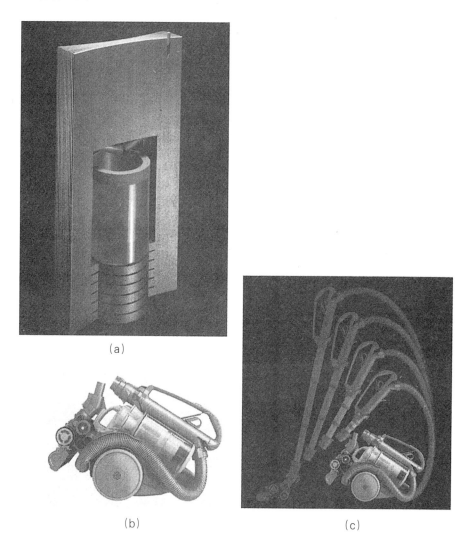

(a)

(b)   (c)

图7-6 很好的体现功能性的设计。(a):室内除湿机,1987年由保罗·蒙哥马利设计;(b)及(c):戴森真空吸尘器

- 凸现设计而不是隐藏设计,必须能够为产品带来好处,例如改善外观、品牌推广、改进使用、更符合用户识别等。
- 用户群体需要对产品具有一定的知识,从而理解产品如何使用或有对产品技术有良好的使用感。

尽管彼得·斯塔易(Peter Stathis)和我一同制定、传授和应用这种方法,在克兰布鲁克艺术学院任教了一段时间的迈克尔·麦考伊(Michael McCoy),是此方法的主要支持者。麦考伊一直着力于改进毫无意义的"万能设计"方法,这种万能的方法就像将各种产品统一归类到相似的彩色盒子里。他不希望采用陈旧的技术功能主义理念（如1960年的电子手表，为了体现其新颖的技术，导致用户难以阅读时间），也不希望纯粹地将产品隐藏的结构暴露在外（如巴黎的蓬皮杜艺术中心）。麦考伊想通过让产品在不同的使用环境下体现出不同的功能，从而在简洁介面和美观外表之间寻求一个中间方式。他在克兰布鲁克学院教学期间有一个产品案例是克罗恩丽莎的电话簿（图3-8）。这个电话簿的页面可以像一本书一样被打开，每转一圈都能改变介面上的按钮，将电话簿转变为直拨电话、电话簿、电话录音、重新播放器、记录本以及其他。它的组成部分揭示了它的实用性。

该方法包括5个步骤：

1. 将产品概念分解成为一个由概念部件组成的网络，每个部件间的关系都有助于了解作为一个整体的产品。布线图是一个很好的例子，一个复杂的功能可以被分解成一个部件组成的网络。电子工程里就有许多方法能够将功能分解成便于分析的部分。在决定特定的组件之前，设计师需要尽可能地探索更多的分解方法。有些方法可能会产生用户不需要或不明白的、过于技术性的产品部件；有些方法可能会导致过多的产品部件，对用户来说过于复杂、不好理解；这些都需要避免。这个步骤的关键是要发现最好的分解方法，从中产生易于理解的部件，和整合后的部件网络。

我们只能靠想像来推导图7-6b和图7-6c里戴森真空吸尘器的部件网络。传统吸尘器将软管、容器、过滤器和排气扇链接在一起。人们通过把手和按钮控制整个吸尘器、开关及电线。这些组件显而易见，但也有不同的方法将它们结合起来形成一个整体。这些部件组合成为种种直立的、罐装的、手持的、自动的、中央式以及工业真空吸尘器。戴森使用气旋技术而不是过滤袋，从空气中分离污垢，所以它需要与传统吸尘器不同的特殊部件网络。另一个例子，椅子拥有漫长的历史，与计算机相比，椅子的部件也更广为人知。虽然椅子的部件少得可怜，但它对功能部件的分解并不少。这个步骤的关键是让设计师尽可能多地探索一件产品的部件网络。针对这一步有一个经验法则仅供参考：在任何一个级别的分解，产品零部件的数量应该在5到9个之间（Miller，1956）。

2. 生成每个部件实现方式的列表名单。分解是一种分析任务，生成列表名单则扩展了可用的选择。寻求替代技术为多变性的一个重要来源。设计师也可以从用户使用产品的情境中发掘用户的感知，探索用户概念模型（用户概念模型S），或搜索用户对产品的比喻，这些都能够为产品每个组件的设计带来灵感。例如，如果一个部件太热了，它会被戴上防护罩；一个装流体的器皿也许会作为一个筒状容器出现；一组电池的外壳或许能表达电池所提供的电源。并非产品的每个部分都需要被强调；并非所有的部件都同样重要、吸引人、或富有意义。如果产品某个部件的技术很难被理解，那么它也可以被装入一个通俗易懂的部件里。戴森吸尘器采用了一种罕见的旋风除尘技术，该公司希望强调其显著特点。此步骤中的重点是得到大量的易于理解的可用组件。

3. 探索如何将设计融入用户的环境中。这种环境可能包含支持设计成分——例如，让产品站立的表面、与设计相互协作的设备、避免设计接触的设备、保存设计的容器、语意层次以及设计可以取代的陈旧技术。在这种情况下，设计师可以将使用环境中的相关特征作为设计的一个部分考虑，用类似步骤2中所使用的方法，不同的是，设计所在的环境是一个客观存在的部分，而不是设计的目标。在步骤3中，最重要的是发现设计所使用的环境，从中用以限制步骤2中所设想的实现方式。如图7-6a，保罗·蒙哥马利（Paul Montgomery）著名的加湿器（Aldersey-Williams，1990：94）本意是作为一个独立的雕塑品，在家中优雅地展示。戴森的真空吸尘器能够被用户拖动，并存储在一个小的地方。

4. 调和设计组件之间的不兼容性。根据在步骤1中产生的概念部件网络，在步骤2中生产列表名单，并满足步骤3中的标准，由此将不兼容的组件们融合成一个整体。首要也是最重要的问题，如何评估此类概念的技术可行性。虽然有时候理想非常奇幻，但在现实中，液体不能和声音结合，座椅需要一些东西来支撑重量。为了让设计组件能够被更好地理解，设计师可能需要创建它们之间的过渡关系，或发现对组件一致性的比喻说明。

使用金属波纹管将高度可调的座椅连接到支架上，这就是一个过渡性组件的例子。在图3-8a中，克罗恩（Krohn）的电话簿代表了隐喻说明。另一个例子是图7-6a中蒙哥马利的除湿机。除湿机包括进气口，一个用于收集所提取水的容器、冷却机和开关。这款除湿机十分显眼的形状表明，潮湿的空气会从两侧进入除湿机，之后潮湿的空气被冷凝，还原为水，并储存在收集水的容器里。它的形状也形象地体现了加湿器的功能。就算除湿的工作原理完全不同也没有关系。从空气中将水挤出来的想法是可以被大众理解的。戴森真空吸尘器的设计则采用了另外一个方向，它将用户需要处理和理解的部分露出，然后将这些部分组尽可能装在最小的空间里。这种情况下，用户能够清楚地看到每个部分的功能，也能够在不使用时发现每个部件的位置。在图7-8c中，请注意观察戴森吸尘器如何将它的管收纳于车轮周围，而把手如何可伸缩地延伸。

第四步是创意最重要的一步，也是设计师能够脱颖而出的一步。这里描述的方法只提供了探索设计的一种方式，设计师可以继续寻找最能够表现自己设计的方法。图7-7描述了布特的一个学生如何努力探索使用其他方式来操作饮水机的办法。

5. 对于用户来说，测试是否容易而自然操作，以下几点最重要：

（1）区分产品的组件，例如，通过命名组件，或通过识别它们的功能与用法而区分；

（2）通过组件的排列方式，分析设计整体的功能；

（3）在产品使用的环境中发现适合产品的地方；

（4）与现有产品相比，新的设计是否毫不逊色。

通过观察用户在没有指导的情况下如何使用产品，或要求用户叙述自己的使用行为、时间及地点，设计师可以对设计做出测试。测试标准很简单：用户对产品的理解应该直观，产品也应该清楚地表现自己的功能。

同样，在步骤2和3中，这种方法鼓励设计师创造出可能超出了想像力的设计，步骤4中要求设计师将他的想像实现为新的、更好的产品。在步骤5中，用户使用最为关键。但，观察用户也可以出现在步骤2中，同样可以创造出容易理解的产品概念，并在步骤3中，通过观察用户而了解产品使用的环境。

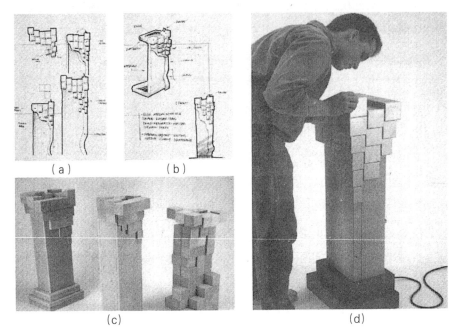

图7-7　为喷泉设计探索"冷酷"的综合表现

总结这种方法并不代表前面提到的设计师都严格地采用了以上步骤，或者说麦科伊赞同其方式。这种方法作为一个有用的教学指导，能够鼓励设计师创造出容易被用户理解、适合用户使用环境的产品。想要创造用户接受的产品，设计师们通常会直觉性地使用该方法中的一些步骤。

7.4.3　利用故事和隐喻设计原创产品

有些设计师认为，新鲜的想法是创新和推动技术发展的源头。这也许是某些设计师的经验，但除非被明确勾勒和通过实例阐述，一个人的想法、意图、表象及展望无法激发任何其他人。如果设计师们不能明确阐述他们"新的想法"，他们就无法在团队中工作、向专家进行咨询、说服客户、并让利益相关者参与进来。此外，大多数时候，设计师的想法出现在头脑风暴会议或与其他人的谈话中。第4章里明确了语言在赋予物品意义中扮演的核心作用。我们必须认识到，大量的设计是通过谈话中的叙述，也就是在广义的语言中产生，其中包括了视觉辅助、演示和表演等方式。设计将对未来难以捉摸的叙述和隐喻等转变为具体建议，以实现这些对未来的设想。也就是说，设计从一种叙述方式开始，由另外一种叙事方式结束，例如，设计提案是一种叙述，在其帮助下，它能够将设计及其生命周期实现。

这里建议的方法需要设计师认真考虑语言在设计中所起的作用。这种方法鼓励设计师使用口头隐喻（4.5 节）和叙事（4.6 节），从中借鉴和产生巨大的创造力，并将设计嵌入这些形式的语言之中。这种方法由已故的约翰·莱茵弗朗克（Johnn Rheinfrank）所领导的设计界完善，他们将模糊的概念具体化，并且激励大家进入语言的新层面。他曾与笔者前几章里提到的探索设计实验室合作，为多用户系统开发新的介面，制定企业设计战略，创造教育的机会，通过叙事方式将全新的产品系统应运而生。莱茵弗朗克的理念受到了亚历山大（Chistopher Alexander，1977）等人的著作《模式语言》的影响。《模式语言》提出了如何从语言原型（proto-language）到建筑和城镇的路径。以下概述的步骤并不是由莱茵弗朗克首先提出的，但莱茵弗朗克清楚地描述了它们的做法。这些步骤已被证明在各种情况下取得了成功。必须强调三点：

- **心领神会**。以人为中心的设计方法基于一个事实——人们期望自己说出的一切都能被别人理解。如果无人倾听的话，讲故事的人就很难讲述完一个故事，因为他知道在场的人在做其他事情或无法理解叙事者的语言。如果听故事的人无法理解一个故事，那么他就很难去聆听。同样地，谈论一件事物受相同因素影响。在一个故事里，事物总是被叙述出来，以便得到理解。当听众能够重新复述他们听到的，或使用他们听到的信息，例如回答相关问题时，这个故事就被人理解了。因此，讲述事物这种行为暗示了二序理解。谈话是一种社会现象，而能够讲述一件事物，才使谈话变得有意义。

- **变异性和创造性**。复述很少产生精确的副本。这是技术决定论的观点，因为他们将复述故事与录音机相比。在复述故事的时候，人们无法避免加入自己的观点和知识，同时淘汰对听众无意义的元素的题材。这种变异性是预料之中的，也是自然的、非常可取的，因为它使故事变得更易于理解、有用且高效。因此，复述增加了一个故事的可诉述性。当故事的一部分从一个人传递到另一个人或被人重新回想的时候，复述能够遵循事物，自然地提高其叙事性，增加可理解性。这就是叙事设计方法的核心。

- **协调而非共享**。前面两点里都提到了连贯的谈话是一种社会现象，而事物往往受文化影响，所以最好的设计产生在与合作者或反对者的沟通之中。这种讲述的方法并没有规定一件物品是如何被讲述的，但这种方法提供了引导，通过利用语言的协作性和复述的普遍性，使其结合起来，创造出更容易被接受的、更充分有用的、更加真实的设计提案。

从表面上看，创新性和可理解性显得格格不入。然而，只要基于足够数量的常用观念，即使是概念小说的叙述也可以被理解。同样的，创新的设计概念也能够被理解。在设计里，不同利益相关者的参与增加了叙事理论的另一个重要特点：对一件事物的理解不需要被不同的利益相关者群体共享。用户对物品的叙述只需要达到他们所需的；工程师对物品的叙述也不需要超越他们的技术专长；所有其他利益相关者也如此。对一件物品的叙述能够起到促进利益相关者之间的交流，从而使概念故事变为真正的产品。

这种方法：

- 适用于设计全新的物品、系统、程序、服务或策略，而其可行的概念或样本尚不存在。
- 现有的对未来的描述令人兴奋，但却难以捉摸：它拥有大量隐喻却不具备令人信服的事实，拥有概念设计却缺乏现实依据，有充满潜力而耐人寻味的想法却仅限于梦想家的故事里。
- 现有设计概念需要更多的知识和技术，使其虚幻的故事成为可能，但更重要的是，通过故事的传颂，可以调动社会资源，有望出现生产者、使用者、利益相关者、受益者或批评者，共同将设计概念变为产品。

该方法包括的五个步骤，顺序不分先后：

1．收集或产生相关叙述和隐喻。这一步骤能通过获得尽可能多的来源，扩大设计师的叙事视野。设计师的客户是最明显的开始。他们带着自己的故事和设想而来。为了增强这种能力，设计师要熟悉虚构文学（7.2.1节），或与作家相识而向他们学习。为了打击恐怖主义，美国军方雇佣好莱坞的编剧，以帮助他们想象各种军事方案。在任何文化中，都有许多充满潜力却没有实现的故事。在西方，科幻小说一直是新技术的推动力之一。但同时也有新技术创新小说、未来学家预言、行业领导者的言论。我们不需要完全相信这些小说和理论，而是要挖掘他们的隐喻和概念。与各种技术学科的专家讨论课题，也是发掘相关故事的另一种方式。一个更保守的做法是收集人们讲述的、有关他们对技术发展的展望和恐惧的故事。但，这一步的目的并非创建一个现有的叙述数据库，而是要发现能够替代已知技术的不寻常方法，从而将设计引领至未知方向。

2．在情境和语意组件中分析叙事。理解故事叙述顺序的原则是：在事件B之前讲述事件A，往往暗示A发生在B之前。按照事物能够被理解的顺序描述故事，通常与它们的使用顺序相符。这一原则将故事映射到情境中（图1-16），最终将故事翻译成交互介面。利用情境支持叙述序列可以增加可理解性。

在欧洲语言里，典型方法是通过名词和它们之间的动词短语来描述事物之间的关系。名词的叙事结构可以为理解物品的物理结构提供线索——针对如何理解物体，而非它实际上如何建成。不过，名词并不简单。抽象名词可指进程，如"生产"或"流程"；名词也可描述关系，如"互动"或"介面"；名词同时也可指感觉，如"疲惫"或"兴奋"。关键的是，叙事结构如何能够通过语意学转向，被用来理解一个物体的材料组成。语言中充满了来自民间的方法。

人类学家们已经对此进行了多年的研究（如Thompson，1932）。例如，有一种方法是"演员—行动—目标—手段—效果"方案，它经常被用于描述"谁、说了什么、对谁说的、产生的影响"，从而描述在技术的帮助下人们的行为（Lasswell，1960）。也有一种"生产者—产品"的方法，带有隐含的意图。也有方法完全基于描述物质的属性（固定属性）、尺寸（它们现有的或者变化中的）、功能（它们可能会或可能不具备的功能）。需注意的是，从概念上看，关系指向物体相似的地方，或者物体作为另一个物体的部分存在。两个物体的关系可以是因果关系，如果一个物体影响另一个组成部分；它们也可以是交互式的，如果组件会相互影响；关系也可以是变化的，如果组件在相互影响的过程中被改变。所有事物都不能用一个单一的语义关系来形容。

一些即使不是特别有诗意的描述也充满了隐喻，例如，物体所具有的属性：它们能拥有什么、能做到什么，或者它们选择做或不做某事。但，具有复杂概念的隐喻最能够启发人们理解科学技术。例如，在理解电脑工作的时候，用户自然而然地为电脑不配合而发怒，或者描述某个软件"挖掘"文字信息时，如同相信该软件是从文字里深入寻找稀缺的宝贵信息（见3.1.2节和4.5节）。

3．探索可行的技术细节。可以通过有针对性的叙述、增强场景和组成系统探索技术细节。然而，将叙事结构转化为物质结构的困难之处在于另一个叙事原则：认知平滑。一个好的故事会将听众可以自行预知的细节省略。例如，"点击一个特定的图标，可打开窗口"无法解释这种做法的基础机制，但由叙事测序的原则，听众可以由这句话推断出因果关系。如果一件事物以讲故事的方式描述，设计师可以自由创造任何结构和机制，只要它能够符合这种叙事结构。这样做会保持叙事的连贯性，而无需揭示效果如何实现。可是，同讲故事不一样，设计需要解决细节问题，让一件物体可以运作。这需要设计师关注物体的所有细节，包括内在的、基本的、或者不为外界关注但会影响到物体工作的部分。

在故事里，汽车可以飞，时间机器可以穿越时间和空间，永动机可以自行运作。这些概念存在于故事里，因为叙事者可以轻松将细节用抽象和平滑讲述的方式带过，只要听众不在乎故事细节，故事就是可信的。人们不应该因此就认为故事都不真实。历史已经证明神话可以成真，古时人类就拥有飞翔的梦想。中世纪的人们想像出能够思考并且下棋的机器，当时作为将人隐藏在棋桌里的一个魔术师的把戏，而现在已经成为现实。通过描述细节，可以将故事和真实物品设计之间的差距缩小。能做到这一点的叙事通常展现出特质性、实体性和经济性，并且包括人们可以操作的实际步骤。

在这一步，设计师可以探索许多方面来缩小这种间隙，如寻找替代方法、利用其他领域正在开发的技术、探索新理论。由于设计师关注的是这种叙事中的间隙而非引人注目的叙事，因而缺乏能够被所有利益相关者理解的细节。在特定的间隙上只能依赖专家。

4．综合和实现。在前一步中得到的故事，在这一步骤里被重新描述，把它们结合在一起成为一个理想的连贯整体，包括足够多的用户专注的细节。先前的步骤提供了不同人的大量叙述，从梦想家到专家，而他们的叙述通常是矛盾的，也可能描述的相同。在这些叙述里，只有部分有用；绝大多数可能只是纯粹的幻想，或在现阶段不可能实现。驳回不切实际的叙述非常容易，所以应该经过仔细考虑。每一个幻想都有令人信服的理由，而且是经常有可能从中发现隐喻，使一个看似不切实际的叙述成真。例如之前提到的人类能飞的梦想。永动机违背了公认的热力学规律，是物理上不可能成立的幻想，但如果能够重新规划，则可能设计出不需昂贵的能源，比如依靠太阳能或者地球的磁场，就可以工作的机器。又如时间旅行，是另一个物理上不可能实现的幻想，但它具有强大的吸引力，它可能无法以小说故事里的形式实现，但现在我们可以通过使人录制自己的过去，重温和改变她的经验，来达到类似"时间旅行"的体验。隐喻是强大的设备，能够重新构建一个愿景，重新接合一个熟悉但无法实现的故事，或者概念化一个不现实的目标。心理治疗就是很好的例子，患者与一个令人沮丧的故事生活了多年，治疗可以通过重述或重新合成，将这个故事变成新的经历。这里需要综合的总体隐喻，为重构物体发生的故事提供基础。如果无法发现一个综合的总体隐喻，故事的细节及其组成部分应该至少不会互相矛盾。

为了让重构实现，物体需要能够被不同的方式叙述。如果事物作为一件具象的物体，它必须可以令人信服地叙述其几何形状、物理和机械运作。如果其中的某个叙事有缺陷，设计师就必须寻找失踪的细节或放弃这个设计。如果事物需要被人使用，对物体的描述必须包括人们如何与其交互。如果事物要在竞争激烈的市场上出售，对物体的描述必须能够讲述其生态意义和它对使用者的好处。如果事物是一个公共纪念碑，它必须在不得罪评论家和其他组织的情况下，讲述它的故事。如果事物是一个组织内部的结构方法，它必须能够带领所需的成员参与其中。无法说服利益相关者的设计可能需要被丢弃，至少要等到其他利益相关者、或不同的文化氛围、或新技术使这个设计再度可行。

5．测试。在与设计原型的交互过程中测试用户提出的叙述是否能够被实现（承诺它可以提供什么，是否有不良后果，或导致使用中断）。对于这种叙述，请参见7.3.6节中的口语分析，但这里的叙述被延伸到其他利益相关者。测试可能还包括生态方面的考虑：用户会如何使用竞品，或使用辅助产品。

两个例子可以说明这种方法。一是支持保险公司工作的探索设计实验室计算机系统的发展过程。除了要求使用该公司新开发的图像处理技术之外，这个系统的设计涉及到许多故事。在系统设计过程中，设计师首先开始收集那些涉及保险理赔的故事，例如：理赔人员如何进行工作的故事，他们的不便、困难、中断和失败经历；与上司的面谈情况；翻阅理赔人员需要用到的文件和文档，包括任务日志以及这些任务的跟进状况；理赔人员和他们工作环境的录像带；甚至让他们为看到自己在磁带上的行为发表意见。

第二步是将这些故事分析为叙述场景，这并不困难，因为系统内有每个人都必须遵循的规则：一些是法律要求的规则，一些管理层要求的规则。但系统里也有许多由经验和技术导致的习惯性做法。所以设计师将正常程序和应对意外的反应进行区分，正常程序可以被自动化，而应对意外的反应则需要智能注意，才能脱离常规例程需要。将这些归纳总结，我们可以看到不必要的部分和可能的捷径。

第三步，探索现有技术，包括大的信息技术领域。在此步骤结束时我们可以得到对需求的共识，以及存在的可能性，但还没有关于如何将系统放在一起的定论。

第四步主要的任务是寻找一个对理赔人员工作方法有影响的隐喻。这个系统必须让用户很好地使用。客户是一家荷兰公司，他们的指导思想就像一个风车，转了一圈又一圈，一遍又一遍做着同样的事情。如果将建成的介面采用这种指导思想，它会将理赔工作者变成减少无意义的机械零件，填写一遍又一遍相同顺序的表格，就像在官僚机构中一般。由此引出的关于索赔处理的故事完全沦为平淡。在设计的过程中，设计界探索过许多隐喻，有一个故事是将系统比喻为在一个房子的房间中穿行，每个房子代表着一个特定的任务，并配备不同的工具。另一个故事是将任务作为一个障碍来完成的，达到不同的里程碑，并航行过海洋，到达不同的港口访问，并做不同种类的业务。该小组还考虑从各种渠道寻找灵感，例如通信理论、古老的旅游地图、棋盘游戏、一个"事实"基础上建成的建筑，直到侦探工作这个比喻的出现。用"侦探"做比喻最为形象地形容了理赔人员的工作内容：评估文件的真实性、侦察隐藏证据或谎言、在逆境的情况下帮助受害者，并试图获得公平，直到事实足够清楚可作出结算和索赔。这个比喻将理赔工作描述得充满了刺激和挑战智力。工作时，当福尔摩斯的感觉乐趣非凡。这个比喻最后作为设计师向探索设计实验室提出的提案（这个故事的会在7.4.5节中详细描写）。

第二个例子源于笔者在东京武藏野美术大学设计系开展的一个工作坊。工作坊的任务是设计"一种全新的、与现有产品完全不同的水龙头，但需要在使用时能够清楚地被用户理解"。本科班的学生被分成13组，每组有6或7名学生。任务的第一步，发现并列出所有可以想像出的人类控制水流量的方式。在日本，对水的处理有着悠久的历史和丰富的词汇，是其文化底蕴的一部分。学生们创造了一个巨大的资料库，里面包括了各种控制水流的方式：截流湖泊、开凿运河、连续踩踏花园里的水龙头、从水壶倒茶、洗澡、倾斜一个装满水的瓶子或水桶、打开桶塞、使用障碍物重定向洪水、从一个开放的容器中舀水、从饮水机里喝水、挤压海绵、捶打浸泡过的布、将两条溪流的汇流处的水混合等，当然，也包括水龙头的使用。每个方式都为设计过程带来了宝贵的词汇。

第二步，将收集到的方式分析并组成使用场景。无论出于何种原因，学生无法理解隐喻的概念，他们觉得分析隐喻叙事是一件困难的任务。不过，大家都对漫画非常熟悉，漫画里包含各种各样的视觉叙事和场景，使用漫画的形式，学生能够完全理解并提出不同方法来控制水流量的场景：仪式浴、淋浴、厨房、公园等。图7-8所示几张图纸展示了一组学生的探索方案。

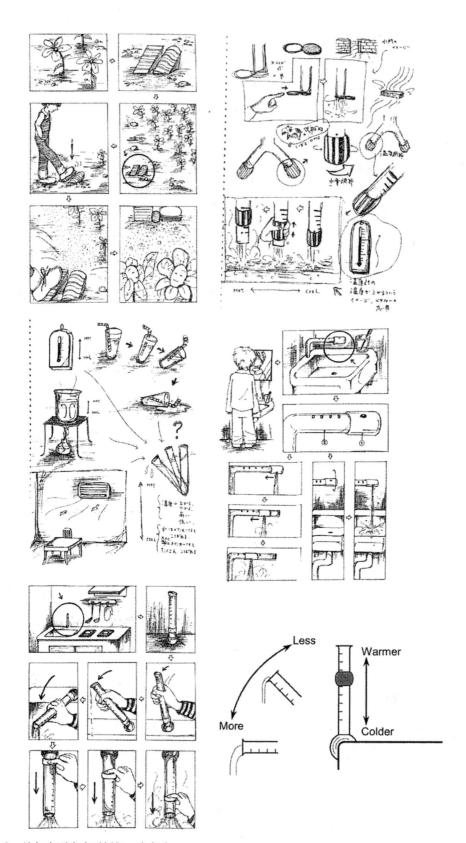

图7-8　从叙事到隐喻到创新：水龙头

因为水龙头基本上是技术含量低的产品，油管、热传感、控制技术和机械连接等相对不成问题，所以学生们被要求跳过步骤3，直接进入建造模型的步骤。第五步，在对理解性的测试中，制作出的模型被展示给非设计人员，之后他们需要回答三个问题："这是什么?"、"你会如何使用它?"、"你喜欢这种设计还是你以前习惯的设计呢?"虽然这些问题的答案，既不系统也不能产生定论，但通过它们能够判断设计是否成功。

图7-8展示了在这次工作室所产生的众多优秀建议中的一组，包括了设计探索时的图纸。图形一用一系列漫画图像，作为视觉叙事的一种方法，分析控制水的方式。图形二探索几种可供选择的方法，开关热水和冷水管，其中已经能明显看到，温度计成为设定温度的一个隐喻。图形三将倒水作为新水龙头的一个可能方案，并结合前两张图形发现了简单巧妙的设备。这个设备是一个基于球形底座的圆柱形物体，它可以被几个方向转动打开。它利用人们熟悉的概念：从玻璃杯或者茶壶里往外倒水的时候，器具越被平放，横截面越大。通过旋转给用户，它看起来就像将水呈现给用户。在圆柱形上的刻度凹槽让用户觉得通过移动环，设备可以调整到不同的设置。环的运动与温度计相符合：越高越温暖，越低越寒冷。环的颜色呈棕黄色。温度计通常使用红色的酒精柱，红色有可能会让用户更加熟悉环的意义。实验证明了这看起来不寻常的龙头其实容易被用户接受，它的使用方法显而易见和不言而喻。由于人们很容易理解倒水的方式和温度，使用起来完全没有困难。

新奇与熟悉看起来是一件物体上两种对立的特征。如果新的物体可以利用人们生活及文化里熟悉的术语和使用隐喻，那么这件物体很有可能能够让用户理解并可靠地使用。

7.4.4 制定以人为中心的设计策略

设计策略是为更加有效地设计出人性化产品而创造条件。 这不能和元设计（meta-design）混淆，而是通过关注抽象概念或概括化，来形成一个有组织的、有利可图的或可以形成具有特定文化环境的设计作品。一些上述的典型设计例子成果展示如下：

- **管理设计**。将设计部门的管理与该公司的策略目的相结合（已在1.3.5中提及）。它作为一种截然不同的设计形式，目的在于使特定活动更加行之有效且目标明确地指导员工。

- **制定直观显见的设计规定**。为一个较大的设计分类制定比较直观且显而易见的设计规定。比如在1980年代，工程发展实验室制定出一组规定，这组规定就被称作设计语言，其中包括选出的象征、符号系统，以及施乐公司（Xerox）对不同印刷品的不同设计。这些规则将科技知识与对文化的洞见交融为一体，并为标新立异留下了充足空间。在诸多已经讨论过的产品中，作为处理文件的计算机应用屏幕的确可以被称为一个精心之作。它允许用户追踪文件的路径，并且可以在文件卡纸的时候撤销任务，以及通过一系列图标指导用户完成可以进行的工作。这些规定节省了时间，因为它不必再另寻他法来完成不同的活动，而且施乐公司的设计可以通过一系列影印产品来保证整个行动的连续性，并且这一切反过来也使施乐品牌被大众所熟知。另外，长时间维护产品的统一性也使用户在产品更新换代时不容易学习一个新的操作系统，增强了用户对其品牌的忠诚度。这些规定十分成功，而且实际上它们也已经被很多其他办公设备制造商们所采纳（详见佳能复印机实例：图3-15）。

- **制定丰富的组合交互标准**。高度整合的系统通常由具有出众的独特交互功能部分组成，服务于一些特定功能，并存在于一个已成熟的有机系统中。其中一小部分的明显失败将会导致全局覆灭。反之，自组织系统则有许多未被授权的变体或备份用来对自身进行重新整合，以保证自身的独特性服务。这些系统还有一个重要特点：运用标准来替代其中一些构成要素，或将许多其他成分网络化用以形成许多不同部分。举例来说，乐高积木就基于一个十分简单的标准——将建筑砖块相互连结在一起。布置完毕后，这些组合不用事先详细告知，便可以被人们轻易地制作出来。在1970年代，汽车制造商们开始汽车模件化设计。新型式样通过使用更多容易拆装的生产零件制造出来。这种方法提高了设计过程的效率，缩短了改变生产线的时间，并且让汽车制造商能够很快地针对市场变化做出反应。而网络，由传递电子文档、文件和信息的相关协议标准而组成，显示出了多产的交互能力。它们允许独立开发者一起修改数目众多的工业技术，由此增加每个人的参与机会，这说明它具有巨大的实用性和增长潜力。自然语言的语法规则也是这样形成的，尽管它不是按部就班设计出来的，但考虑到无数的表达方法，这种说法也是成立的。通过创造出可以被人们接受的组合标准，设计能够具有代表性和详尽性，并可为科技能够继续发展并超越设计者的想像力提供了基础。

- **启发灵感的组织文化再设计**。大体上说，创造性出现在官僚组织和传统权威的压制被移除的时候。人们看到自己的工作已经为一些更伟大的事情做了贡献，而自己还只是一个小职员或只是做一份简单工作的时候，他们的灵感就被激发了。在某种文化下，人们如何互相交流自己的世界，以及他们为什么要做他们正在做的事情，这都与文化密切相关。一个组织中的文化使这个组织变得更加有意义，能或多或少对设计起到传导作用，也会影响整个组织的健康发展。在1960年代，设计师们都满怀激情地在博朗（Braun A.G）公司工作。这里是人性化科技的培育基地，它提供了互相尊敬的氛围，而极具创造力的想法便可喷涌而出了。没有一种简单的方法可以用来指导人们如何改变某一种组织文化。为了开始改变一种文化，我们能做到的是开始用不同的方式交流，互相讨论各种可能性而不是障碍；要容纳不同的声音而不是将其视而不见；保证工程的整体性，而不是只展示其一个方面。为了形成一个有创造力的文化氛围，施乐公司创立了施乐帕克研究中心（PARC），引导并开拓在物理、计算机和社会科学领域的跨学科研究，这里以后便成为了许多人性化科技的诞生地。知名计算机公司"苹果"在公司内建立了一个可用性实验室（Gomoll and Wong，1994），保证它有足够的影响力，这也为日后改变组织文化做出了贡献。

- **为产品未来发展制定适合的策略**。就像第五章中介绍过的那样，一个产品只是物品生命循环中小小的一节。一旦公之于众，这个物品便会走进人们的日常交流中，竞争者之间的激烈竞争，批评家们的赞成与批评，以及力量雄厚的大财团提出的所有权都导致整个产品的意义已经转向到一种让人无法预知的地步。为了维持自己的生意，生产者就要开发新产品或者改善已有产品。但他们也必须更加注意他们赋予产品的内在意义，并花大力气来保证这些意义对自己的生意是有利的。然而，自从竞争者也可以做好这些方面之后，关于产品开发、发行和退市的策略都不仅仅指导了此产品本身的科技发展，它也必须知晓竞争者的追踪策略。在使用科技时，我们必须依靠这难以控制的文化环境或者不断的社会变迁，运用大众传媒集中火力来进行重复的宣传，掌握经济周期和周遭环境问题，还要适应经济和政府在管理规定中的改变。

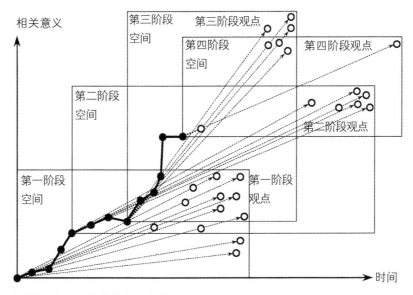

图7-9　不同时期的产品开发的设想和步骤

在一定空间内概念化一个适合产品发展的策略，结合现有知识水平和利益相关者的观点之后，一个新颖的技术从现在起到之后的20年内该何去何从，另外关于某个产品的提议，一整套产品的出现以及其他一系列行为都会成为朝着这个观点努力的途径之一。文化力量、经济力量和政治力量，这些由外部设计师所掌控，进而贡献于产品意义转换上的行为需要被审查。如果这个被讨论的产品在几年之后对人们不再有启发指导作用，那么现在的策略则需要再修订更改。这种校订不仅需要向往未来的观点，还要拥有可以实现他们的途径。因此，一个被持续修改的产品发展策略便就形成了，它可以引导设计观点朝着可预见的未来前进。图

7-9描绘了按时间顺序产品开发的四个过程的草图。为了测试对未来产品的观点对观众是否有意义，汽车制造商会研制并在车展上展示所谓的概念车，并且详细记录公众的反应。一些公司会雇佣智囊团或者鼬鼠工程团（属机密工程项目团队）来使未来科技概念化，起初对想像力并没有限制，但随后要发现通往那个方向的发展道路，还有人会通过发展大学项目来获得新想法。科隆电梯升降机的内部设计（图3-10），以及卡车驾驶室的内部设计（图7-3）都是通过上述目标实现的。但IBM也是值得提及的，最近一代的超级计算机研发出新形式、可以进行巨量并行的计算项目。虽然它还在研发之中，但已经通过他们的计算能力、小型化、模块化、特殊冷却需求和出现在办公环境中的极大可能性而出名。布特的学生提出了许多提议，其中三个可参看图7-10。这三个提议中的任意一个都可以影响未来科技发展的看法。

这些设计策略，尽管没有逐字逐句地说明，但却给其他设计方法提供对现状的相关理解。这个研究并非研究现存的或者可以被概括化的观点，而是去研究那些可以被改变的、有千万种变化的空间创造可能性以及通过想像更加贴近未来现实的途径。为了让利益相关者融入到设计过程的不同阶段，只要方法确实令人满意并且结果的确对他们有意义的话，他们并没有必要持有相同观点。

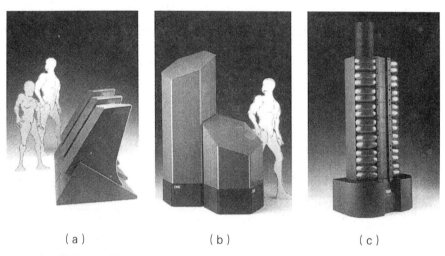

（a）   （b）   （c）

图7-10 IBM表示模块化和计算能力的超级计算机的设计

7.4.5 通过对话的方式进行设计

先前介绍的方法会在不同阶段上与利益相关者进行合作，但大部分都充当应答者、提供资料者、支付重要小组成员或允许极少的成员来跟进个人进程的角色。我在探索设计实验室的一个非常值得一提的经历就是与设计者和他们的客户在多学科发展团队中一起工作，大概使用的就是被称作对话设计法的方式工作。

对于整个过程的外部观察者来说，对话当然不能预知，但同样对那些对对话过程有一点指导性贡献的参与者来说，他们也不能预知谈话。参与者可能拥有不同的专业背景，但对话需要保证他们中每个人都有平等的对话权利以及参与的可能性。在对话中，不能禁止任何人的讲话除非他/她侵犯了其他参与者的对话平等权。参与对话并非辩论，因为这并不需要判断一个观点的输赢；对话也不需要说服和劝导，因为这就要求对话参与者最终要臣服于另一位；对话更不是怀有期待地进行内容分析并且让参与者同意分析过程的事。对话是争议的悬置和搁浅，并且通过倾听他人所言来证实自己的观点或使自己优于其他参与者，并了解或寄希望于对方的贡献。所以对话在理想上是一个天生极具创造力的合作过程，它不会因任何一个人而起，也不会被任一参与者所独占。他可以被认为是参与式设计的典范。

我们继续先前已经间接提及到的一个设计作品。探索设计实验室被要求运用客户已开发好的技术，并依赖客户的工程师来开发一个新的计算机应用，但使之市场化和用户友好化是其首要驱动因素。这种科技可以使应用在诸多方向足够灵活地发展。探索设计实验室组织了一系列工作坊，最初和客户代表们商讨，但很快被说服邀请所有与其相关的人来参加讨论。在这个案例中，参与者包括项目规划指导者、硬件和软件工程师、技术潜在用户、偶尔会出现的市场人员和广泛对此过程感兴趣的成员。然而主动权当然是在设计师们手里，工程设计实验室毕竟被认为是将要在未来科技成果领域被广泛认可的标准尺度。探索设计实验室提出了新的概念、方法和象征，并用报告和展示的形式提出来，其中包括许多问题需要工作坊的解决。工作坊的日程使其更注重典型对话的不可预知性，但它反过来还保证了对话整体框架的主要特点。探索设计实验室对这个作品的贡献包括：

- 对存在于尚未出现的未来科技进行描述，尽管不能确切知道它是什么。它使用了一种很快便能被大家接受的语言，因为它需要专家对每一个他们所知晓的完美掌控的细节都承担责任，并且保证他们的声音出现在舆论中心。每一位参与者都有机会提出自己的观点供他人倾听。在探索设计实验室参与之前，对话参加者与客户之间的关系并不对等。

- 可以产生可选择的诸多方法，以便日后会议中来研究优缺点。这种方法可以让对话参与者跳出他们的惯性思维，并积极调查方案的优缺点。因为这是工作坊间的一种新方法，对话参与者之前从未体验过这种发展和交流并发的雇佣模式。在这个过程中，参与者追逐一些自己的方式，并补充技术细节来进行比较，使之起作用。

- 最后，与这项技术有关的利益相关者会做出最后的决定，他们会把这项技术从设计者头脑中的概念变成现实。最终，利益相关者拥有一个可以发展的项目，而设计者的目的是让他们自身变得可有可无（详见3.6.2节）。

一个值得一提的对话设计经历是指没有人可以准确说出谁到底做出了什么样的贡献，所以当利益相关者想要明确对客户要求有主要贡献的设计者的时候，可能会遇到些麻烦。开展一个真正的对话既要互相尊敬，又要无拘无束。并且对话方式的设计也需要标准来衡量设计的完整性与可接受性。有一些先前讨论过的客户努力派出观察者去学习探索设计实验室如何工作，因此在进展过程中完全知晓探索设计实验室的领导角色，经历了一系列工作坊之后，一个参与者对工程发展实验室的真正作用感到惊讶，他感受到工作坊的参与者"完全独立来完成自己的工作"。理想化地说，这种表达方式只是对对话参与者的一种恭维。所有想法都期待得到信任并假定会得到奖赏的话，往往限制设计者的能力发展。对话方式扩展了设计师的客户的能力，这种能力在设计者退居幕后的之前和之后都在持续进步着。

更困难一点的问题是：如何找对时机，让怎样的数量和种类的利益相关者参与到设计中来。例如，一个关于未来办公环境和家具的设计项目，要求探索设计实验室不要超出目前正在进行中的团队和客户寻找联系人。因此，探索设计实验室也无法让关心这件事的人参与到对话当中。

7.5　确认语意内容要求

显然，人性化设计的最终目的就是设计出成品，理想上不需要任何解释和其他证明，并且确保给用户以可信赖的、无障碍的界面。设计科学不能完全依赖"表面效度"，它不得不为设计者提供更多详尽的信息用以向利益相关者提出自己的观点。

就定义而言，设计是指对尚未成形的人工物进行建议，设计师们需要使他们的观点生效，这与科学家争辩其科学发现是否正确有效的方式不尽相同。科学证据植根于过去（而且只是对未来的大体概括），并且依赖于系统地观察数据搜集工作。相反，设计的信息首先关注人工物无法预知的将来，以及利益相关者有条件的行为，比如让他们意识到设计的独特性。换句话说，科学家是为了解释这个看得见的世界，而设计者则面对这个富有创造力的世界，并且还不需要用诸多不同方法来证明其有效性。

正如本章介绍的那样，就为实现未来用户与人工物之间的介面需要做些什么这一问题而言，当真正的症结是使有所怀疑的客户相信这一设计的优点时，设计师认为其客户缺乏艺术的敏感性和文化远见；他们对此声称，无论真实与否，既不是在经验上可论证的，也不是相关联的。因此，在第三章至第六章中提出了4个价值概念，共同为设计师们提供了一个固有的主题，即可观察的、可共同工作的和可测量的，同时也为他们在向他人说明其提议时提供所能仰仗的新论据。

- 人工物的使用意义显而易见，以用户靠近、接触并学会依赖于它们的方式表现。
- 在人工物如何介入相关利益者们的交流方面，人工物的语言意义显而易见，如它们以哪些种类结束其交流；它们所需要的属性是什么；它们支持的用户标识有哪些；它们唤起的情绪表现有哪些；以及它们在人们生活中所扮演的角色如何进行描述，又如何向他人再次进行阐明，它们会创建一个相关利益者的群体。换句话说，即人工物如何在语言、对话和演讲中出现。

- 在人工物如何游走于相关利益者的关系网中，并接连不断地转换方面，人工物的生命意义显而易见：引人注目的提议有如何生成资源，草图如何说明整个生产图，广告如何令人产生欲望，外表如何说明其使用，而使用则对其他技术和整个环境产生怎样的影响。

- 人工物在与其他人工物组成的生态圈中的意义在以下方面是显而易见的：在它们一代又一代进化的过程中；在它们与其他科技物种的相互作用的过程中；以及在人工物种之间所建立起来的关系中。这种关系是合作、竞争、支配或顺从，是支持或颠覆文化多样性，是对物质资源的实用性和有机体生态圈产生影响。

这些意义没有一个可以完全牢记在人们脑海里，也就是说，它们在性质上不是主观认知，也不能在表面上发现。虽然没有直接观察到，意义代表了人们做什么，因此不会被那些倡导客观统计、责备以人为中心的研究过于主观、更喜欢定量证据的人所抛弃。主观与客观的区别不是问题。但，有一点必须提醒的是，即使在物理学中，无论基本的概念还是完善的概念，能量都不是可见的。能量是其后果的清单。没有概念化观察者是不可靠的，一个物理学家的兴趣在于解释某些可测量的现象。因此，通过为意义丰富的技术介面建构社会科学和语言学模型，语意学转向代替了自然科学的偶然性模型，这是一个艰巨的任务，但对证明以人为中心的设计是不可或缺的。意义为设计添加了一个新维度，这在以前是被忽略了的，或至少没有充分概念化。通过各种概念的意义，科学的设计为设计师站在以前的从业者都停留的主观角度，提供了经验基础。

不同于对自然科学家研究并验证的论断，设计师制造和需要验证的总是关注人工物的多方描述（参见图2-7，或Krippendorff，2005）：设计师的微小理解，不同利益相关者的理解和用户的理解。在刚开始假设时，每个成员都有不同观点。每个人都有很好的理由，他们从同一人工物都认可的特性中寻找不同。设计师寻求解决一些问题，利益相关者需要涉及二序理解的貌似可信的答案，这里的人工物是否可以：

- 受其意义的鼓励采取行动
- 获得预期的种类及特点
- 对其用户的未来做出承诺
- 在特定的社区获得理想的文化角色
- 通过特定的网络了解利益相关者
- 发现与其他利益相关者的良性关系等

这些问题的答案都是"语意学论断"（Semantic Claims），因为它们断言被设计的人工物可能在特定的社区运行。语意学论断不依赖于其他类型的声明。它们不能被降低到几何学、物理学、心理学或经济学，因此证明设计科学独立于其他学科。

设计关注的是那些无法通过自然的偶然性而获得的未来，工程学也是如此，但自然科学并非如此。可以肯定的是，仅当一个设计被实施和开始工作后，工程和设计中的论断才能自我证明。如工程中机械功能模块化的形式，又如设计中可靠介面的形式、涉及人工物的社会实践，或多用户系统的人际交流。

工程建议倾向于合理可用的理论或原则，例如，来自于力学、空气动力学、水力学、化学和材料学。工程师喜欢数学理论，通过用既定的理论来计算工程设计具体实例的细节来证实他们的说法。工程师运行测试时，细节正在丢失。设计中很少计算，但类似性质的论据是：对工程而言，数学理论是一种技术；就像对设计而言，利益相关者间的交流也是一种技术。但社区，甚至单一的个体，都很少能理论化。他们参与、在互动中学习、用语言来构建现实，在这些过程中，数学的确定性都无法施展。

在这里列出工程与设计验证工作的重要不同。虽然数学论据限制了工程师的一阶理解，这些设计师必须提前的论据不能忽略利益相关者的感觉、声音和行为，因此，这也决定了二序理解的性质。例如，当设计一个独特的桥梁时，工程计算必须说服其他专家，符合各项规章制度和安全法规。但设计消费品时，设计人员必须说服整个网络的其他利益相关者，包括目标客户，自己的设计作品将会如其外观所承诺的那样工作。通过产品原型的功能测试表示设备符合性能规格，工程师可以获得额外的好处。然而，以人为中心的设计师，必须依靠利益相关者并不明确的期望和类似的规范，这些规范并没有写下来，随时可能改变，在以人为中心的设计中，有效性不能脱离涉及利益相关者的变化。

下面列出了三个习惯和验证语意的要求，责令其增加强度的两种新方式。

- **指示的有效性**。证明一些东西的价值或工作，例如，一个人工物能做什么和如何做。设计师介绍的客户通常指特定的用户群体，介绍设计对它们将意味着什么，展示它们如何联系起来。扩展传统的幻灯片放映和图纸，计算机模拟和视频已被用来证明这种语意学论断。通过在一个虚拟的建筑中步行，可以给居民未来的居住景象，这样即使没有图纸也可以得到居民的意见。探索汽车引擎的内部或人体的内部，设计师或外科医生可以提供一个现实中他们从来没有见过的令人惊讶的景象。做得好的指示可以引人注目，也许是因为它们不显眼的遗漏：例如，一款手机的计算机辅助设计（CAD），无法为其重量和感觉提供任何线索。汽车内饰的视觉呈现无法传达座椅的舒适度和气味，而这些正是设计的附加特点。指示的有效性只能依赖感觉形态上的表现。也许更重要的限制在于，试图将积极的观众、观察者或批评者的角色，以及试图想像成为用户的角色，都投射到指示中。在一个拥有不同利益相关者的网络中，在决定一个设计的最终命运的重要内容中，用户意义只是一小部分。

- **实验的有效性**。实验和原型是为了收集证据证明设计是否符合潜在用户的意义、习惯和期望。顾名思义，一个大批量产品的原型代表了要生产的所有副本，在此类实验中需要对参与的主体进行采样，以代表所有利益相关者，进而寻找以下问题的答案：人们是否能够识别出产品原型的功能可供性，在于产品使用过程中有多少次被中断的经历，他们的性格特征，和用户对统计分布的认定和支持。通过让受试者与原型进行交互，实验有效性超越实证效度，可以产生意想不到的证据支持或反对设计师所声称的先进特性。

然而，实验的有效性也有其局限性。虽然与利益相关者网络的实验并非不是不可想像的，实验的有效性特权容易管理，通常是有形的人工物和个体用户，而非社交网络。大型多用户系统的实验有效性将很难获得，因为通过开发独特的组织文化、依赖参与者技术拓展的能力而工作，这些显然无法通过原型测试获取。

- **解释的有效性**。设计者可能没有工程师的数学理论可以打动他们的客户，但他们往往用其他话语证明他们的设计，建立理论和公布关于感知、认知、工效学、社会语言学、政治、市场、人类学、经济学的调查结果。这样的命题很少使用时才准备，必须在综合支持设计之前进行解释、重新定义和强调。例如，用户概念模型是语言语意学的认知模型与心理学的图式理论的结合。前者提供了语言表达的概念关系的命题，后者增加有关行为的命题。在两者的帮助下，可以通过用户概念模型来调查潜在用户，并形成某种用户概念模型导致某种特定介面的预期。这两个理论都对设计不感兴趣。在出现借口的前提下如何举行。当设计师通过用户概念模型验证语意学论断，他们事实上是解释可用的理论和相关实验研究结果。

设计师需要注意，解释的有效性至少在4个方面是有限的。首先，大多数这些研究成果是在学科目标的资助下取得的。这可能与既定设计的多面性并不匹配；在使用它们之前，设计师需要要认识到它们的偏见。其次，科学数据是对过去的观测记录。它需要一个信仰的飞跃：相信科学发现在未来仍然是有效，这需要设计最终来进行自我证明。盲目从过去提取数据，保守的只会使设计保守地呈现过去的概念。真正的发明和原创设计，并没有可以借鉴的先例。第三，科学理论概括偏向于理论模式而省略细节。设计，恰恰不是关注概括，而是关注细节。它需要适应多样化的利益相关者，而不只是使用最频繁的成员。设计必须涉及所有的细节，而不只是理论。最后，实证研究往往用以解决可衡量的变量。当设计师为语意学论断的解释有效性进行争论时，就必须将其与大多利益相关者的整体叙事联系在一起。一般情况下，整体总是不同于其各部分之和。

- **方法论的有效性**。在自然科学中，研究人员自由陈述任何假设，并通过设计实验和测量仪器来验证假设，但必须对他们的工作进行评价，让科学同行可以批判地重新审视或重现报告的调查结果。通过所观测的数据，判断假设是否为真或需要否定，科学界坚持如此，从而判断使用的方法是否正确。因此，严格审查观测过程所用的方法，是科学论断有效性的一个重要来源。

科学的设计（a science for design）为这种形式的有效性提供了一个有力的模拟验证，存在三个明显的差异。首先，设计不关注它是或曾是什么，而关注它可能是什么，应该是什么，以及它可以如何完成。在设计中，可将科学数据比喻为基于当前技术的生活实践中的知识。其次，设计无法通过观察特性来建立语意学论断的有效性。它涉及到人类如何认知、互动和开发人工物，从根本上关注人类利用技术的能力和期望。第三，与对同行所使用的研究方法进行批判的科学家们不同，整个利益相关者群体的利益，必须通过设计师使用方法来确认。设计和科学都持有同样的理念：通过对方法的批判性检验，来支持语意学或真理的有效性论断。

前面描述的设计方法还可以在空间可能性上进行系统扩展，在有限的信息中提出可争论的建议，从而为特定群体设计其渴望的未来的人工物，或阻止其不希望事情发生的人工物。总的来说，方法论的有效性可以依赖于设计师行为的三种证据：

–在设计前所考虑和探索的关于各种各样的未来、版本和路径的数量和类型。设计师严格地检查的备选项的绝对数量，可以作为判断设计师是否覆盖了足够的背景资料的首要指标。公然遗漏任何一个重要的检查都可能分散设计被接受的可能性。

–从现在到各种可能的未来中所考虑过的可行性路径的数量。对这种证据的评估必须考虑到各种资源，在对设计的评价过程中，设计师可以在整个生命周期中进行成本和效益评估。

在以人为中心的设计中，路径的可行性不仅是在技术上，也应该考虑现在和未来的利益相关者。技术总是有自己的长处和短处。方法论的有效性取决于评价，可能有所取舍。例如，电子吉他相较古典吉他而言，不仅加入了电子声音，同时扩大了它的传播距离。又如，枪可以防止入侵者意外地杀死它的主人。技术可能会使一部分人受益而牺牲另一部分人的利益。也许最重要的就是享有特权者想要处理问题所牺牲的社会成本。例如，在中国为了推行共产主义，处决了很多企业家。在工业化的西方国家，由于利益驱动，以牺牲工作机会为代价将生产进行外包，从而购买其他地方生产的产品。如果那些人可以透过建议的路径发出声音，技术理性的过激行为就不太可能发生。设计应对技术的长处和短处持有怀疑态度。

–在设计前所考虑和探索的关于各种各样的未来、版本和路径的数量和类型。设计师严格地检查的备选项的绝对数量，可以作为判断设计师是否覆盖了足够的背景资料的首要指标。公然遗漏任何一个重要的检查都可能分散设计被接受的可能性。

–关于设计开发中利益相关者的数量和种类。在涉及利益相关者的适用的领域，没有任何证据可以证明，语意学论断遭到了拒绝（除非他们给每一个利益相关者都出示明确证据）。当调查利益相关者时，应该判断他们是否能够代表利益相关者最终决定设计的命运，应该了解他们的不同背景、认知能力和参与设计过程的意愿，并明确如何处理他们喜欢却不能同时成立的概念。这些建议将促进利益相关者更可能理解、使用设计并感到安心；尽管相应的证据可能并不存在。不管这样是否能够展现出利益相关者在设计过程中所做的贡献，或者面对语意学论断时至少有宾至如归的感觉。

- **语用的有效性**。如果设计的利益相关者承诺、支持、促进、实现或使用它，这肯定是一种没有人可以忽略的证据。语用的有效性在于在其利益相关者的手中，因为它应该。从某种意义上说，语用的有效性是一个不言自明的建议的理想，无需进一步解释。下面的例子告诉罗伯特·布莱恩（Robert Blaich）。飞利浦的市场研究发现，1984年在埃因霍温的产品语意学工作坊中设计的滚石收音机，最初并没有市场。随后，布莱恩的一个朋友看到了设计，并大量订购。滚石收音机最早在1985年生产，并随后成为了一个巨大的成功，现在被许多竞争对手复制。

然而，仅有利益相关者的承诺可能是不够的。它可能是基于误传的热情。从描绘一直在寻找证据的科学原则，尤其是在较大的范围内提出的设计，转向接受语用学背景下的设计有效性，要求设计者从桌面研究和问卷调查转向研究利益相关者的知识和动机，以确保他们的热情不是基于不切实际的或不道德的期望。确保设计能提供别人的期望，这比语用的有效性容易一半。更困难的一半是，确保设计不以牺牲他人的福祉来满足一部分人的渴望，或者说，它不以牺牲未来发展来满足短暂的欲望。一些黑暗情境狂热者可能无法识别，但设计师有义务要考虑。

事后证据当然是证明设计有效性的最终证据，也会被其利益相关者所采纳，在其生命周期中及其随后的人工物生态中发挥作用。这样的证据并不需要支持设计师的意图。所有的事情是，它涉及的利益相关者而言是可行的。如果成功的话，设计师可能从成功努力的一部分中有所收获，但应强调其他问题。由于设计总是处于事实之前，事后证据不能验证语意学论断。

科学的设计不鼓励为系统性或方法论而自我赞美，而是为设计师提供了坚实的题材和修辞的力量，这对于使其建议引人注目而言是必需的，并有能力与其他学科进行合作不同领域的设计。

7.6　前进中的设计话语

任何一个职业、一个学科得以存在，就必须为其成员提供能力来解释自己与他者的区别、不断提高他们的能力、并证明他们可以与之合作的他人带来好处。这种解释是设计话语的组成部分。对设计师而言，当他们为客户提供服务时就会发生这样的解释。当设计师合作进行一个项目时，这种解释是模糊的；当咨询一个外部专家而非在设计工作室处理任务时，这种解释变得明确。设计师通过列出争论的清单来向那些关注其设计的人证明自己的设计。

这样的解释中也可以有几种不同的做法：专业设计师的会议，为设计授予教育学位，发表在设计杂志上，参加设计大奖，并组织一个非企业的设计工作室或设计部门。在设计师之间和在别人面前的话语对确认设计师的身份最为重要。随着设计界公众形象的影响，设计师个体的影响力也会兴盛或衰落，如与客户洽谈合同时。身为设计师和确定自己作为设计界的成员，需要调用能够说出的整个设计历史，包括典范、名人、有里程碑意义的学校。依托这种话语的修辞强度，有义务去贡献、发展、赞美这种设计话语，它是设计界的共同责任。在这方面，设计师一直不太成功。

对设计而言，医学可能是一个很好的模范。医学和设计都是处理事物的实践专业。医学使生物恢复正常，设计提出更好的东西。医学中修辞的力量不仅源自对病人疾病的成功治疗，但最重要的是来自对有志者的严格培训、从事治疗方法的研究、提高医疗技术的做法。对于什么是医学问题而什么不是，什么是内部符合且医学界应大力奉行的模式，医学专家持有一个合理的清晰边界。非从业人员对医学话语奉若神明。患者对医学术语如此敬畏，只知道要找一个医生，并为那些往往超出他们理解的治疗而买单。

正如本书开始的建议（1.4.3节），如果采用易于识别的和富有成效的边界，设计话语当然能够获得一个相当的地位。为了这一目的，语意学转向提出了一个公理，这个公理认识到，人类看到和支配的不是物理属性，而是意义属性（2.2节）。本书中的大部分都在详细阐述这一定理。根据这些定理，缺乏对公理的反证意味着它拥有一个基本的认识论真理。在这样一个强大的公理的保护伞下，精心发展的词汇可以为设计师提供一种修辞的力量。缺乏将自己的实践发展成为一门科学的能力和意愿，这在其他实践和以实际问题为导向的职业中是前所未有的。

医学话语并不能完全认识到其社会属性。例如，健康是一个大的社会建构或文化建构的规范，疾病也在不断地演变。开发药物为制药企业带来利润，但受到政府规章的限制。保险公司至少补贴给患者治疗疾病的钱，但用于药物研究的可利用的科研基金一般不会走太远。无论如何，医学已经描绘出清晰的范围。医学知识在这个范围内积累，它的词汇被持续地调整和修改，并与外界交流它解决各种问题的信息，从而吸引学生、患者和科研基金。这就是医学话语的修辞力量之所在。

语意学转向介绍了一个新的设计话语，该话语奠定了设计科学的概念基础，且标识出一个设计能力可以胜任的领域。下面有4种活动可以推进设计话语且加强新兴的科学设计。

7.6.1 后设计研究

在设计过程中，设计者可以不考虑客户的需要，随时将设计的成果交给客户。但这也将会终止学习的过程。从图5-1看来，设计是一个循序渐进的过程。这张图表明了设计者做出额外的努力去考察并且从自己的成功与失败中学习经验。科学的设计表明设计的过程不是零碎的，而是连续不断的。后设计研究主要是调查那些已经交与客户的设计，它如何通过利益相关者的网络工作。后设计研究可以再次核实设计是否合理，而且设计者也可以从过去设计实践中总结经验。后设计研究的目的不是确定设计了什么，或区分成功的设计师和不成功的设计师，而是提醒我们不要犯与别人同样的错误。那些设计很差或者根本不算设计的设计，与那些没有上市却被认为很成功甚至获奖的设计同样重要，可能也会取得巨大成功。设计师认为的好的设计与事实上成功的设计之间，并没有直接的联系。

7.6.2 设计文献

设计话语的写作是再次检验设计的知识宝库。现在设计文献很大程度源于艺术史，博物馆展览的策划和设计者的自我成长。设计文献的创新可以解释为意义的介面，即：手工艺品如何转化成为语言、生命周期和社会生态学。要把设计的方法、灵感的来源、设计的成败、调查报告、设计理论，甚至视觉形式及其意义的数据库等迫切需要都考虑在内。关于设计的学术性——撰写设计话语，而不仅仅是说说——是一个设计学的政策需要。设计实践的文档以及调查结果可以阻止重复犯同一种错误。虽然互联网的文字和图片的自动检索功能取得了很大进步，但该功能并未达到综合人们兴趣进而成为一门关于设计的科学。大量关于综合设计文献、抽取建议、编纂设计方法、确定重要案例的教科书和论文，都有待撰写。

7.6.3 制度化

科学要求研究机构鼓励研究人员连续进行他们的话语并且取得稳定的进步。很明显，大学是进行教学与基础科研的根据地，并且可以从知识上传递任何学科的研究。以前在美国，设计专业的研究生受到轻视，博士生几乎没有。然而近些年来，学习设计的人可以通过网络进行愉快交谈，也出现了设计专业的博士[①]。然而学生对设计学科做出贡献的程度应该是研究生教育关注的基本问题。大学是让学生们学习设计师式的说话和表达的地方。设计学科也需要研究机构和科研基金进行基本的调查来支持概念的发展，需要那些汇聚各种各样知识的文献检索，也需要学术性出版物。训练有素的设计调查者竭尽全力去促进设计学科的进步。工业行业将从这些令人兴奋的机会中受益很大，尤其是从信息科技的设计中受益最多。这种努力需要得到大力的肯定，因为它加速了以人为中心的设计并且减少了失败的风险。专业的设计团体也确实存在，但他们更倾向于重视传统设计的成果而非将他们本土的设计发展成一门科学。在第8章中我们也做了关于人体工程和人为因素对设计影响的调研。美国政府意识到以人为中心的设计能为信息时代的发展做出巨大的贡献。[②]

7.6.4 自我反省

任何学科都有话语自主权，不可以盲目排外。正如前面的章节里所提到的，盲目地借鉴研究范式和认识论作为设计话语的权威证据，会有颠覆、奴化并且最终彻底破坏设计话语的

---

① Phd-Design@jiscmail.ac.uk——2005年10月。
② 美国国家科学基金（NSF）资助的一个工作坊研究了以人为中心的设计对当代技术发展做出贡献的需求与机会。建议制定一个资助下个世纪设计研究的国家政策（Krippendorff，1977年）。

风险。语意学转向抵制这种同化。设计话语提出相反的主题和各种各样的方法，对于其他学科很少具有发言权，并且它可以为设计创造独特的方法和路径来证明论断。但持续发展与进步的设计话语需要时刻自我检验理论与实践。

在自然科学中，科学哲学的任务就是检验实践。由于具象概念主导自然科学，科学哲学家与科学实践者之间似乎没有必然联系。负责生产的科学家没有必要一定对他们所研究科学的所有哲学理论都了解。在设计中，这种区别毫无必要，也许科学的设计比其他学科更倾向于自我反省，因为其核心是二序理解。从理解利益相关者的理解，尽管是一小步，也会保证利益相关者进行二序理解。这样设计者会在自身理解的基础上，理解利益相关者的理解。这种相互理解将理解转向其自身——不是一种哲学概念，而是作为一种表现的需要，如果不与他人合作的话。以科学的设计为目标的科学哲学家常常因置身事外而遭受责难，因此，这也反映出对设计者而言的边界的重要性。仔细地考虑下，设计就是在它自身的范围内的自我反省，当然它对其他利益相关者也保持开放。设计注定要不断地自我反省自身的优缺点。然而反省是在综合的设计话语中进行的，比较理想的情况是让所有利益相关团体都对设计的有效性进行检验。这是以人为中心的设计的哲学立场。它不是空洞的理论或者独白，它出现在所有关于它的语言实践或者对话当中。

关于科学的设计的话语应该是设计行业持续进步的最好保证，而且也必须这么实践。

第8章

距离化

本章主要讲述设计中的语意学转向与各种学科和方法之间的相同点与不同点。其中，不同点尤为关键。

8.1 符号学

符号学大概是寻求完成语意学转向而最让人经常感到困惑的一门学科。对于那些被置身于符号学环境的人来说，附属语意——从词源上来说就是"意义与之相关的语意"——将要使用更加复杂的词汇来控制他们的所思所想，这就定义了符号学是一种对符号的研究，并且从应用的角度将其划分为3个分支：语构学、语意学和语用学（Morris，1955年）。当适用于设计的时候，符号学理论将注意力从人工物的意义转化到了符号及其指涉的关系，包括能指和所指。潜移默化地将认识论的假设传入到意义的讨论中，这是现在的一种趋势，但这与设计并不相容，而且大部分人也不会接受。符号学的5个特点容易引起别人反对：

1．符号学植根于两种世界的本体论中， 就像约翰·斯图尔特（John Stewart, 1995）贴切地描绘那样：一个符号的世界和一个指涉的世界，一个所指的世界和一个能指对象的世界①，或一个符号工具的世界和一个理应传递出的内容的世界。这一本体论是查尔斯·桑德·皮尔士符号学（Semeiotics，1931）和费尔迪南·德·索绪尔符号学（Semiology，1916）的基础，并由查尔斯·莫里斯（1955）延续，尽管他未能将逻辑学、科学行为、文学和人类活动等各种理论整合为一门统一的科学。在贝特朗·罗素（Bertand Russell）的《逻辑类型理论》（Whitehead and Russell,1910/1958）中，这两个世界并未与之重叠，符号也许无法进入他们的描述之中。在托马斯·塞比奥克（Thomas Sebeok）的著作《符号学百科全书》（1986）中，"两个世界"的本体论保持了当代符号学的精髓，并持续出现在翁贝托·艾柯（1976、1980、1984）的作品中。当前法国的符号学版本，如罗兰·巴特（1983）和让·鲍

---

① 这已经在"semi-otics"一词中得以展现。前缀"semi"的词根是希腊语"sema"，意义是"一半（half）"，这就意味着符号是在它和其他事物中可接触的那一半。这种思考源自硬币的两面。因此，符号学理论应该建立在换喻的基础上，部分——整体的关系，而不是指涉关系。

德里亚（1983），并不重视这两个世界本体论中物质的和客观的部分，反而强调社会中表现的特权化和表现的理论化，包括表现的表现——并未超越本体论上精神分裂的符号学。

如果人工物的设计师使用符号学术语将人工物的意义概念化，他们将会使人工物成为其他事物的代表。在这里，我们要引入"自负的符号化"（pretentious semiotizations）这个概念，这对人工物的用户而言是关于属性的诡计：创造出使产品比它原先更具价值的形式；使用难以区分但相对廉价的替代品，如用乙烯基代替皮毛，用印刷过的福米加（Formica）塑料贴面代替稀有木材，用塑料代替铬，或者用阳极电镀代替珍贵金属；或者那些值得推荐的但已不存在的功能，比如电话上面不起作用的按键，或者声音独特的扩音器上再也无法使用的指示器。又如，以代表其他事物的表皮来覆盖人工物的内部机制，对同一现象使用语言指示来改变提供信息不足甚至误导的形式。

翁贝托·艾柯的符号学定义（1976：7）已经提及，可将符号学看作一种研究一切可以用来说谎的事物的学科。而自负的符号化案例则表明了这种可能。如果不将人工物与其内在意义分离，语意学转向则追求意义的非表现性概念，这种行为鼓励人工物的意义对其使用者应不言自明，并且支持自然的、显而易见的和可靠的人类交互。从这个角度考虑的话，以人为中心的设计必然会失利。设计师也是人。但这里提出的概念并不鼓励欺骗。

2．在意义创造时，符号学排斥人的能动性。实际上，皮尔士和在其之后所有的符号学家都认为，就标志来说，符号与指涉物的关系是在自然中被发现的，如指示性符号；或基于既存的相似性，如图像性符号；或建立在各种习俗之上，如象征性符号。因此，不受符号使用者控制的环境，才是使某事物成为符号的关键。当这三个截然不同的区分中将象征性符号看作人工物时，它隐藏了一个事实：所有的符号其实都是人工物。即使指示性符号具有社会起源的性质，通常在现有使用之前都会有一个漫长的历史。比如，针对不同的身体机能失常的药物症状在以前就被提出了，通过很长一段时间的系统化实验和治疗之中不断地升华，并最终在文章和医疗实践中被确立起来。在对这种症状下隐藏着的生物学原因的推测，通过定义成为指示性符号，使符号学者们认为这些症状一直存在，因此否认它们的社会建构。医学是一种生活话语，它会反复检查并重新解释其诊断和治疗实践结果。医疗机构和其制度会使得医疗症状保持稳定。

下面讨论符号及其指涉的最基本区别。首先，我们必须意识到所有的区别都是人为设置的，是被那些已经经历过自身历史概念化的人们设计的。种种不同制造出这些特定的区别，并且这些区别蒙蔽了他们的双眼。就符号学来说，一个概念历史悠久的争论可以追溯到古希腊时期。但符号学理论是基于差异（符号及其指涉之间的区别）而不是行为的区分建立起来的，符号学家十分有效地推卸掉了他们自己应背负起的责任，这就导致了客观研究或观察者是独立的这一幻想。符号学家看起来完全不关心或者完全不清楚他们自己的术语学是如何建构了这个他们声称要研究的符号世界。形成鲜明对比的是，在意识到人类世界因人类参与而被创造出来而不是刻意为之后，符号学才变得繁荣起来。

但符号学家的目光更加长远。他们不仅否认了自己，同时也否认了这些符号的使用者。人类是如何出现在符号学理论中的问题可能会在以下3个符号学最主要的分支学科中被准确地描述出来[①]：

- **语构学**（符号学术语：研究符号[能指或符号工具]之间的关系）构成了一种人类并不存在其中或者不允许进入的事实存在。各种符号间的几何关系、语法、和谐、对称、比例、字符顺序、自然法则和假设关系亦真亦假，并且这并未给那些拥有句法关系的事物提供空间。

- **语意学**（符号学术语：研究符号与它所指涉或表示的对象之间的关系）构成了符号使用者概念化独立参与的事实。符号学对于"X是Y的象征"或者"X代表着Y"形式的命题，有时候添加了"在Z语境中"（环境、时间期限和用户文化）才能有资格认为它们是什么或者不是什么。证据需要学习符号学的观点，好像所指和能指都是从那里开始的。符号学者强调有意义的事物，期待符号使用者能够准确地意识到符号及其指涉之间的关系。它假定了符号有其所指，不管人们是否能明白这些意义或者符合其语内表现行为（illocution）。在皮尔士的符号理论中，因果关系、相似关系和习俗关系这3个"解释符"，是实际的和必须在使用之前就要学会的。而在建立语意学论断的有效性上，人的作用似乎可有可无。

- **语用学**（符号学术语：关于符号及其使用者的关系的研究）构成了一种符号会对用户有相关心理影响的事实，并且会引起一定行为，其中包括符号的再生产。因此，语用学在刺激物X、符号Y和语境Z中建立了相互关系，并观察符号用户的行为。通过将X作为Y的符号，符号学者在给符号使用者植入观念的时候似乎没有遇到什么问题，并且后者的使用仅仅建立起的关系程度仅涉及刺激物X和他们所观察到的。在符号学的语用学中，符号使用者只是知道，但缺乏概念化的参与和创造性。

这是一个让人害怕的景象。这3个符号学分支的词汇起源于本体论的假设，它减少了人类闹笑话的景象。它们相当于一个关于解释的封闭性系统，没有为可以选择的概念提供空间。这种符号学没有为以人为中心的设计做出多少贡献，后者寻求给人工物的利益相关者提供以个人的、有意义的方式进行交互的可能性。

3. 面对多种解释的共同经历时，符号学长期存在多义性问题，比如，一篇文章就会有不同的读者。如果那些命题的真实价值，比如"X代表着Y"或者"A是B的函数"不具有独特的确定性；如果符号的指涉关系随着时间的推移从一个人身上转变到另一个人身上，这时一件东西的命题与意义就会面临真正的灾难。

---

① 我在介绍源自莫里斯（1955）的这些分学科的标准定义。它们已被广为接受。

罗兰·巴特（1983）对这个（完全的符号学）问题提出了一个令人瞩目的解决方法：假设符号可以代表任何事物并具有固有的多义性，除了社会规则的运转包含了大量不同的意义之外，还强性制定了特殊的行为准则。他从每个收到一张罚单的人的经历中发现，需要强有力的机构来保障这种意义不被多义化或者被任意解释（如，交通信号灯和其他规则）。因此，符号学理论的有效性——假设符号及其特殊的指涉是存在的——起源于社会机构的有效性，米歇尔·福柯（Michel Foucault，1980，1990）称之为"权力论（regimes of power）"，以此来保证意义的稳定性、适当性，并因此可如命题般描述。从多义性的缺席到强有力的社会控制机制产生的相互关系来看，如果符号学这种"在语境Z中，X意味着Y"的建构是真的，那么只有强大的机构才能保证这个句子的稳定性。因此，这个符号学项目不经意间凭借高压练习并且反过来支持权力论，这要求符号的使用者进行特定的诠释。

4. 符号学满足于静态描述、分类等级和分类标准。尽管皮尔士创造了"指号过程"（semeiosis）一词来指事物成为符号的过程，当代符号学已经开始满足于符号分类——好像符号使用者会在他们将符号放入到符号学者创造的相同的概念化格子中以显现能力，并且好像这些分类也不会受制于文化动向和再设计。皮尔士（1931）已经提供了广泛的逻辑分类法，这种方法采取的是解析，但并不意味着对实证调查或与符号使用者的协商是开放的。然而，语意学转向认识到，与人工物的使用者和符号进行对话，需要理解符号学对使用者意味着什么。符号学者将自己对符号的认知作为实例，对何时和为何人们认识符号"真正"是什么时会失败进行解释。对符号的分类导致了独白（一种拥有单一声音和单一逻辑的形式）。这是对于语意学转向的诅咒，而后者关注如何在对话中（两个或两个以上人类或思想的交流）创造出意义，和意义如何在科技产品的介面中涌现。

5. 符号学坚信理性共识。应该质疑另一种符号学的扭曲，一个与设计更加直接相关的问题，符号学信仰是一种使用符号的共识，和分享对符号的理解的共识。马克斯·本泽（Max Bense,1971）和伊丽莎白·沃尔瑟（Elisabeth Walther，1974）建构的"材料"、"形式"和"功能"之间的完整的三合一关系，被认为是所有符号的共同点。彼得罗（Prietro，1973）清楚地用"工具（tool）"、"效用（utility）"和"操作对象（operand）"的三合一关系来阐述人工物概念，这一系列操作是由"工具"执行的，操作则由一系列相似工具的效用所共享。在综合形成他自己关于建筑的理念之前，马丁·克拉蓬（Martin Krampen，1979）重新审视了这些方法。桂·贝喜普（Gui Bonsiepe，1993）重新振兴了托马斯·马拉多纳的三合一理论，包括物质化的"工具"、亟待解决的"问题"，以及执行连接两者的操作的"代理"。尽管这些三合一理论的共同特点、它们与符号学的关系都不明显，但其对于人工物、对于有意图地使用科技的有益见解，并不比工业时代更多。更关注技术而非有意图的使用，对目的的追求已经成为生态灾难性的结果（Bateson，1972）。而语意学转向不可能否认工具性，人工物可以（毫无理由地）成为这种实践惯例的要素，（通过有意义的身体参与）调动情感，（在对过程而非目标或结果的追求中）不断激励，并且（超越理性的理解）参与到生态环境中。如果理性是常见的并被分享的话，所有人类都会成为只会计算几率的机器。

8.2　认知主义

人类神经系统的合理假设暗示了人类怎么样与外界世界交流，然而却不能将设计科学变成一种认知科学，这是由行为主义引起的，并且现在日益成为一种快速流行起来的普遍性术语，主要对于计算机语言学家、心理学家、人机工程学家和人工智能学家来说。由露西·萨奇曼（Lucy Suchman）定义，"认知主义"是"一种行为可以通过参考认知能力或精神状态，以其作为参考并进而做出解释的综合性学科。认知科学（理论）是认知主义的特殊形式，是为了寻求对行为的发展性解释而从计算机科学中借用过来的一种术语。因此认知科学展开了人类行为的一种新模式……现在正在新型计算机产品的形式中具体化"（Suchman，1985）。

在考虑设计中认知理论的关联性之前，认识到它的支持者做什么和不做什么是非常重要的。

- 认知科学家不会观察精神活动——尽管有些人将磁共振成像波谱（MRIs）与不确定的结果联系在一起。
- 精神活动的概念在认知理论的话语（专家语言）之中建构起来，并且精神活动的细节大部分来自个人关于他们如何思考、观察、理解与决定的语料储备，偶尔以人类行为的观察结果作为补充，因为这些都被认为是由人类的精神活动导致的。
- 有一个约定俗成的对精神过程的计算性解释，正如萨奇曼在上文指出的那样。假设计算被大脑中的神经生理学机制所控制。在没有真正研究这些机制之前，仅有的观念就是所有的人被赋予相同的计算能力，并且这些扩展到广义的人类认知理念上。[①]
- 认知理论最终解释的精神过程，剥夺了它们的社会可变性（Coulter，1983）、情境自然性（Suchman，1987），对话性论和二序特性。
- 认知理论基本上是个人主义的、单一的，这就意味着一种始终如一的（计算性的）逻辑，而且并没有为对话概念留有任何空间（Bakhtin，1984；Bohm，1996；Buber，1958；Shotter，1993），这都用来报告人工物的动态介面。

用户概念模型（UCMs）与认知科学家的建构目标很接近，但语意学转向以用户模型概

---

① 诺姆·乔姆斯基（Noam Chomsky）的普遍语言理论和普遍语法理论就是一个很好的例子，就是将所有人类都假设为在特殊情况下被赋予和使用一种通用语言或普遍语法。这种形式化的抽象断定，语言和认知是独立生活，体现个人、交流或互动、文化的意义，其中一个与人类互动的物理现实的做法可能会增加流程的设计。相反，在这里接受的观点是，使用语言的过程中，就像一个生态科技人工物语音实验室，因为我们"说话"和行为，是由众多的互动和用户在或多或少的创意和变化上的连续重建。人工物不能被解释为个人的认知和语言的理论，而是独立的语言如何参与其扬声器的世界的建设和重建。

念，来解释感觉和行为的循环过程是怎样调整适应特定的设计产品所带来的感受（3.4.1节），而并非用来解释大脑思维是如何运作的。从普通的语言使用进行建构并从其出发来说，用户概念模型自然地与人类能动性、计划性、适当行为等联系在一起，因此计算理论的决定论无法单方面达成。认知理论对个人用户与人工物之间的介面亦有贡献，在第三章已形成一个人工物的使用意义的理论，但这也仅仅在人与机器交互是没有创造性的，重复的和不能改变的情况下起到这样的作用。

设计中的语意学转向致力于多种意义分类，但没有一个可以被当作精神象征。其意义的概念是与多角度的观察和多种方式的描述紧密联系在一起的，但总是与提供的特定行为相结合。意义因指导人与人工物的交互行为而起，并反作用于此，它们参与并立足于与相同人们之间的交流。尽管声称具有普遍性，但认知主义却与人工物在语言中、在其生命周期中和在生态系统中的其他人工物的意义无关。语意学转向已经与单一逻辑理论相去甚远，并且它避免了心智化或认知化的语言的、文化的、政治的和科技的现象。它表明了意义至少在两种逻辑相互联系之后才会出现，并考虑到人工物的交互行为和科技的特点，以及用户的概念世界。最重要的是上述两个方面还不够，当涉及到旁观者或利益相关者时，整个设计的生态环境就十分重要了。

8.3 人机工程学

人机工程学出现在1960年代，其出现志在改善设计的有效性、商业性、安全性和稳定性原则：如使椅子更不容易引起疲劳；发现把手的最佳形状；决定灯光的最佳照明情况；并且在设计计算机交互时建议方便可用的原则，即简单易学、使用有效、容易记住、很少犯错（Nielson，1993）。人机工程学坚定地发展其科学性，这意味着为科技产品创立并设计出客观且通用的标准，以及适合人类使用的环境。其中人机工程学的最早贡献是发行人体不同部位的测量尺码，它最先参考了军用设计的记录并汇编而成（Dreyfuss，1960）。

人机工程学的意图似乎与以人为中心的设计十分相似。二者都重点关注人类与科技的交互。产品语用学的相关论文在人机工程学会议上也逐渐被大量提及。下面，我们将深入探讨这两种方法的几个重要不同点，首先分别从其历史谈起。

1．国内人机工程学研究大部分是关于制定责任的等级制度。人机工程学的研究最初是由军队大力资助，后来工业和大官僚机构也相继参与其中。它广泛收集数据、拓展方法，并对飞行员驾驶飞机、坦克手在狭小空间中操作、工人在装配流水线工作、原子核电站这种一个小错误就会导致毁灭性灾难的地方提出自己的设计建议。人类主体提供了人机工程学研究的数据，如士兵、工人，或者被训练过从事某种工作、但如果没有达到要求就会被解雇的雇员。控制精神心理学实验里实际上复制了这种社会情况，这也是人机工程学数据的最佳来源。在这些数据中，实验者控制人类主体想要做的事情，并且就实验者术语中的兼容主题观察其因不同指令而产生的不同影响。

而以人为中心的设计则相反，它旨在开发畅销的产品，并且利益相关者也完全从自己的利益出发；买家和使用者行使他们的选择权，参与或不参与其中，使用他们自己的判断标准；广告商则要解释市场对这个产品有兴趣，并且客户会拥护关于产品特征和有用性的自由讨论。显然，人机工程学和语意学转向更加关心这个存在差异的世界。如果把人机工程学研究的利益相关者考虑到当中去的话，采纳其客户表现的标准和进行作品描述是非常有意义的，并且这也被操作员通过昂贵的设施陆续传递下来。在这些情况下产生的数据减少了人类主体的功能性成分，其主要体现在其受雇的、被支付的以及期待被支持的等级环境中。相反的是，对于人性化设计师来说，依赖这类数据没有任何意义，因为这些数据来源于权威人士清楚指出行动标准规范，并要求客户在尽其最大可能遵守的情况下。这种情况下产生的数据反映了主体可以遵守的程度以及他们的需求。在市场环境中、公共场合下及每天的生活中，很少有权威人士可以告诉人们应该怎样做。设计师面对的是喜欢自身选择的利益相关者，他们有能力来探索自身世界并寻求线索来使他们的作品在自身的术语解释下具有意义，并且在适合这个产品使用方式且不用再次进行设计的时候使用它们。人机工程学的表现准则被权威机构和科学家使用，然而其意义经常因人们在其自身世界进行自我管理的时候被进行再创造。

另外，语意学转向中有兴趣的意义并不仅仅局限在单个人工物中的单个用户、开发者、工人或者客户。在第3章中曾强调了使用问题，其中包括语言学、生命周期以及人工物用来发现自我的生态环境背景。但它们在认知理论以及人机工程学术语中却不能发现自己的位置。与此同时，人机工程学在层次分明的等级结构制度情况下才能够得到发展，其意义至关重要的理念已经深入人心，至少已经深入到这两位创立这些标准制度的学者心中（Flach和Bennet，1996），并且这渐渐破坏了到目前为止人机工程学都享有的舒适稳定性（Krippendorff，2004b）。因此以人为中心的设计师在处理人机工程学的数据和他们自己提出的理论时，需要足够的谨慎。

2．人机工程学将人类打造为技术系统中不可依赖的成分。人机工程学，在其早期以听起来不太科学的名称"human engineering"而被人熟知，这个术语现在仍被重视科技的工程师们所使用（表2-1），这也导致他们开始鼓励科技系统的有序性与决定性，并且不轻视对于用户的错误。因此，人机工程学的研究重点则成为关注免疫技术系统对缺陷、瑕疵和人类害怕毁坏系统或者伤害他们自身的使用偏见的影响作用。实际上在人机工程学中，人类所有的表现都会与理想化的表现相去甚远，这就属于是一贯的机械性理念了，其中包括：毫无疑问地服从、可预测性、有效性和完美依赖性。在人机工程学领域当中，约翰·弗拉赫通过观察人们的表现绩效评估量来测量人们对于系统失败的责任，这对于损毁人类开发者来说至关重要（Flach，1994）。

在工程学真正的传统里，人机工程学的调查更倾向于客观性，这就意味着独立观察者的功能评估就是人们期待表现，比如执行某个操作的时候开始计时或者测量能量的消耗或花费。完成这项工作要花费的步骤、舒适程度，尤其是错误率。一个主流观念认为，如果对于有趣的现象缺乏大量的测量评估过程，那么这些就不可能是真实的。这种谨慎地、更可取地、至少含蓄地忽视用户这个概念的测量方法，如通过训练开发者在一定规定方法里进行开发，并将用户置于对其表现一无所知的境地中。或者当提出问题或者记录答案的时候，使用规范标准的问答方式能反映人机工程学家而不是受访者的想法和兴趣点。在传统意义上的研究来说，用户或操作者的概念以及关注点并没有什么时效性。

产品语意学，是语意学转向的先驱，早先时间认为人们需要产品是有原因的，但这并不意味着必须与其设计者的预先期望相同。椅子作为人机工程学最喜欢的咨询目标，却很难单独成为人机工程学的卖点。当人们被家具包围时，家具对他们来说是具有一定意义的，无论是能唤起他们的某些回忆还是体现他们的社会地位的、还是别具一格的、能够给他人留下深刻的印象，抑或仅仅为了符合家中其他人工物的风格特征。尽管椅子需要提供"坐"的功能，但用户还是愿意牺牲人机工程学上的便利，而让位于用户所理解的和喜爱的，更期待用他们自己的语言来进行交流。就像上文提到的内容一样，只有在人们认为它重要时，当他们能够被其指导时，或要求按照其指示来完成任务时，人机工程学考虑的因素才会显得格外重要。毋庸置疑，充分的工业和军事应用可以显示人机工程学的重要性，但在市场经济和信息化社会中，人机工程学数据便成为一个薄弱的销售争论点。在以人为中心的设计中，人机工程学的发现与探索便丧失了其已经获得的权力地位。

3. 语意学问题先于人机工程学问题。在日常环境中，人们接触到人工物时，首先会认识到这个人工物是什么、他们可以利用这个人工物做什么，然后才是他们可以怎样控制这个人工物，并在理想化的基础上依赖或者使用这个人工物（3.2节、图3.4）。乌尔里希·伯兰特（Ulrich Burand）为设计师们教授人机工程学已有数年，并且出版了一本供人广泛使用的教科书（Burand，1978），其中观察到语用学的考虑总是会出现在人机工程学的考虑之前。并且，如果他们完全按照其指示来做的话，理解科技产品的意义也总是出现在人们开始出现有意义的行为举止之前。对于诸如门把手之类的那些并非显而易见的人工物而言，人机工程学的有效性可能并不成为一个问题，并且如果它被人做成把手并按照其用途使用的话，人机工程学条款可能就不会与其相关。如果一个人工物需要告诉人们它是什么，并且在提高用户使用效率之前需要告诉他们这个人工物的用途，其测量结果就不能归纳到那种缺失训练的方向，人工物最先出现或者使用的时候，也不能缺乏人机工程学家的参与。毋庸置疑的是，虽然人们可以短暂地依靠他们自身的判断力或者盲目地跟随既定指令，但当人们成功弄清楚这个人工物可以为他们做什么、跟随他们自己内心的动力、设置自己满意度评判标准的时候，人们才能将人工物使用出最佳效果。如果人机工程学没有为以人为中心的设计做出贡献的话，那么它的数据就不得不与用户如何定义自己的世界联系在一起，推动他们与特定的人工物交互，并适用于它们自己的准则。

8.4　美学

设计出现在与美学具有较强关联的领域之中。在传统应用设计教学当中，设计总会涉及到艺术和科技领域。而今天，大多数的设计师仍然会至少部分参考美学的感受性，但绝对不会解决更多、更深入的问题。语言学的转变在一定程度上与美学产生一定联系，但随后却走上了一条完全相反的发展道路（4.3节）。

首先，经典美学需要找到一种理论来解释其美感（the sense of beauty）。但它很快就不仅从客观质量上为制作人工物来寻求这种美感的解释，也开始考虑物体的自然性、愉悦性、吸引力或者魅力特征，如从比例、几何学、色彩、和谐程度、移动性、尺寸、韵律和完形（gestalts）上来说。自从亚里士多德（Aristotle）开始，美学就被认为是哲学的一个分支，但它又总会引起艺术家、设计师和建筑师的兴趣在理想思考可能会失败的情况下来探索指导方针。多年来，各种美学理论来来去去，在一个普遍理论下对其可能性开始抱有了怀疑态度。

1．美学理论对社会中美学词汇的标准化使用产生影响。一些美学理论已经延续了很长一段时间，并且其词汇对一些艺术家、鉴赏家、设计师和评论家都产生了深远的影响，并且其影响已经完全超过其他行业。但，仔细检察之后，它们流传下来并不因为它们正确，而是因为现代社会制度已经固定使用这些词语有一段时间，并且人们大力推动其规范性地使用（9.4节）。关于符号学一词多义的话语（8.1节，第三点）同样也适用于美学理论的稳定性。艺术界的关联诸如在艺术家群体、艺术博物馆、艺术交易商、收藏家、艺术教育机构与哲学学院之间，都不能对流行起来的美学共识产生阻力。然而，还经常会有一些艺术设计师和文化评论家来对属于他们时代及类型题材的美学习惯提出挑战。在此过程中，他们不仅制造出新奇的人工物，并且用新方法来谈论它们。挑战并破坏现存的美学共识，或者提出新的惯例和条件，这是一种政治过程。理论存在于社会环境之中，因为它们在这样的条件下才可以让人信服并开始使用。但当美学理论声称是描述和概括一定人工物质量的时候，它有效解决了其成分的编码以及选择性地令社会美学词汇使用标准化。尽管美学理论能在一定时间段和一定界限中激发并保证艺术家和设计师的自由，它们的规范使用也能扼杀掉一些有创意的实践活动。而形成鲜明对比的是，以人为中心的设计将它自己与利益相关者的工作网络密切相关，这便是内在的政治化，并且无法被一种可以包罗万象的理论所控制。

2．美学理论家对于语言学理论的自然特征熟视无睹。标准化的词汇、固定的美学归因、并重复制造出那些无法挑战制度的主体网络，使美学理论与语言和流行的语言学发明紧密相连。美学理论家基于类型的变化建立了形容词经典理论，但一成不变地包括"美"的同义词、语意关联词汇与反义词。

美学理论将这些词语系统化，并且努力让用户理解并加以运用——如哲学家、艺术家、文化评论家及其他大量生产话语的群体。因此，美学理论离不开用来表达它们的语言。通过加入人工物的品质而非其自身的关注，美学理论家并不认可其理论的语言学和政治学属性。相反的是，语意学转向突出了并让设计师的注意力重新聚焦于人们如何描述他们对人工物的感受、经历和积极参与的过程。当让他们的利益相关者从语言和行动上认为这个人工物对他们来说是"漂亮的"时，以人为中心的设计师才能成功地创造出美的人工物，这也应该成为一个目标。不论想要赋予一个人工物任何特点，至关重要的是，词汇认为这个特点已经实现了。

3．美学理论的有限性不仅体现在它们能够解释什么上，而且也体现在它们仅有的理论化上。将总结出的美学观点客观化有效地将人类因素排除在外，这也是以人为中心的设计所关注的重点。主观化在内在过程中十分重要，反而对于那些不曾体验过他们描述经历的人来说却毫无意义。后者几乎不能作为设计者的交流对象，因为他们的经历与那些使用过设计作品的人的经历不尽相同。通过强调两者的互动行为，语意学转向不仅提供了激发人们与人工物接触所呈现的现象，记录感觉、感受、自我解释等行动，而且为将美学贡献转化为新设计提供了可靠的设计方法（7.4.1节）。现象的理论化将理论家和理论读者群放置到外在观察者的位置上，在这种情况下将客体进行归类，不论归类是否与美学、艺术和美的属性相关。在被接受的语言概念之内，归因处理并不会将词汇的使用与将经验和行为的具体化相分离。语意学转向并不将情感和态度的处理方式作为一种抽象物（用统计学手段移出实体），或者一种可以被设计成作品的事物（如同感性工学工程师愿意认为他们可以的那样），但他人可以用语言或者行动来表示出来。同时，它也不会将美学象征归因到人们组织其世界观使用的词汇范围里的一个特权地位当中。通过手头现有的方法将一个社会群体所理解并使用的转换属性，转变为针对于这个社会群体的设计（见7.4.1节），这便为词汇世界使用的实验调查进行了理论化总结。

8.5 功能主义

功能主义是理性启蒙议程的重要组成部分。理性主义声称人类知识和行为是因目的而获得的，并且最终成为先天的财富。正如笛卡尔所说的那样，人类的思想与宗教信仰和神明有所不同。其理由简化来说就是，在知识是否基于经验这个问题上，理性主义与经验主义完全不同。这个不同点在比较以科技为中心的设计和以人为中心的设计中就能够重新浮出水面（第2章）。在设计中，功能主义的理论被大家以"形式追随功能"这个短语所铭记。根据这个命题，功能主义者坚持设计作品的形式一概能够遵从逻辑推导出其形式，并且从此认清其功能特点。作为形式和功能之间的范本经常被提到的案例是通过风洞实验对飞机形态进行空气动力学检验、大桥周围要遵从数学应力线、在化学工厂周围有序排列的烟囱。功能主义强调普遍性，这显然是因为坚信人工物形式和功能的任意关系是由于缺乏对于功能的理解，而这恰恰应该是设计所要赋予的。采纳上述理念的话会让设计师走上一条他们也不愿选择的道路。为以人为中心的设计师提供三条限制规定和建议，也许可以避免上述情况发生。

1．功能因概念化等级次序的逻辑关系而起：他们本身并无现实性可言。命题如："A的功能是B"，"A起到了B的作用"或者"A作为B的功能出现"对"A作为服务B的资格"具有更广泛的内在。在剧院，我们将演员表演的整体呈现作为评判这个演员好坏的标准。这个演员是谁并不重要，他们能够将自己真实个性掩藏在他们扮演的角色之后才是最重要的。从生物学理论来说，功能一种是特殊贡献，因为有机体中任何一部分可以保持其平和健全，最终使其具有生命力。对于工程师来说，作品的预期功能就是开发它的确切原因。这个预期默默暗示了：接受作品中更多内在就是让它们理所当然地各得其所，而这并不成为问题。在人们讨论到螺丝起子作为图钉使用系统中次级地位中的一部分功能时，它是正确的；但人们讨论到桥梁的功能作为车辆和道路穿过河流山谷这个系统中次级地位的一部分时，它是正确的；或者当人们讨论到通信卫星在履行其既定功能时，是作为大型通信系统中次级地位的一部分出现时，它也是正确的。

整体和部分的关系适用于许多系统，也适用于生物实体中的主从次序关系：生物体、器官、细胞、大分子和有机化合物（Simon，1973），又如社会阶级组织和行政制度式组织之中。功能社会学（Parsons等，1961）基于个人行为功能和官能障碍提出了概念化系统，这也因为社会管理精英的社会地位巧妙地保护现状而受到指责，实际上这需要所有社会活动的主从关系来维持整个系统。

必须要意识到，整体与部分的区别是由观察者总结而成。主从关系系统导致了概念化的区别。功能不能被测量或拍照，并且在没有人将其设想为这些并且将其观念应用于维护更大的内在性时，它们并不存在。功能主义者在坚持概念化主从关系系统的现实性上抱有错误信念。它可能会对管理人员处理社会组织的复杂性时有所帮助，但当与现实混淆时，则可能会有灾难性的结果。功能主义在概念化的阶级组织上是理所当然的保守者。为特定功能设计产品会因要满足既定功能而限制有效解决方法的空间。以人为中心的设计师应该明白：有关功能的讨论应该限定在从属关系和假象作品的限定系统中，并且只有在此种系统的支持下才能获得主要社会影响。

2．功能等级让位于政治等级。在从工业时代的技术决定论转向以人为中心的设计时，逻辑等级、功能等级和组织等级都正在被网络所替代，与组织的扁平形式密切相关的变态分层结构，更多受政治影响而非受特权或逻辑的影响。但这并不是说功能等级脱离了时尚。复杂的科技系统很可能就是按此方式建立起来的。将要素的部分统一成组件或更大的实体是具有经济优势的，并最终达到理所当然的整体。西蒙（1973）将复杂等级的价值称作：在构成要素部分的系统中，替代有缺陷的部分比重建其整体要容易得多。

在整个社会中，功能主义导致了诸多压迫和非人道行为的辩解。在工业时代出现功能主义的设计也不足为奇，因为这都被等级分明的权力机构所掌控（见1.3.1节）。两位卡尔马森（Karmasin与Karmasin，1997）为不同的社会群体就其设计概念如何与其运营的群体种类相互关联提供了文化分析。在市场驱动的和交流驱动的后工业时代，功能等级逐渐成为一种不合潮流的事物。已经出现的新理论扩大了控制论的复杂程度、紧急结构、自我组织和自生系统论，在此范畴中整体被解释为部分交互网络中的组成部分。比如互联网不能使其作为整体或既定的用途而概念化，由于它包括数以百万计的创造性贡献。这是一个有等级的体系制度，因其具有非层次集群特征，它使用起来可以十分精确。与之相同的是：在交互媒介侵入之前，具有单相交流特征的大众媒体占主导地位。功能主义创立的逻辑等级次序颠覆了日常生活中的诸多方面；比如通过参与对话和合作而不是寻求上级领导的同意，比如连士兵都不会接受要求采取一些不道德行为的借口，如更多地参与网络工作、分布式组织与生态学、自组织系统。设计中对于利益相关者的重视正式承认了功能主义的逐渐消逝。

3. 功能主义限定了研究方法的单项主义，这并没有为其他人留有参与进来的空间。比如数学问题的解决技巧（Simon，1969/2001），从功能目标和使用算法系统开始，选择客体最好的服务者。曾有一度，算法系统比较合适，其他逻辑一概不能进入，并且问题或客体的相异概念无法为意料之外的解决方法留有足够空间。数学方法是工程和以科技为中心的设计的基本方法，它不能包含等级有序的利益相关者可能会进行相关补充的多重意义。利用完美的数学解决方案，会使意在此称王称霸，从而会经常产生伪科学的争论。比如汽车设计师自从1940年代开始涉及空气动力学。起初，空气动力学是相似形式的特征属性，然后仔细考虑了带有水滴和飞机机翼的震撼照片，并且它制造了结合速度与运动的流线型产品。当真正的风洞实验进入到功能主义者的汽车设计当中后，拥有空气动力学的外形被证实与测量的空气动力效率有所差距。空气动力效率论曾让路于文化意义。汽车或飞机的副翼成为了拥有不确定空气动力价值的时尚宣言。然而以人为中心的设计师认同个人观念上的差异、文化差异和生态多样性；以技术为中心的设计师将这些多样性视作有缺陷、不连贯、科技上的低效率或被误导的主观主义。功能主义者的单向度已经大大丧失了其过去的关联性。

8.6 市场学

市场学关注市场管理和市场行为，关注货物和服务的销售情况、推测市场趋势、研究开发新产品的销售策略，包括制造广告大战、评估其成效。市场也为一些其他因素服务，如：政治选举、资金募捐和体育推广。市场学提供了基于调查的统计数据、焦点小组讨论、心理学实验、产品预测试、真实交易和利润的记录。因为市场学关注卖点（the point of sales），而通过卖点工业生产可以产生资金，所以市场曾一度被认为是产业的左膀右臂。但最近市场学本身开始独树一帜，开始用自己的力量驱动工业而不仅仅服务于此。因为大众普遍认为设计影响了销售，一些市场学家认为设计是市场自身努力成果的附属品。下文从三个方面，介绍设计的目标与市场的差异，尤其是以人为中心的设计。

1. 市场仅仅致力于人工物生命周期中的一段时间： 卖点。从这个角度说，人工物就是商品。它们从企业所有转变为个体占有，大量关于其未来可能性的信息也正在起作用：品牌信任是个重要问题，产品的辨识度也变得愈加重要，购买价格要与之预期效用、安全性、可用性、维修记录、使用的社会规范和生态影响密切相关。在为其设计辩护时，设计师经常会关心这些问题。自从卖点进入到视野当中，这些购买因素便需要被预先考虑，因为设计师要注意到它们在哪里可能会得到体现。而市场研究则可提供服务以找到数据上显著的标准。

从市场学的角度来说，卖点仅仅是设计师需要强调的一个阶段。卡尔马森（Karmasin，2004）提出：设计的目的是为产品"增加价值"和"辨识度"。然而，从这里采纳的更宽广的设计视野来看，人工物在其生命周期表达出来的所有意义都是十分重要的（第5章）。对于设计师来说，卖点同样也是瓶颈，因为通过与利益相关者的联系和交换，产品可能必须要经历成熟并取得成果。在任何人工物从一面转换到另一面的展示中，信息都十分重要。除了卖点，语意学转向可以使诸多设施来承载设计，如：连续意义、语意层级和多义性。买家可能无法对购买的所有事物都了解或感兴趣，但对于设计师来说，这个事实没有理由限制设计师只关注买家在意的卖点或销售人员希望他们考虑的卖点。自命不凡的符号化，通过外观使价值膨胀、介绍无关紧要的差异性、添加无意义的观点、做出无法实现的销售诺言来促进销售，尤其是买家不能查证的销售承诺，它们可能毁灭对相似产品的珍贵信任时，这些产品的名声可能就要归罪于此了，并且这也被认为是文化和环境长期衰退的原因。而以人为中心的设计师不能仅仅局限于此。

2. 市场将不能为之带来利益的人边缘化。 在经济学中，市场是一种数据化的供求曲线的比喻，它从对观察或预期的多样化转变抽象而来。市场营销出现在语言中，而不是街头巷尾。为了利润最大化，市场调研员的任务之一就是定位潜在买家。在市场学中，特定产品的"买家"不仅仅是"用户"（2.4节）；它拥有一类人群的统计上的真实，并且涵盖了在最低广告费用下的最大购买量。这种分类出现正常曲线的中心。对这种抽象化的关注，会使得那些正常曲线外的人群、成为买家的可能性较低的人群、不富裕的人群或者有生理缺陷的人群都被忽视。

从市场的观点来看，这是正确的事情。以人为中心的设计师不能忽视市场。毕竟，市场也是设计的利益相关者。但设计绝不是统计上的抽象、绝不是买家的数据，而是为将人工物推向其利益相关者的网络而组织可供性。无论其使用者的多寡，细节都很重要。因此，对于设计师来说，了解其多样性要比了解人口特征的经常性分布更重要，尽管人口分布也可能与设计紧密相关。设计产品时赋予多种意义、为不同种类的利益相关者赋予可供性，这些可能性使以人为中心的设计师强调多样性、反对市场逻辑，而后者仅关注人口中能为其带来利益的大多数。这些语意可能性允许设计师在不引起额外花费的情况下，使产品能够获得人们更多的注意力。这种可能性可能是设计师在设计过程中长期考虑边缘化用户的原因，使不经常使用的人能够使用、关注穷人、超越残障人士的限制性经验。设计师需要从不同的角度查看市场数据。

3．统计决策者不能成为好的设计师。为现有产品定位利润市场是一回事，而调查顾客期望与动机再撰写详细的设计说明书又是另一回事。自然而然地，大型问卷调查是考虑到大多数、收集潜在市场数据的优先选择。为了能够进行详细分析，调查问题和答案必须具有比较性，也就是说，要标准化。需要被试回答的问题要能被所有人理解，要容易分析，并最好能够使用多选题。被访问者被问及的问题应涉及市场人员或其客户，而不是那些被访问者。除了在市场人员范畴内的发生频率，他们不能揭示市场人员没有预期的事情。当数据决定这种设计应该采取的方向时，注定就会有一段失败的历史。关于市场调查在革命性新产品中如何失败，我们已经讲述过飞利浦滚轴无线电的故事（7.5节；Blaich，1989）。市场营销失败最惨痛的教训是1957年的福特·埃德索尔（Ford Edsel），这个设计经历了那时从未有过的彻底的客户研究。从定义上来说，设计经常会突破新领域，介绍难以预料的、不常见的事物。调查研究方法对于新事物本身就茫然无知，不论其关心客户对于新科技领悟力或感受力的变化与否。没有经过训练的客户对于设计师的期望毫无远见，并且这些人很容易从数据统计分析中落网。科技文化日新月异。客户也一直在学习，当有更好的选择出现时他们也会放弃现有的实践。信心满满地记录人们更加喜欢什么的动机研究者在预期他们将来会喜欢什么的时候遇到了困难。1950年代，一项政府调查显示：整个世界将最多只会需要五台计算机。仅仅只要几名设计师就可以抑制计算机盛行的机会。而设计的艺术性就在于在他们知道哪些数据是不可信的。

在产品开发方向上，与大量问卷数据相比，采用设计师与利益相关者的小规模合作，无论是焦点小组还是参与式设计，经常会产生迥然不同的结论。

公平地说，市场调研运用了其他方法来应对新鲜事物。一种方法是发射未来设计的试验气球，如车展上的概念车，并听取潜在用户的评价。时尚管理提供了另一种方式，新的时尚倾向于被介绍出来，不是经过调查后知道可以销售什么，而是经过几种设计并把它们推广到舞台上。首先是非常明显的时尚领导者，既可以在面对似乎不能成功的作品时作为时尚的过滤器，又可以将模特作为第二目标群体。时尚经历从小众到大众的转变，直到有一天他们可以在普通的百货市场就可以买到。在这些采取明智步骤的过程中，信息聚集要与设计的调整相协调，而不能独立出来；另外，数据的收集并非通过大型的调查而是通过那些能够清楚表达意见的利益相关者的表述。参与式设计（7.4.5节）是第三种能够替代市场研究的选择方式。它将市场调研员从根据以往调查来推测将来有多少潜在买家会对本商品有所反应的不确定中解救出来。它为一些博学的人能够超过销售点的预期提供一些信息，并且它为设计过程提供有效的合作和及时的信息。

8.7 文本主义

在有关隐喻的研究中要避免技术决定论，要了解人工物的设计语言和社会特征，但要在什么是独特的技术而什么不是之间保持一种明显的区别，"阅读文本"已经成为了一种能够不断吸引人的候选方案。文本由作者写作而成，这也就是关于它们自己的一种声明，抑或是社会惯例的一种解说。文本有多种实体形式，比如它们可以通过影印而产生副本，但必须要读者或经常作为文本第一个读者的作者来阅读它们，否则它们便毫无意义。然而当作者完成文本并期待其能够被他人阅读时，没有办法可以保证文本按照既定的预期方式被阅读。在独特的文化制约下，大多数文本要负担大量的阅读。在社会科学文献中，大量出版物使用阅读文本的隐喻[①]。有一个类比："文本就是人工物，如同读者就是用户"，尽管有如下限制，但这对于设计师来说还是十分吸引人的。

1. 文本主义定位文本中的意义。如同文本一样，设计师和生产者创造出人工物，他们的作品承担着相应的约束。但文本的可供性和人工物的可供性不同，在设计中文本主义与语意学转向也采取不同路线。通过读者提供恰当的阅读后解释，对于文本的理解可以通过重新叙述进行再次论证。解释出现在语言中，同样也出现在解释的文本中。从阅读的合适性判断中发现其本身也是以读者的识别出现的。因此，作为文本分析者根本就没有办法跳出他们假定要与其读者分享的文学和文化能力之外。

对于人工物的理解则恰恰相反。人工物通过与用户的交互来表达自己：从众多人工物中选择一件，处理其控制，引导其朝着令人满意的方向开发，尤其是再设计、重新装配、重新改变或者根据某人的观念来进行纠正。根本没有办法观察人工物的使用者在没有询问其客户的情况下是否理解这个人工物，但通过观察用户在与其人工物交流时如何进行交互的行为，可以看出其对于人工物的理解倾向，这是从认知到探索到信赖的过程。然而，文本主义者将文本的意义置于其解释之中，而将语意学转向将人工物的意义置于它们涌现的介面或通过它们人们进行沟通的动态系统中。人工物的意义不仅仅是交互，还可以通过限制它们并监控其自身方面的行为来进行检测。文本的检验意义（合理解释）需要文学权威，比如字典。检验

---

① 例如，Brown（1987）：作为文本的社会；Grint和Woolgar（1997）：工作的机器：科技、工作与组织；Silverman和Rader（2002）：世界就是文本；Widdowson（2005）：文本、文脉、托辞。

人工物的意义需要非语言层面上的额外参与。对人工物的持续依赖代替了文学权威。

2．**产品语言理论**。奥芬巴赫设计学院（Hochschule für Gestaltung）开发出来了一套在设计中建构意义的方法。同样，这种方法很可能也源自对早期产品语意学的不满。其主要作者理查德·费歇尔（Richard Fisher）和约亨·葛罗（Jochen Gros）称之为产品语言理论（Steffen，2000），由人工物在使用中的语意的相似词汇组成（第3章），但在许多方面与更加广泛的语意学转向相去甚远。该理论的诸多要点都关注人工物的意义，反对"形式追随功能"，因为后者产出意义模糊的几何形体（Gros in Steffen，2000：12）；当定义设计的关注点时，也试图接受意义（Gros in Steffen，2000：13–14）；而对于符号学的承认并不能帮助理解人工物的意义。该理论以自身取代了解释学和现象学中关于意义的概念（Steffen，2000：23–26），而后两种学科都是从分析文本或分析作为文本的现象发展而来，简言之，即文本性。

产品语言理论主要反对声音在于将语言概念视为一个符号或象征的系统（4.1节）。它的前提在于，产品的组成和部分可以被设计成一段故事，一段关于其生产模式、目的、历史、使用、时代定位和社会定位的故事（Fisher in Steffen，2000：17–22）。即使文本主义不会走到很远的程度。科技产品就像文本一样，它们自己什么都没说，也什么都不代表，除了它们的利益相关者允许它们拥有意义。产品不会说话，但人可以。采用这种语言理论将注意力从人们在日常生活中和在设计师的合作中所使用的语言转向产品特性的抽象概括。它忽视了人工物如何被语言化并支持其理论认同。有三点可以说明这种疑惑。

- **在该理论中，功能被认为是一种自然感觉**。浅显地说，这种转变使该理论变得以人为中心，至少在这个层面上，并且省略了一些功能主义中不受欢迎的需要（8.5节）。它开始于区分两种类别的感觉功能，形式美学和符号功能。前者关注语构特点、语法性和文本性的领悟能力。斯蒂芬更关注控制其功能的视觉模式和完形原则，并为这种功能打算要描述的事物提供案例（Steffen，2000：34–62）。在这里，呈现出严肃的认识论问题：形式从未以这样一种方式被关注。它们被分析者从真实图像或物体中抽象出来，这些分析者都接受过几何学和相似的描述性设备的训练。由于个人不能看到他人所看到的风景，感官功能的概念、赋予分析者所定义的形式、从他人的感知中获取的语构特征等，从认识论上是值得怀疑的。认真对待文本主义，通向他人感知的唯一合理路径就是从他们的语言。但语言不仅仅是说明，它还影响其感受。对于获得美学鉴赏力的范围来看，关于美学感受力的口头说明同社会或文化紧密相连，而并没有同通往感受的事物混淆。作者并没有强调这些问题，也没有说他们在讨论谁的解释，也许就是他们自己的吧。通过将设计师与使用者的关系进行意义的概念化，语意学转向解决了这些窘境（图2-7；Krippendorff，出版中）。这承认了在认知中语言扮演的社会角色，包括设计师。

- 在这个理论中，符号功能可以被分为两种类型：指示功能（Fischer，1984）和象征功能（Gros，1987）。指示功能使"产品实际功能可以被众人发现和理解"。它与同使用信息结合得十分协调，这一点斯蒂芬（2000）用无数有益的、指导性的例子加以解释（3.4.5节）。而象征功能属于产品的"文化的、社会的、科技的、经济的和生态的意义"。它没有解释一个产品可能被控制或使用，并且代替"指向现有产品及其纵向排列的社会背景"（Steffen，2000：82）。这个理论的作者表明象征功能与喜爱或不喜爱相关，并将其性格特征归因于"中产阶级"、"现代"与"前卫派"，暗示了其在产品家族、风格识别中的成员身份，或具有时代、国别、企业、设计师或目标群体的特征（Steffen，2000：83-95）。通过参考产品更高一级的语境来定义象征功能，显示了功能主义者对于等级制度概念的偏好（8.5节，第2条）。假定是产品同它们的用户交流，作者被引向去关注人工物的感官品质，并且对不同人群的解释保持沉默。能够识别产品风格的能力成为一种学术兴趣，但其正确识别对于普通用户的生活有何影响尚不明确。相反，通过开始观察发现，利益相关者将他们自己的概念带入到他们与人工物的介面中，并在交互的过程之中创造他们自己的意义，语意学转向引导设计师寻找用户的概念多样性，并为设计师提供至少4种彻底具有不同意义的语境：使用的、语言的、利益相关者网络的和人工物生态动力学的。

- 所有理论都高度重视一些现存特点，但并不将其公之于众。产品语言理论中的一个盲点是以人为中心的设计的核心概念：二序理解，设计师愿意倾听并努力理解不同利益相关者的理解方式，但并不尝试把某种理论强加于他人。很难想像从产品语言提供的角度进行创作的产品，如何能够为各种利益相关者提供一个容纳他们各自概念的空间，就像人类语言能够自然地提供的那样。

3．意义的容器隐喻重新回归。德国慕尼黑西门子公司较早开发出在设计中建构意义的相关途径，这值得引起一些关注。它由内部指南组成（Käo和Lengert，1984），其写作目的是为了改善设计师与其团队在产品开发工作中的交流，这可能是产品语言理论家的重要目标。它十分有趣，因为它虽然采用了一个较老的，但仍在广泛流传的理解文本的隐喻：意义的容器隐喻。正如在大多文学作品研究中，它们在借助形式文本区别的基础上，按照常规进行文章区分，而西门子指南则假定这些产品也同样具有形式和内容。他们解释说，形式是设计师能够在缺乏语境和意义的帮助下进行的描述，比如几何学、模式、语法、安排。这些产品则通过形式将内容传递给用户。指南进一步区分了两种内容：功能内容（科技和使用）与价值内容（强调的需求、预期、风格和将要传达的产品形象）。这种区别与形式美学和符号功能的区别相似，在产品语言理论中指示功能和符号功能十分醒目，但两种方法使用了不同的隐喻，因此解决的问题也不同。

所有的隐喻都有其需要（3.3.2节和4.5节），大多数都未被关注却已表现出来。容器隐喻将形式作为本身毫无意义的工具，但能够根据有关组装、使用和产品价值的指南来容纳意义或信息。这个隐喻将内容作为一个整体，使设计师能够进入到容器之中，并被转移到用户，使用者可以从其工具中移走，并在其他地方使用。通俗物理学认为只有其发送者——产品设计师——才能把任一产品形式或信息当作容器进行移动。然而普通使用者可能将人工物视为不可分割的整体，他们以容器隐喻来谈论这些人工物，容器隐喻使形式——内容的区别相当真实，将用户的注意力从试图找出它的可供性转移到其设计者或生产者的意图（8.5节，第1条）。正是这个隐喻把产品的设计师或生产商置于一个权威的位置，这一位置意味着鼓励用户放弃创造能力，放弃创造他们自己的意义、用途、独特的交互方式。容器隐喻的使用指南，使它难以看到设计中的利益相关者如何概念化他们的世界。反之，如果这个隐喻运用普通百姓的语言，它会鼓励人们弄清楚产品的形式到底包含着什么，也即，设计师原本打算传达什么。作为一个理解的强大组织者，容器隐喻并非特别有利于理解设计师需要做什么。这也可能是本质上的误导。

第9章

根植于乌尔姆设计学院?

起源总是很难被证实，而有关答案也充其量提供了有争议的重现。下面的这些也不例外。显然，1956~1961年我在学习工业设计的时候，语意学转向并非乌尔姆设计学院[①]教学和研究的单纯扩展延伸。其中一个原因是当时的文化和技术环境并不像现在一样对它有如此的需求。乌尔姆发生在二战后德国重建从工业社会转变为后工业社会的时期，一个在当时不被察觉的转变期。另一方面，乌尔姆天真地真爱着科学，已经远离了当时盛行的实证主义。最后，也是个人的，我继续在美国研究"传播"，并成为宾夕法尼亚大学安纳堡传播学学院的教授，很大程度上在乌尔姆之后和之外发展和织造我的理念。虽然我参与的传播理论研究最终也可以追溯到乌尔姆，产品语意学也是在1980年代形成的，但它发展成为根植于哲学和社会科学的设计中的语意学转向还是一个比较新的现象。我将介绍那些有贡献的专家和理论，并对那些还需要被证明的地方提出建议。

当然，乌尔姆设计学院是一个独特巨大的充满智慧的创新之地。它可能也远没有从外部看或者当我们在回顾它的时候看起来的那么整体。它的教师们惊人的年轻，来自好几个国家。众多的设计师、建筑师、文化评论家、学者们都是在乌尔姆的那段时间里度过了对自己领域前沿的研究。通过这些客人和一个小型的与时俱进的图书馆，新的词汇不断进入乌尔姆的话语之中。他们进行了测试和争论，总是与特定的设计流程在一起，并且不均匀地影响了课程。

9.1 比尔的功能主义

功能主义大概是乌尔姆设计学院最根深蒂固的词汇了。在那里，就像当时设计界的大部分一样，路易斯·亨利·沙利文（Louis Henry Sullivan）的主张"形式追随功能"被作为设计合理理由的准则并坚定地宣称：一旦人工物的功能被理解，其形式自然会被理解，反之，如果其

---

① 乌尔姆设计学院，德国，1953~1968年。

形式没有服务于功能，那么功能从开始就没有被良好地理解[1]。我们作为乌尔姆学院的教职工及学生，高度依赖着功能主义的逻辑与传统，我们所涉及到的文化人工物，其功能的单一性和无用性显而易见。在这里没有关于功能是什么、源自何处的批评性问题，以及谁定义了功能、功能的定义是什么的问题，也不存在保守主义中部分与整体关系的限定继承意识。把接受功能作为设计的一个目标，不是意味着整体将会成为部分，人工物最大的内容就是"服务"。比如，当餐具被设计出来，吃就不再是问题了。再者，如同发展无线电广播技术就必须要承担系统的传输与编写。这些被认为是理所当然，但其实这是一种限制设计问题并解决问题的方式，这种方式顺从了现行的在限制下进行设计的理念。我们在乌尔姆更注重与功能主义者的辩论方式，我们不能仅仅注视着世界而让言辞无力，我们的陈述应该是这样的：使功能看起来是客观的、可以受到科学探索检验的，以及成为理性的讨论话题。这些影响绝大多数时候来自马克斯·比尔（Max Bill，1956）——乌尔姆学院的院长和创建者。直到1957年，乌尔姆学院认可功能主义这个词汇并把其细化为4项功能：技术功能、材料功能、产品功能、审美功能。

图9-1　乌尔姆凳—由自然材质组成（Max Bill 和 Hans Gugelot，1954年）

1．技术功能：所有的设计都被期望能够良好地满足其机械目的（在一个更大的整体之内）。马克斯·比尔认为这就是产品功能的最主要部分。哲学家马克斯·本泽（Max Bense）教授称它是所有的客观设计必须满足的三个符号学维度之一[2]。布特和我（Krippendorff和Butter,1993）通过写作来批判这种实用主义和实用主义逻辑，同时讨探索部分与整体关系的意义，建立分类的思考方式。 例如，手表被期望用来告知人们时间，座椅被期望承担坐在椅子上的人的体重，汽车被期望能够把人从一个地方带到另一个地方。

---

① 如在1.2和1.3部分阐述的以及图1.3的说明，小型化已经是被淘汰的设计原则，或者至少不被用来概括电子产品。极简的自然形式不是源自极小的电路系统，同时人工物的主体减少了人机介面或专注于其他装置。

② 本泽（Bense，1971：79,81）认为设计客观的存在于三个维度：形式、材料、功能，并与皮尔士的三合一差异相结合。

2．材料功能：在德国，这一维度阐述的是适当地运用材料。威廉·莫里斯（William Morris）时代始于世纪之交，此时乌尔姆承诺在传统工艺设计中遵从这一维度。它鼓励设计者用适合材料自然属性的方式进行设计，比如：乌尔姆学院（图9-1）习惯在非正式的讨论、聚会或者演讲期间坐在桌子或课桌这样两个平面上。其实它的基础功能是承载物品，所以在宿舍它们又被用作书架或写字台。它的设计不仅展示了其原材料——三块平直的松木板、木钉、木边。更重要的是它显露着连接处的工艺，体现出其制作者的高超技艺。这些被认为是一种"诚实"：不用其他的材料、油漆等掩盖其自然品质，也不"绕弯的"把它掩盖起来。

3．生产功能：这一功能必须承担的义务是找出形式的特别之处，并使之适应经济上的批量生产，最终目的是使产品被理想地表达。这一维度超越了1930年代包豪斯所宣称的：力图使设计者制作出来的产品适用于每个人，从而进行大批量生产。在乌尔姆，人工物的形式不得不适应工业生产，这是平等主义所承诺的，其目的是为了获得功能地位。认知一个矩形体，了解表面机械加工和重复生产模式的产品功能，再来组合系统，使之成为过度独特性和艺术性的装饰产品。比如说，采用了模块化的立体声设备与预制式建筑。如图9-2呈现的是一款公文包设计，它可以完美地对称咬合，其塑料外壳是相同的，因此可以通过同一模具生产出来。

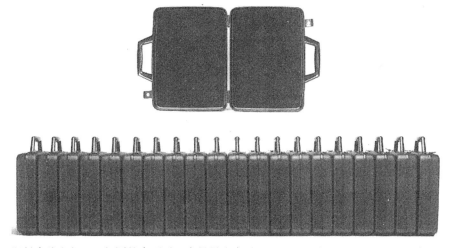

图9-2　塑料壳公文包——相同的壳型适于大批量生产（Peter Raake 和 Dieter Raffler,1966）

4．审美功能：根据比尔（1952）所言，这个功能是不能被技术、材料和产品功能所解释的。他把美学讨论的领域假想为一个包含所有选择的空间，其他三个功能不起作用。美学作用的定义包含在实用主义中，缄默的艺术家则给予了其正统地位。在比尔看来，设计是将日常生活用品的各种艺术形式整合到工业文化中去，使其成为功能。在乌尔姆，美学被定义为连贯性、简约性、相称性、简单性、简洁性、诚实性，其中没有一项是技术功能、材料功能、产品功能所能达到的。

比尔并未把美学功能作为一个在技术功能、材料功能、产品功能满意后的后置选择。因为现在所有形式的质量均为功能性解释的目标，这才能成就功能主义的完整性。通过回顾这些功能，我们可以详尽地审视、判断或去除任何设计，包括著名的灰箱争论。在比尔的信条中，好的形式是所有的四项功能都必须令人满意。

在美学功能领域中缺乏理论主张。对随性、直觉、合理失败的普遍轻视，就是对功能的分析与辩护。比尔鼓励精准的辩护，起初是为了他的抽象艺术即所谓的"混凝土艺术"。1949年他曾写道"所有视觉艺术的主要推动力是几何学，分析其表面或其空间各个部分的相互关系。因此即使是数学也是一种重要的形式和想法……相对个体、相对群体、相对运动本质上是一种科学的关系"（Bill，1949:86-90）。在乌尔姆，这种数学成为与非任意性、纯粹无疑的、高美学品质相关的形式。图9-3展示了两个例子，虽然是相隔十年的设计，但是展示了相同的主旨。两个设计如这个学校大多数人工物所彰显的一样，所推崇的美学形式隐藏在数学合理形式的背后，但是被认为没有新的功能——清晰地保持了内在的功能主义的连续性。

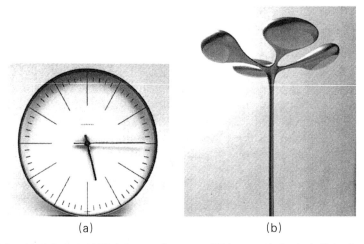

(a)   (b)

图9-3 精确的合理的形式（a）挂钟（Max Bill为Junghans设计，1957年）；（b）街灯（Peter Hofmeister、Thomas Mentzel和Werner Zemp；指导教师Walter Zeischegg,1966年）

比尔把挂钟做到了极简，如图（9-3a）所示：表面——一天显示在图解的表面，整个结构精确合理。比如，时针的长度等于钟表面的半径，时针和分针通过表面划分好的区间精确地指示分时。（9-3b）这种形式的街灯设计源于表面容量比例的最小参数值，同时具有灯与柱连接的功能。对于一个设计者，其设计的作品在50年后仍然在销售也是一种荣誉。比尔的挂钟依然存在在今天的市场，街灯的设计仍然可以在设计比赛中赢得殊荣。

通常而言，比尔的美学功能包含产品语意学。但诸如几何、对称、循环之类的数学原则，以及客观的、非抽象语意的一般美学原则（8.6节第2项）均被排除在外。我们在乌尔姆的实用主义中找不到语意的改变和发展。

公平地说，技术功能一般被理解为某种常见意义。比如每一项简单的工具，如餐具、自行车或雨伞，在功能服务上它们对于大多使用者而言并没有什么不同，但相较于复杂的技术产品来说，工程师致力于的技术功能显然分离了使用者拥有的一般产品的意义。例如电脑、交通系统、互联网，它们并不能被使用者彻底地理解。语意流动性承认多样的利益相关者均有不同的认知。工程师关注的技术功能重点也仅仅是在产品生命中的一个短暂时期，但在使用中、在语言中、在生态学中，产品均拥有不同的意义。设计者也许不得不考虑各个阶段中的所有相关问题。在乌尔姆，我们承认产品服务于各种功能，如图9–1展示的乌尔姆的工具设计。但应该思考怎样实现所有的这些功能而不是探讨其社会文化意义。

完成一件任务旨在澄清怎样证明多种语意特点。我的一个学生在费城艺术大学读书，用玩具"机灵鬼"①来呈现自己的性格特征："灵活"、"无足轻重"和"内在动机"（与非固有地、有益的动机形成对照，3.5.2节）。比尔在重要著作《形》（Form）中发表了她的一个与"机灵鬼"（Slinky）相似的逼真图像，并作为一系列美学上的设计典范之一，用来定义比尔的"好形式"信条。比尔把"机灵鬼"的表述颂扬为一个具有"独创性"的玩具，玩具的运行与声音都令人"难以置信"（Bill,1952:108）②。现在，词汇、量表、产品容量、绘图语意皆归因于人类介面的特征，并且仍在发展。这个现象可以被描述为一个"美学功能"的几何学条款。

比尔认可形式的本质不能仅限于技术材质和生产效益。而在1960年代，技术材质和生产效益被人看作是严苛的功能主义设计失败的原因。当功能主义批量生产的产品在社会上被证实是无用或者缺少意义时，它们没有造成太多问题，并很容易就从市场上退出了。但是具有功能主义的建筑却令人产生不适于居住的恐怖，同时功能主义的城市规划也并不像当初预想的那样有效，而是引起了高人力成本。如果在乌尔姆没有二序理解的开放性，没有形成以人为中心的意识，那么我们就不可能看到那么多值得称赞的、有用的、经得起推敲的设计，因为这些设计的功能是在我们掌控的范围之内。

9.2 本泽的信息哲学

香农（Claude E. Shannon）的数学通信理论（Shannon和Weaver，1949）简称信息论，让我对语意学产生了兴趣。马克斯·本泽在1954到1958年的讲座期间提交了一份关于信息美学的译本（Bense，1954、1956、1958、1960），遵循着赫斯特·里特尔（Horst Rittel）和亚伯拉罕·莫尔斯（Abraham Moles）的理论，本泽认同笛卡尔说的存在现实高能材料与智能"共同现实（co-reality）"间的区别。从信息论来看，现实是由热力学偶发事件决定的，它被视为朝向熵状态、无序度量的转化。共同现实可以被人类智能塑造，并被看作是一种负熵的大量增加，这是具有规则的。对本泽而言，这两个世界是动态的和数字化的构想，而现实是

---

① "机灵鬼"（Slinky）是一种螺旋弹簧玩具——译者注。

② 这个铁弹簧是现存玩具中最具天才的作品之一。它能在人手上运动并发出无法形容的声音。这个弹簧还会自己走着下楼梯。

受自然规律支配的，所以可能发生。然而共同现实是受智能选择、创造力、新鲜感支配的，所以未必发生。美学产品因此被视为具有负熵和秩序创造。通过这些概念，本译试图将美学从鉴赏美的哲学转化为人工哲学，既包括技术的人工物、艺术作品和文本的文化生产的哲学。

在信息论中，负熵随着产生的不确定性的增长而增长，随着已被选择的可能性的增长而增长。熵随着复制而不断增加、随着同一产品的大量生产而不断增加，导致了产品相似性的大大增加。通过把一个人工物的负熵量和它的美学价值同等看待，本泽的美学引出了文化的量子动力学理论。根据这一理论，革新者的产品变得完全新潮、高度的非真实和最大程度的令人惊讶，同样也被证明是最具有信息美学价值，但在极端状况中也让人不可理解。然后这些产品不断地批量生产，大量的复制品和相似的产品增加，这一理论变得更加普及，其信息价值下降到失去外观美学的地方。自然地，设计学院的学生和教员在那个时候全身心地投入到本泽关于美学与智能的辩护中，因为他们将此作为自己在工业文化中的一个使命。

香农的信息论并没有强调事物的意义。这和比尔的混凝土艺术（一个可以追溯到包豪斯时期的非具象派展示项目）结合得很好。我相信他的项目是学生如何开始计算以及如何对这方面熟练地提出问题。学生开始计算其中一个本泽的信息美学推论并经历了其不确定期。熵的方法相对来说比较容易得到相应的文本格式，但当用于绘画时它们可以变得相当随意，甚至只是一个抽象类别。手工计算及计算量严重地限制了小样本信息数量的比较，虽然先锋诗体代替旧诗，打印纸代替了新闻纸，但信息理念是被视为一个相对数量并与手工产品的概率、文字、品质相联系，并存在于一个大系统之中，使我们不知不觉地把注意力从单一手工艺品的美学转移到大众文化的动力美学。它恰当地绕开了符号学的两个本体论领域，使这个理论缺乏代表性意义。它引导我们把信息作为我们现在能够说出来的文本性测试，并且推动我们思考沟通中的抽象术语。在我看来，这是使人工物如何提示它们自己的潜在用户，而不用代表其他事物。

继我在乌尔姆任教之后，我有幸与控制论专家W.罗斯·阿什比（W. Ross Ashby）在伊利诺伊大学一同学习。香农的理论是控制论工具箱的一部分，渐渐地我对它熟知得更加彻底。我写过几篇论文，包括就该主题而撰写了一本书（krippendorff,1986）。回顾乌尔姆如何使用信息论：我们、乌尔姆的员工和学生对理解都过分扩张和无层次。缺乏数学训练来看待信息论的形式主义，没有电脑时也许天真地把信息论等同于科学计算，这些都阻止了我们了解它的局限性，并且以为它起到了作用。然而，本泽设法激起我们关注我们自己在文化生产动力学中担当的角色，现在我们可以称它为人工物的量子理论，或者更广泛地说，技术的量子理论。

总而言之，在他的心里，本泽是个分类学家，他在科技哲学的演讲中提出了所有科学的系统分类，填补了学科间的空缺并方便辨识，但对学科之间的界限做了不易察觉的精明更改。他离开乌尔姆后，本泽（1971）阐述了皮尔士的符号理论，重复申明理论的迭代区别，从而产生整个系统的日益精细分化。虽然标题精心拟订为《符号与设计》，尽管承诺该书有关设计，但并未澄清其做法。

本泽是一位创造性的哲学家、多产的作家、极为有效的教师。在早期的乌尔姆他可能是最有影响力的人，然而我不知道他是否会一直认同本书所描述的语意学转向。我不记得他提到维柯（Giambattista Vico）、维特根斯坦（Ludwig Wittgenstein）、巴赫金（Mikhail Bakhtin）、吉布森（J.J.Gibson），或于克斯库尔（Jacob von Uexküll）。接受人工物是一种社会建构这一理念，将意味着放弃笛卡尔自然之镜（Philosophy as a Mirror of Nature）的哲学理论（Rorty，1979）。他迫不及待地承认分歧，尤其是对"智力劣势"的理解，这是二序理解出现的前提。1989年我在乌尔姆设计学院举行的国际设计论坛上遇到他，我曾想告诉他这个令人振奋的语意学转向，并问他是否可能涉及。在那次会议之前，他曾用超过演讲者的声音冲进会场抗议不负责任的哲思。他答应我去费城拜访我，但直到去世也未能实现。

9.3 马尔多纳多的符号学

在1956年，马尔多纳多代替了马克斯·比尔担任乌尔姆学校的校长。一年以后他把符号学引入到课程里。本泽（1956）已经为接受他的课程和理论刊物做好了准备，主要服务于他的信息美学，后来关注皮尔士的差异性（Bense，1972）。符号学是马尔多纳多将他的科学操作主义带进驾驶座椅设计的尝试，部分是在反对比尔将设计师作为一种文化人工物的美学协调者的观点。

据我所知，乌尔姆是第一个承认这门学科的设计学院。马尔多纳多特别着迷于符号学者的政治性。在讨论会上，他追溯了各种学校彼此间的影响，谁采纳了谁的定义等。在这些探索活动中，他承认新的实证主义者的工作，尤其是查尔斯·W·莫里斯（1955）和更普遍的科学统一运动。一个驻斯图加特的美国大使馆文化专员科日布斯基（Alfred Korzybski，1933）通过沃伦·罗宾斯（Warren Robbin）的讲座把一般语意学（General Semantics）带入了乌尔姆。马尔多纳多（1961）对符号学的贡献是出版了94条定义。这些定义成为设计的一种分析工具和神化符号学话语的一种方式。随后马尔多纳多的学生又增加了一些修辞概念，并将针对一些视觉现象进行描述性的应用（Bonsiepe，1996）。[1]

由于这些术语缺乏经验主义式的调查，只好用人类学判定符号学的相关特征。一部分概念批判性地评价了符号学中的语意表是如何设计的，也证实了马尔多纳多在科学统一运动中

---

[1] 第91–103页，最初发表于乌尔姆学院的杂志《Ulm》，14/15/16，1965。

早已提及的符号学通用性的理念。但通用主义并未给现实建构留有选择的余地。这一命题不是仅作为假设而是目标，因此成为文化自由的一般化理论（8.1节）。马尔多纳多将已出版的符号学文献中的各种定义概括成一致的定义，而非理论的命题，马尔多纳证明了科学的类型学或分类观念，这基本接近于经验实证。

在那个时代，符号学区别在语言中被描绘，被关注它的人们讨论，而新实证主义阻碍了符号学者对符号学区别的认识，实际上是对所有术语区别的认识。术语的区别创造了差异，建构了他们声称所描述的那个现实，并号召权威将它们置于合适的位置。马尔多纳多的符号学依赖于鲁道夫·卡尔纳普（Rudolph Carnap）、理查兹（I.A.Richards）、皮尔士（Charles S. Peirce）、约翰·杜威（John Dewey）这样的哲学权威，当然最主要的和经常被引用还是莫里斯（Charles W. Morris）和他自己。毕竟，他是世界上最先进的设计学院的校长。

自然而然地，科学分类的任何观念都需要被努力证明其正确性，乌尔姆的职员中就有很多这样的例子。例如在1960到1961年间，我在乌尔姆的视觉感知研究所工作，这个研究所由一位来自普林斯顿大学的社会实证心理学家珀赖恩（Mervyn W. Perrine）领导。有一个受资助的研究项目关注色彩认知。在奥托·艾舍（Otl Aicher）、马尔多纳多和珀赖恩在影响研究所存在的根本性观点上产生了争论。艾舍坚持认为，课程中的实证研究不应与他自己的色彩理论相冲突——1958年后他就没有在乌尔姆任教——因为这门课不可能获得对色彩更多的认识。作为一个成功的图形设计师，艾舍很自信地认为因为他了解得更多。他从不担心自己对他人如何认知色彩的了解过少，实证研究对于他没有任何意义。另一方面，当课程中介绍的各种视觉刺激理论无法彼此一致、甚至与他的预期大相径庭时，马尔多纳多的观点也较为模糊。对他而言，这叫作把科学的方法带到问题中。

事实上，统计学意义上的归纳并不一定能产生好的设计决策，但如果做得好，实证研究确实能为那些具体从事人工物设计的人们发现客观规律提供线索。在乌尔姆学院早期的学术气氛中，一些专业词汇取代了那些不容置疑的事实，他们把客观规律挖掘得更深，以此反抗那些可替代的观点，如果权威专家不把这些观念强加于学生，会给不确定的经验假设留下足够空间加以检验。视觉认识研究所非常短命，这完全在意料之中。关于意义的实证研究可能建立起设计符号学，例如早期查尔斯·奥斯古德（Charles Osgood）的研究（1957）。奥斯古德的工作积累了乌尔姆之外的关于意义的研究，但直到一些乌尔姆的学生毕业之后才对他们产生重要影响。[①]

显而易见，在马尔多纳多的定义中，在人类选择机制上符号学无能为力（8.1节，第2条）。他们仔细选择的变形（definienda）使人们无法把有选择地看到的一些事物作为符号，

---

① 例如，Zilmann（1964）撰写了苏黎世广告公司的研究指导，现在美国任教。

感受到某事物就是那个事物，或者对同样的现实产生多重体验（2.3.2节）。皮尔士（1931）的"指号过程"（semiosis）概念，即关于某事物成为它事物的符号的过程，为进入人类选择机制开启了一个空间；这个概念为莫里斯（1938）的定义提供了参考，即"把某事物标记成有机体的符号的过程，符号学调查的目标"（Maldonado，1961）。莫里斯是行为主义者，莫里斯和马尔多纳多的定义无法很好地引入皮尔士的实用主义观念。符号理论可以作为语言的副产品、作为对话和社会互动的结果运用到陈述中，被实现的介面也因使用情境、文化或意图而不同；但他们没有为其提供任何可能性。定义、出版和使用符号学词汇的想法可以创造一种符号学家声称的要研究的现象，那就是符号学（semiotics）依赖它自身的指号过程，而不是发生在任何人、任何时间都可以。

实证主义者反对自我参考（Whitehead和Russell，1910/1958），马尔多纳多符号学的普遍主义排除二序理解——设计师对利益相关者的理解的理解——这正是以人为中心的设计的关键（2.5节）。他也阻止了将这种交互行为概念化，后者现在已被置于人—机介面中，被意义指引进而创造出新的意义，而无需伟大的符号学理论来指示。阅读文本的解释学可能会介绍这些理念，甚至在计算机被发明之前。但那时乌尔姆并未流行这些。

马尔多纳多的符号学是建立在两个世界的本体论基础之上的：一个是符号和象征的世界，一个是物质对象的世界（8.1节，第1条）。一个在实践中运用的设想也许可以证明他的论点。当我想撰写后来题为《物品的符号和象征特性》的毕业论文时，很自然地想到了马尔多纳多的研究。不出所料——但仅在回溯中——他告诉我：符号指涉对象，但对象不能成为其他事物的符号；因此，对象具有意义的整个观念都是一种类型错误。对他来说，意义是一种符号学上的参考关系，这就使我们可以有理有据地谈论设计对象。由于意义的概念，使得图形、摄影和文本很自然地成为符号分析的选择——但工业设计的对象除外。这就是符号学的实证主义本体论，它为支持者创造了盲点，并把理论探索运用到日常经验中。我不得不用赫斯特·里特尔作为我的课题。

9.4　车尔尼雪夫斯基的政治经济美学

当我撰写本章的时候，我回忆起更多的个人影响。在乌尔姆，我第一次读到的美学著作是俄国唯物主义哲学家尼古拉·车尔尼雪夫斯基（Nikolai Chernyshevsky）。车尔尼雪夫斯基从根本上否认了美学普遍性的观点，认为美学是一种统治阶级为自身服务的理论。他举了一个例子，为什么人们认为皮肤光洁、玫瑰色脸庞的女人比皮肤黝黑、脸庞松弛的女人更漂亮。答案显而易见。统治阶级的女人没有必要去下田劳作，因此她们可以关心自己的外貌、衣着和谈吐上的吸引力。他分析，正如人们现在想说的，流行美学，特别是倡导普遍性的流行美学，正在体现为精英阶层将自我审美观念凌驾于他人之上的统治工具。在他的论文中，在今天看来美学曾是一种社会构成现象，因此它也是一种多元的政治概念。正如自然科学理论没有对错之分，美学也没有对和错，但美学同样是在特定的社会实践中建立出来的。它通过权力机构的隐形强制而保持稳定，包括艺术家、批评家、收藏家和鉴赏家等群体都从美的主流理论中获益。车尔尼雪夫斯基的观点预示着像罗兰·巴特、让·鲍德里亚、米歇尔·福柯，特别是安东尼奥·葛兰西（Antonio Gramsci，1971）的权威理论覆盖了相似的领域，并且正在重塑对后工业文化的理解。

被车尔尼雪夫斯基带到20世纪之后，艺术需要识别名字（品牌）和争论（广告）至少与所提供的感官体验（艺术作品）一样多，这一点对我来说是显而易见的。虽然在乌尔姆学院的课程中艺术创作是被禁止的，一些学生和教师的绘画作品被闲置，然而在乌尔姆有个地方，人们能够展览并讨论艺术。但艺术是否值得被展示，大部分取决于它的作者以及应当如何评判这个作品。那些能将艺术用引人入胜的话语包装的艺术家，相对仅仅展览作品的艺术家而言就能获得更多成就。比如，马克斯·比尔（Max Bill）在创立乌尔姆之前是一个著名的瑞士画家、雕塑家、建筑师，之后他成为了乌尔姆的第一任校长。他与一个由艺术家和诗人组成的国际团体，在宣言、展览和阅读中，探讨了一系列词汇，包括艺术"真正"是什么的理论，从其他事物鉴别"具体艺术"的理论。通过使用这些被松散的具象艺术家团体暗中支持的词汇，他们开始讨论并达成共识。但那些缺乏引人注意的话语的艺术家就没有那么幸运了。例如，乌尔姆学院的早期教师弗里德里希（Friedrich Vordemberge-Gildewart），其绘画和排版印刷令人印象深刻，但由于这些作品缺乏主流话语而被边缘化了。[①]只要本泽把比尔的作品运用到他的写作中，比尔和他就会走近。当本泽和比尔争论并使用弗里德里希的画时，比尔就很紧张。与比尔很喜欢谈论个人文化作品不同，本泽的兴趣在于社会上使用的人工物。两人都没有意识到：审美感知是通过语言获得的，因此，其本质上是社会的或政治的。将审美感知解释为艺术作品的客观属性的生理联系，仅仅支持主流精英文化的美学——比尔阵营的理想的数学形态（几何体、比例、节奏或语法），后来格罗斯（1984）的形式美学功能的概念（关于完形认知的经典原则）都是相关的尝试（8.7节，第2项）。因此车尔尼雪夫斯基也通过询问不可能的对象的文化生产为谁服务，来探讨本泽的信息美学。

乌尔姆美学和功能修辞学的社会学不能不通过实践应用来理解。第二次世界大战后，德国一片废墟，建立设计学院的想法才浮出水面。为了纪念1943年为反对纳粹主义而被杀害的兄妹，英格·肖尔（Inge Scholl）想用他们的名字建造一座纪念建筑。由于1933年包豪斯的教学受到了严重干扰而被迫关闭，人们希望恢复包豪斯。而曾经在包豪斯的比尔，看到这对

---

①   Friedrich Vordemberge-Gildewart，几次不同场合的个人交流。甚至Lindinger对乌尔姆的回忆中都没有提及他。

于建立设计学院、重振德国工业文化是一个好机会。从1953年开始，乌尔姆学院就着手为公众设计面貌一新的消费产品，并接手更大的项目。乌尔姆明确的设计分类，以及在工业产品、视觉传达、工业建筑、新闻业、电影等各个领域惊人的生产力，促使德国出现了像布劳恩这样的企业并得到了国际称赞。

乌尔姆的成功很大程度上要归功于修辞的高度影响，用词汇解释设计。通过修辞的描述，我们（学生和教师）很容易联想到产品的功能。我们挑战彼此的设计，试着去合理化每一个设计细节，使设计成功地按照人们的理解准确定义。我们讨论的内容从新学科、符号学、控制论、科学方法论到信息美学等。我们选择容易打败的对手——美国风格和商业化的拥护者，基于传统艺术和手工艺的设计师，媚俗的盲目生产者——通过证明他们的产品是"站不住脚的"、他们的方法是不科学的、他们的想法已过时或忽视了本质功能，轻而易举地取胜。可以说，我们在视觉设计的创新上演绎了一场成功的语言游戏。我们认为自己在挑战旧的美学，但对车尔尼雪夫斯基来说，我们却没有认识到乌尔姆学院提供的服务满足了年轻一代的需求，并推动了经历过第二次世界大战的那一代消费者们摆脱过时的价值观。随着乌尔姆设计在市场上的成功，各个产业自然而然地巩固了乌尔姆的存在价值，并因此在新旧美学的斗争中使用乌尔姆的产品形式词汇。

此外，乌尔姆所谓的技术上的文化中立符合第二次世界大战后工业的需求，这种需求不仅是在德国，还扩展到全球市场。乌尔姆明确拒绝追求特殊的美学，宣扬以科学和技术为名义的争论对坚持自己的传统文化有影响，或对抗拒被西方工业化国家认为落后和不发达的文化中性功能主义有作用。我们同样也没有看到被广为争论的新美学和我们所声称的普遍主义有何矛盾之处。车尔尼雪夫斯基对于美学作用的观点或许轻易地就使得这些观点站不住脚，但仅有少数人看过他的著作。

遗憾的是，乌尔姆美学的成功也淹没了很多其他观点。我们只是通过部分从包豪斯基础上延伸的人机工程学、心理学、完形心理学原理、印刷规则、色彩理论来了解工业产品的用户，而并没有通过倾听或问卷来了解用户、社会阶层或其他文化。乌尔姆对原创性研究做出了很多贡献，但其中最令人信服的论证是艾姆斯（Ams）的视知觉，而不是凭经验调查人们如何概念化自己的世界。我们理所当然地认为消费者必须接受新的工业文化教育，并设想他们能否接受我们的想法仅仅是时间问题。我们十分有信心。设计的语意学转向与之截然不同，设计师们、消费者和其他利益相关者对它的认知可能不尽相同，并由此会在与技术交互的无数方式中创建他们自己的意义。对这些潜在不同但同样有效的概念持冷漠态度，可以避免我们接受车尔尼雪夫斯基的社会相对主义、避免我们接受人工物也是社会或文化竞争的媒介的观点。

9.5 里特尔的方法论

在乌尔姆，所有的设计过程和产品形式都会被质疑和批判。如果在此过程中失败，它们都会被看成随意和低质的，并被抛弃。我们在第4章了解了语意学转向的理论："语言决定人工物的命运"。对比其他设计学院，乌尔姆的课程中融入了很多词汇学的思考，并成为一种学术要求，包括一些与设计相关的学科，尤其是感知生物学、人机工程学、社会心理学、社会学、经济学、政治学、文化人类学、符号学、信息与通信理论，也包括一些从物理学到艺术文化史等方面的传统论题。所有这些都被认为与设计相关，所建立的知识框架旨在确保这种集成属于源自本泽的科学哲学。本泽是个抽象的思考者，这种思考方式能够提升乌尔姆学院的学术质量，但并没有真正地影响到学院的设计实践。

1958年，数学家赫斯特·里特尔（Horst Rittel）代替了本泽，他注重训练。他的第一个安排就是把信息通讯理论带到了课堂上，那时大家都认为这是打开未来设计大门的钥匙。我回忆起他的第一堂课是关于香农理论的技术细节。而这些本泽几乎没有讲过。里特尔更年轻、更注重实际，并且能快速适应乌尔姆课程的要求。在里特尔教授的课程中，科学哲学与设计的涉及面越来越多。里特尔的数学成了设计师使用的启发式的系统探索方式。他的数学训练法让他能接触到普通设计师很难接触到的模型、理论和概念框架。他沉醉于将抽象的概念关联化，而且他发现学生们的反馈将设计话语带到了一个不同的水平。他还引进了操作研究、数学决策理论、游戏理论、系统分析、规划技术，由此丰富设计的支撑理论。需要强调的是，乌尔姆设计学院可能是世界上第一个，也是唯一一个开设这些课程的学校，并且这些课程也很受欢迎。

然而，比尔的设计师发现当代文化和大规模化生产的人工物的形式之间形成了一种新的美学统一，而无需迎合商业化或依赖多愁善感的媚俗；马尔多纳多的设计师也用科学的手段从工业中心协调决策。在里特尔的影响下，概念转向那些能够掌握启发式的规划和设计方法的设计师，他们同样也能在产品开发和策略规划部门工作。

教授布鲁斯·阿克是英国客座教授、设计方法学的先驱，也是介绍系统论的主要角色，逐步把设计方法推广到了工业设计师的课程中，之后又被布特（1989年）应用了到产品语意学。其他教授尤其是宏观社会学家汉诺·凯斯廷（Hanno Kesting），也支持里特尔。但是一些年长的教授，例如奥托·艾舍，感觉到了设计方法的威胁。他的反对基本上是出于无知——他不参与同事们的演讲、也不参与这些新思想的应用测试——他拒绝的原因可能是因为他对图像的兴趣。他全凭直觉解决那些具有新意的、或者他个人认为简单和明显的问题。最初，马尔多纳多看到了里特尔的科学视野对学校的贡献。但是里特尔不是分类学家，没有积极搜集资料支持分类理论。他是一个实用主义者，有很多好的想法。里特尔的设计方法理论开启了实证研究，并鼓励对不确定的信息大胆假设，为我们开启了一个更复杂的世界，在这个复杂的系统中各个事物都相互联系，设计能够产生出意料的结果。学生都认为用设计方法学能够解决设计中的复杂问题。设计好看的产品已经不再是设计教育的目标。一些学生已经把注意力从建筑转向了城市规划、从写作到普通的广告比赛、从单个的产品到系统。许多设计方法学的作者（如Cross，1984年）都认识到了乌尔姆学校对设计的贡献。第7章所提到科学的设计也受到阿克和里特尔的影响。

当里特尔用启发式的方法开始指导学生设计的时候，学生们的语言不可避免会从评判具象产品的功能性转变到评判设计方法。与这种转变相关的争论比功能主义和符号学更加引人注目。这正造成了一种有形的乌尔姆与无形的乌尔姆之间的紧张关系，正如一些人所看到的那样。事实上，那些运营着越来越赚钱的设计工作室的教师，在校内为产业客户工作，而把教学任务大量抛给那些没有类似工作室的教师。他们没有看到设计思维转变的优点，在科学和设计之间创造假分裂，并以此做为障眼法隐藏经济利益。一些历史学家（如Betts，1998）成为这种雄辩术的牺牲品，他们责备科学化是乌尔姆最终灭亡的主要原因。正如内·史毕兹（Rene Spitz，2002）在他迷人的乌尔姆政治史中所揭示的那样；然而，事实并非如此。

在里特尔离开乌尔姆去加州大学伯克利分校的建筑系之后，他的规划方法得以发展。在伯克利，里特尔将设计方法上升到在矛盾的客观条件中所使用的策略性理论（Cross，1984：135-144、317-328）。显然设计方案总是要考虑到未来的条件，需要来自利益相关者对艺术、手工艺和社会等事实的委托。基于这点，里特尔的方法认同语言学的对话理念。他将设计设想为一种规划（我更喜欢建议他们必须总是强调利益相关者），一种可争辩的诉讼网络，在恰当的授权之下，来应对他们的索赔并为他们成功所需要的代表划分利益。为了探索人工物的发展轨迹（1.2节），里特尔开发了一种多重逻辑方式。他预见到了利益相关者理论却没有考虑他自己的想法，我猜测他是遇到了大型的公共项目和复杂的建筑设计。这些设计项目通常都是由一群经济玩家和政治利益集团所控制。正如之前提到的所谓诡异问题（1.4.2节）的构想，只通过可能的解决方法来制定，就对其他合理的考虑构成了挑战。这与语意学转向所强调的观点相一致，即人们期望的未来反对传统的问题解决方式（Simon，1969/2001）相一致。我确信里特尔十分关注大众文化和信息系统的人工物，它们被词汇应用、市场考量、多用户和多文化的参与，甚至政治意义所掌控。他的一些规划方法直到死后才以里特尔的名义出版，同时也使得他导向了语意学转向。

在乌尔姆，里特尔指导了我关于人工物设计的流程意义的毕业论文（Krippendorff，1961），这是产品语意学的先驱。它将规划理论应用到用户与人工物的交互上。

9.6　意义考量的障碍和一些特例

很显然，乌尔姆没有发展意义的课程。我们倾向表现产品的技术功能、材料特性和生产方式——使用那些我们认为易于制造但事实上只是易于画出来的形式：直线、直角、几何形体、不引人注目的灰色——将与文化无关的数学形式与美学视若平等，对不同使用者的概念和意义的考虑就更少了。在功能主义的保护下，在不同语境下的人工物被当作相同的事物，或对不同使用者也没有任何问题。而我们所认为的唯一语境早已经从原来人们对人工物的话语中消失了：这些话语一方面是关于现代社会、技术趋势和视觉文化；另一方面是关于生理学和人机工程学，还可能是一代代用户所使用的社会教科书。

如果对想让人类理解、使用的任何设计而言，意义都是中心的话，自然地（2.2节），意义代表了设计师总是不得不将其处理成这种或那种形式的理由。我认为就应该这样，甚至是在乌尔姆。功能主义实际上提供了一种意义。在没有足够词汇的情况下，其他意义要不就归于习惯或直觉，要不就藏在一些主流的理性共识中。比尔的美学功能观念，被马尔多纳多的符号科学主义所延续，明显是为了努力找回丢失的形式推理，但却因为缺乏一些二序理解而没有完全达到目的。在乌尔姆，意义在一些主导性判断的裂缝中迷失。下面有6个例子，它们的语意都不被当时所认可，也没有进入乌尔姆的经典回顾案例（Lindinger，1987/1990）。

1. 第1个例子是艾瑞伯特·华伦布雷德（Aribert Vahlenbreder）的电插头，如图9-4所示。对于之前用手拔电插头的人来说，这是一个语意明显的设计。我们不需要去思考和分辨出它有什么用。插头处的小洞尺寸刚好使一支手指头穿过它，然后拉出插头。它外形扁平，并且通过在食指和拇指之前夹住，这样也易于使用控制，使得容易它插入到插头。没有螺丝的塑料材质给我们安全绝缘电流的感受。尽管我们并不熟悉它的外形，但是它的用法是不言而喻的，这便是语意学典范。当华伦布雷德呈现他的设计时，很不适宜地与他合作的学生的设计成果比较，学生做出了更精细的模型（现在几乎被忘记了）。而他的模型被认为太简单了。他利用了可利用的部分，在展示的前天晚上已经完成。他的设计被认可、出版、从未生产，但最近在日本又被重新创造出来。有趣的是，它是在乌尔姆回顾展中的60件产品之外的、仅有的两件产品之一，且"仍在使用"。而其他产品只在无人的相片里展示。甚至摄于街道上与几辆同时代车型做对比的汽车模型，也只是展示在空空如也的城市街道上。单从这些照片上来看，读者无法摆脱这样的印象：乌尔姆赞崇这些人工物的形式多于功能，这一印象已被

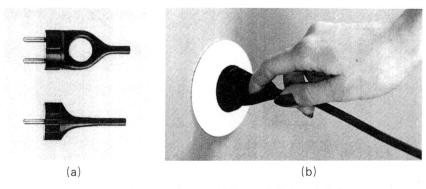

(a)   (b)

图9-4 软性PVC的电插头——操作的自我说明，艾瑞伯特·华伦布雷德设计，1959

独立检验和验证（Wachsmann,1991）。华伦布雷德的使用决定设计是个例外。在回顾展中，这场设计的标题是关于材料，但它只是说明由什么材料构成，与实现意义的显性表达并没有任何关系。

2. 第2个例子是莱因霍尔德·维斯（Reinhold Weiss）的熨衣斗，如图9-5。乌尔姆回顾展中它值得称赞的地方就是独特和十分切合人体工程学的把手。但设计没有注意到维斯划分了把手在语意上的区别，即用户可以安全使用的区域和禁止接触的区域。通过使用一些似乎绝热的肋骨中缝线，从视觉上凸显出了两部分的差异，维斯成功实现了这种语意区分。作为毕业课题整个过程的目击者，我敢证明他未被关注和认可。因为没有合适的语言去表达这些层状中断线所包含的意义。

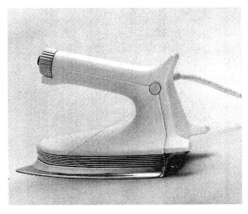

图9-5　熨衣斗——区分烫手和可持区域——莱因霍尔德·维斯，1959

3. 在乌尔姆学校设计专业的学生可以选择他们自己的课题。导师并没有安排特定的选题，并且所有的标准都要公开讨论。在设计如图9-6的卡尺时，我打算更多地去表现这个陌生工具的易操作性而不是美学特性。我发现，无数我们熟悉的工具在操作时都有一个挤压的动作：例如，钳子、剪刀、启瓶器、镊子甚至磨具，最后都以人们握秒表的方式结束。秒表和卡尺都有数字刻度，并且都被希望读数越准确越好。我用两种颜色来区分可抓取的部分和可改变精度的手臂，为了得到可靠的测量结果这些末端应该能够保持完全不被接触的状态。我也通过在卡尺的刻度盘上划分精细的区域，探索表达工具准确性的方式。在印刷品和展览中，这个设计得到了关注，但没有人看到或注意到为了得到精确的测量结果，设计应该是什么形式以及是否这种能够满足。

我也想到了一个语意使用的反面例子：我起草设计的机器头部。它有一个亮黄色的可挤压的把手或者说拉手，这样的结构减少了几个按钮和控制杆的需要。并且它的技术已经申请了专利。但是，黄色按钮放在白色圆表盘的背景上，容易让许多人会把这个工具当成煎鸡蛋。很显然，在这里出现了一些设计失误。拿着黏糊糊的鸡蛋黄肯定让人烦恼，对许多人来说都是这样。怎么样才能避免这些错误的意义？色彩理论太抽象了，以至于成为不被人乐于接受的意义，但不管怎样乌尔姆不再教色彩理论了。根本就没有听说过色彩选择的语意标准。

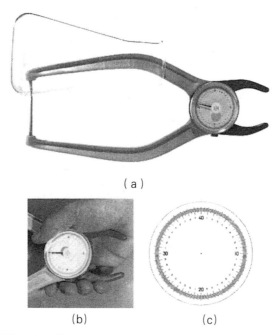

（a）

（b）   （c）

图9-6 精确卡尺——使把手变得熟悉和可识别，克劳斯·克里彭多夫设计，1958 （a）卡尺的使用；
（b）可持性；（c）精确性

4. 第4个例子是莱因哈特·布特设计的精确天平，如图9-7。布特遵从乌尔姆对直线和简洁造型的普遍爱好。记得他曾经为表盘的两个释放钮的颜色选择做过决定。通常情况下是使用深色来掩藏操作产生的灰尘。然而，正相反，他选择白色来反衬干净，更符合天平精密的特点。他接着说没有讨论意义的词汇，没有语意话题的讨论，当然也就没有语意思考的系统方法。让他的天平成为一个精确的天平，源自直觉和主观印象。仅仅在回顾展的时候，人们才能发现精确的语意是怎样被描述成性格特征（4.3节）和怎样实现的。

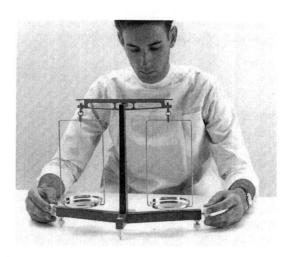

图9-7 精密天平——隐含的语意关注，莱因哈特·布特设计，1959

5. 第5个例子就是汉斯·古格罗特（Hans Gugelot）1956年为布劳恩公司设计的收音机唱机组SK4，如图9-8所示。它向我们展示了一个稍长的白色金属盒子，顶部是一个透明玻璃盖，透过玻璃我们可以看到可旋转的收音机控制键。不像传统的收音机，SK4从各个方面看都很具有吸引力，不一定要放在靠墙的位置，也不一定要放在卧室里面吸引注意力。SK4是一个即时对话产品，在市场上的反应较为一般，然而它却如公共标示一般成为了乌尔姆设计的代表。有趣的是，在乌尔姆回顾展中（Lindinger，1989/1990:75-77），古格罗特没有对这个创新性设计做出任何解释，我甚至想不起任何当时听到的东西，只记得设计者对功能和简洁明了的坚持。有趣的是，它以技术命名的名字SK4并没有吸引购买者，但却意外获得了一个有意义的昵称。一眼看穿的表面使公众想起了格林童话里白雪公主的玻璃匣，所以它开始以"白雪公主之匣"命名。这个意外的名字证实了工业产品不仅仅只是设计者或者生产者的意图，更是一种能深入他们生活的一种语言。这种语言的含义可能包括语意、故事和神话，它反过来又可以决定设计本身具有的理解力。幸运的是，"白雪公主之匣"是富有情感的积极名字。要知道名字也能毁掉一个产品。

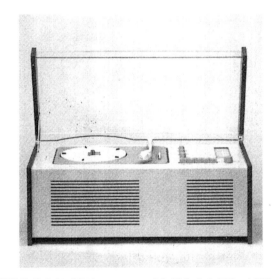

图9-8　为布劳恩公司设计的收音机唱机组SK4——"白雪公主之匣"，汉斯·古格罗特设计，1956

最重要的是，SK4有着高保真效果的环保设备，以独特的正面取代了木质或塑料音箱的理想形式：布覆盖的扬声器、控制台、声音控制器和隐藏的控制器。它弱化了当时人们对流行收音机的固有印象，为后续设计创造了可能性。

SK4的音质表现明显低于预期，甚至连其时间系统也是。但是购买者愿意为了意义而牺牲技术品质。乌尔姆所代表的令人激动的、醒目的普遍性，变成了一种年轻用户把他们自己与父母的战前文化方言区别开来的便利手段。"白雪公主之匣"成为了人们交谈社会与政治意义时候的话题。它一直都是被讨论的对象，但现在被用在不同的情况下：设计博物馆、设计的鉴赏家和收藏家、设计历史出版物，以及本书。它在后者语境中的意义被当作发展中的技术文化。今天，我们可以更清楚地理解这个可调节式组合收音机的语意。"白雪公主之匣"没有乌尔姆当时想要鉴定的功能价值。在缺乏合适的语言去强调语意思考的时候，意义只能留给偶然发生的情况。

6. 最后一个例子就是我在1960年研发的一组象棋棋子。为了欣赏到游戏本来的视觉效果，在写论文的同时我也开始每天玩象棋，并非巧合，同时我也关心人工物如何呈现它的使用（Krippendorff，1961a，c）。象棋是一种需要下棋者熟悉一切有可能的策略方法和约束规则的游戏。包括前进和对抗，以此威胁对方或保护己方免遭损失，每一步都是为了提高一个人与对手相关的战略位置，并设法获得最后的大奖：对手的国王。

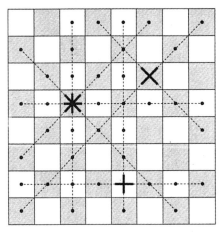 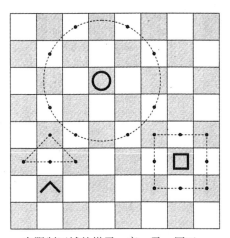

可以定性移动的棋子：女王=车+象　　　　有限制区域的棋子：卒、马、国王

图9-9　象棋棋子及其控制的关联性

据称象棋以战争游戏的形式起源于17世纪的印度，在300年的时间里由波斯和阿拉伯传到欧洲，在传播途中，棋子的形式和术语适应了新用户的文化环境。在17世纪的印度，战争是为了夺取象、马、战车和卒，最早的战争使得棋子的术语变得出名。在波斯，战争涉及到伊朗国王、忠诚的谋士和信使。在阿拉伯，国王的名字保持不变而谋士变成了大臣。当象棋发展到欧洲，棋子的名字开始代表着当时的封建等级。在英国，国王不变，但大臣变成了女王，象变成了主教，象征着教堂，兵马变成了骑士，战车变成了城堡或高塔里面的乌鸦，步兵成了马前卒。和以往的阿拉伯象棋棋子按棋局角色呈现抽象形态不同，在欧洲，象棋按照不同的名字呈现出了复杂的具体形态。这在很大程度上说明了语言如何适应使用中的人工物。

我不喜欢战争，而且我发现欧洲象棋棋子中体现的封建制度仍然不幸地和毫无必要地存在于棋局中。我知道1924年的包豪斯象棋，它保存了封建遗产，除了代表主教的十字架外，用方块和球体表现等级。我也熟悉其他设计，例如1927年曼·雷（Man Ray）设计的一套棋子，本身与游戏没有一点关系。与我当时论文观点一致的是，我希望我的象棋棋子提示玩者每一个棋子的作用是什么，并揭示他们在游戏操作过程中放置棋子时可能会碰到的危险。同时我也希望使他们可操作的角色变得明了，正如现在人们所说的，可以让象棋更好学，也可以让游戏变得更容易反映出战略选择，特殊外形的棋子能使下棋顺序更透明，还能提高战略思考。在我的分析中，象棋中有三种方向的棋子能够朝几个方向中的任意一个方向移动任意格，预示要走的路线上可能会出现的危险，同时象棋的移动在三种方向受约束，其中两个方向控制它们周围的领域，另外一个只能朝一个方向前移，这使得遵守两个简单而明显的规则变得有意义：多方向的棋子应当视觉化它们移动和控制的方向，约束棋子移动和限制移动的范围。

这种相关性可以从图9-9中看得到。所有棋子的高度都相同。包豪斯象棋中的象和我的很类似，暗示着即使动机不同的语意学也可以同样言之有理。在游戏开始的时候，成排的卒看起来像是保护它们后面棋子的盾牌。在游戏过程中，当卒出现典型的"鸟类飞行信息"时，它们继续显现防卫地位，如图9-10所示。女王联合象和车的力量，同时也使它们看起来很团结。

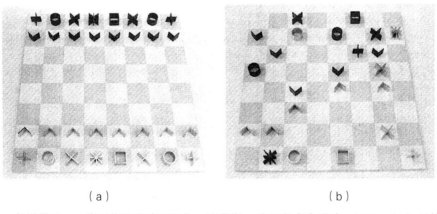

（a）   （b）

图9-10 象棋棋子——将可能的移动可视化，克劳斯·克里彭多夫设计，1960 （a）开始的布局（b）过程的布局

这些棋子分别由铬化和碳化的非磁性模压钢铁的剖面切成。为了让其中立在棋盘方格的中心，并有效避免把更灵活的象转过来变成笨拙的车（反之亦然），四个正极和四个负极磁铁被插入到棋盘里面，它们在游戏过程中能够保证棋子按正确的方向行进。将这些形状雕刻成木质的块状，或者考虑在平面上做镶嵌物也是一种构想，但最后并没有实现。为了马上使用棋盘，就要达成一些妥协：把车的形状以⊥代替＋，这也描绘了在游戏开始的时候车控制的领域。

在我完成这套后，我发现设计这些棋子已经变成了我解决论文问题的工作方式，至少能够解决部分的论文问题。

刚刚讨论的6个例子并不代表乌尔姆对设计的众多贡献。选择这些例子都是语意上有趣的特例，它仅与产品设计和呈现有关，但也代表了乌尔姆一个短暂而富有卓效的主要阶段。它们只是相对较小的人工物，手持工具、日用品和家具，几乎不能代表现语意学转向所面临的任何一种设计问题。那时计算机介面并不存在，多用户系统也没有像今天一样起着重要的作用。需要多学科交叉工作的大型项目已被提及，但并未实际操作。生态还未被作为问题来考虑。由于缺乏语言使用的自我反思，难以将我们自己的话语作为一种对设计进行再设计的可能方式。

在总结这些章节的过程中，我认为乌尔姆采用的设计方法，在还未进入将来的时候，本质上忽视了对意义的系统思考。这些设计案例成为功能主义的漏网之鱼。马尔多纳多的符号学仅仅通过符号理论的透镜，把意义看作再现。然而，乌尔姆的话语也提示了我自己的路线，甚至我不同意的地方。许多来自以前乌尔姆的学生都被引向意义思考，并且每一个都有自己的理由。理查德·菲舍尔（1984），产品语言理论（8.7节）的合著者之一，作为乌尔姆的学生表达了他对功能主义的不满，后来他发现了在乌尔姆框架外的思路。约亨·格罗斯（1987），产品语言理论的另一个合著者，和马丁·克朗蓬一起学习过，而他也研究马尔多纳多。克朗蓬（1979、1989）撰写了城市建筑的意义，提出以行为方法对意义再现进行试验。在他对语意学感兴趣的短暂时期，道尔夫·兹尔曼（Dolf Zillmann，1984）提出了全新的测量尺度。桂·贝喜普（1996）则保留了马尔多纳多活着时候的遗产，最近把人机介面作为了一个新的设计本体论。向井周太郎（1979、1986、1991、2003）探索了语言的本质，特别是日语字母，倡导具体的诗，他将这些牢记于心，并用这些教工业设计。多年来，莱因哈特·布特一直都在鼓励我继续研究设计中的意义的意义，这要回溯到我们都在乌尔姆的时期。在产品语意一词出现之前的很久，他就开始实践产品语意了，而且他的书列举了很多俄亥俄州立大学的学生作品。汉斯·于尔根·朗诺何（Lannoch和Lannoch，1989）成为了早期产品语意学的贡献者。苏达卡·纳德卡尼（Sudhakar Nadkarni（1991/2004、1997）共同组织了1987年在印度孟买召开的第一届产品语意学大会，命名为Arthaya，这是一个表示意义的古印度教词汇。伯恩哈德·E·布尔德克（Bernhard Bürdek）对奥芬巴赫的产品语言理论也有所贡献，并开始强调计算机介面设计的问题。对于所有这些不同的贡献者以及其他人来说，在乌尔姆的经历是共同线索。在那个时候，乌尔姆使先前的学生能够大胆追求自己的方向而不仅仅只是设想。

尽管乌尔姆忽视了意义，但语意学转向并未否认乌尔姆的价值。语意学转向被看成是乌尔姆学院的道德任务的激进改写，它正把设计转变成一种以人为中心的模糊概念：意义丰富的人与科技的介面设计。乌尔姆看重的一些品质重新出现在人们交流的过程中：明晰、经济、表现力以及信息化，但现在被概念化为交互和文化敏感等术语。语意学转向为设计创造了新的选择，它不赞同随意、无意义或不诚实。通过遵循今天已经过时的"形式追随功能"的设计原则，语意学转向给设计师定下一个新的誓约：

介面追随可认知的意义。

　　语意学转向把设计当作人类的基本权力，构建一个人自己的世界的权力，与伙伴交流的权力，以及为人性化的、可理解的人工物生态做出贡献的权力。它关乎一种承认设计中的各种利益相关者的伦理道德，关乎进行设计话语的设计职业的存亡——这种语言将创造可能性并提出可合作的、可实现的未来——方法论上合理、易于使用、每个关心自己设计实践权力的人都能理解。有了这个想法，本书为设计开启了一个新的基础。

参考文献

Abend, C. Joshua (1973). Product Appearance as Communication, Special Technical Publication 545. Philadelphia, PA: The American Society for Testing and Materials, pp. 35–53.

Agre, Philip E. (2000). Notes on the New Design Space. http://dlis.gseis.ucla.edu/pagre/ (Accessed May, 2000).

Aldersey-Williams, Hugh, Lorraine Wild, Daralice Boles, Katherine McCoy, Michael McCoy, Roy Slade, and Niels Diffrient (1990). *The New Cranbrook Design Discourse*. New York: Rizzoli International Publications.

Alexander, Christopher (1964). *Notes on a Synthesis of Form*, Cambridge, MA: Harvard University Press.

Alexander, Christopher (1979). *The Timeless Way of Building*. New York: Oxford University Press.

Alexander, Christopher, Sara Ishikawa, and Murray Silverstein, with Max Jacobson, Ingrid Fiksdahl-King, and Shlomo Angel (1977). *A Pattern Language*. New York: Oxford University Press.

Altshuller, Genrich, Lec Shulyak, and Steven Rodman (Translators) (1997). *40 Principles: TRIZ Keys to Technical Innovation*. Worchester, MA: Technical Innovation Center.

American Heritage Dictionary of the English Language, 3rd ed. (1992). Boston, New York: Houghton Mifflin Co.

Andrews, Alison (1996). *Designing Intrinsically Motivating Interactivity: Interactive Technologies in Service to Their Users*, MA Thesis, The Annenberg School for Communication, University of Pennsylvania, Philadelphia.

Archer, L. Bruce (1984). Systematic Method for Designers, in N. Cross (Ed.), *Developments in Design Methodology*. New York: John Wiley, pp. 57–82.

Argyris, Chris, Robert Putnam, and Diana McLain Smith (1985). *Action Science*. San Francisco: Jossey-Bass.

Argyris, Chris and Donald Schön (1978). *Organizational Learning: A Theory of Action Perspective*. Reading, MA: Addison Wesley.

Aristotle. *Poetics*. Engl. by Samuel J. Butcher (1951). *Aristotle's Theory of Poetry and Fine Arts*, 4th ed. New York: Dover.

Ashby, W. Ross (1956). *Introduction to Cybernetics*. London: Chapman and Hall.

Asimov, Isaac (1974). *Foundation Trilogy: Three Classics of Science Fiction*. New York: Avon.

Athavankar, Uday A. (1987). Web of Images Within. *ARTHAYA, Proceedings of a Conference on Visual Semantics*. Bombay, India: Indian Institute of Technology, Industrial Design Center, January 20–22, 1987.

Athavankar, Uday A. (1989). Categorization: natural language and design. *Design Issues*, 5(2), 100–111.

Austin, John (1962). *How to Do Things with Words*. London: Oxford University Press.

Bakhtin, Mikhail (1984). *The Dialogical Principle*. Tzvetan Todorov (Ed.). Minneapolis: University of Minnesota Press.

Balaram, S. (1989). Product symbolism of Gandhi and its connection with Indian mythology. *Design Issues* 5(2) 68–85.

Barthes, Roland (1983). *The Fashion System*. M. Ward and R. Howard (Translators). New York: Hill & Wang.

Bateson, Gregory (1972). *Steps to an Ecology of Mind*. New York: Ballantine.

Bateson, Mary C. (2001). Address to the American Society for Cybernetics (Vancouver, Canada).

Baudrillard, Jean (1983). *Simulations*. New York: Semiotext(e).

Bense, Max (1954). *Aesthetica*. Stuttgart: Deutsche Verlags-Anstalt.

Bense, Max (1956). *Aesthetische Information, Aesthetica II*. Krefeld und Baden-Baden: Agis-Verlag.

Bense, Max (1958). *Aesthetik und Zivilization, Aesthetica III*. Krefeld und Baden-Baden: Agis-Verlag.

Bense, Max (1960). *Programmierung des Schönen, Aesthetica IV*. Krefeld und Baden-Baden: Agis-Verlag.

Bense, Max (1971). *Zeichen und Design. Semiotische Aesthetic*. Baden-Baden: Agis-Verlag.

Berlin, Brent and Paul Kay (1969). *Basic Color Terms: Their Universality and Evolution*. Berkeley, CA: University of California Press.

Betts, Paul (1998). Science, semiotics and society: The Ulm Hochschule für Gestaltung in retrospect. *Design Issues* 14(2), 67–82.

Bhavani, Suresh K. and Bonnie E. John (1997). Exploring the unrealized potential of computer-aided drafting, in K. Krippendorff (Ed.) et al. *Design in the Age of Information; A Report to the National Science Foundation (NSF)*. Raleigh, NC: Design Research Laboratory, North Carolina State University, pp. 149–157.

Bill, Max (1949). Die mathematische Denkweise in der Kunst unserer Zeit. *Das Werk* 36(3), 86–90.

Bill, Max (1952). *Form: eine Bilanz über die Formentwicklung um die Mitte des XX. Jahrhunderts*. Basel: Verlag K. Werner.

Blaich, Robert (1989). Philips corporate design: a personal account. *Design Issues*, 5(2), 1–8.

Blaich, Robert, and Janet Blaich (1993). *Product Design and Corporate Strategy*. New York: McGraw-Hill.

Blumer, Herbert (1972). Symbolic interaction, in R.W. Budd and B.D. Ruben (Eds.), *Interdisciplinary Approaches to Human Communication*. Rochelle Park, NJ: Hayden, pp. 135–153.

Blumer, Herbert (1990). *Industrialization as an Agent of Social Change. A Critical Analysis*. David R. Maines and Thomas J. Morrione (Eds.). New York: Aldine de Gruyter.

Blumer, Herbert (2000). *Selected Works of Herbert Blumer. A Public Philosophy for Mass Society*. Stanford M. Lyman and Arthur J. Vidich (Eds.). Urbana: University of Illinois Press.

Bohm, David (1996). *On Dialogue*. New York: Routledge.

Bonsiepe, Gui (1993). Alles ist Design — der Rest verdampft, *Form*, 144, 30–31.

Bonsiepe, Gui (1996). *Interface; Design neu begreifen.* Mannheim, Germany: Bollmann Verlag.

Boulding, Kenneth E. (1978). *Ecodynamics.* Beverly Hills, CA: Sage Publications.

Broadbent, Geoffrey, Richard Bunt, and Charles Jencks (1980). *Signs, Symbols, and Architecture.* New York: John Wiley.

Brown, Richard Harvey (1987). *Society as Text; Essays on Rhetoric, Reason, and Reality.* Chicago, IL: University of Chicago Press.

Bruner, Jerome (1986). *Actual Minds, Possible Worlds.* Cambridge: Cambridge University Press.

Buber, Martin (1958). *I and Thou* (2nd ed.). New York: Scribner.

Buchanan, Richard, et al. (Eds.) (1999). *Doctoral Education in Design 1998; Proceedings of the Ohio State Conference.* Pittsburgh, PA: School of Design, Carnegie Mellon University.

Bunt, Richard and Charles Jencks (Eds.) (1980). *Signs, Symbols, and Architecture.* New York: John Wiley.

Burandt, Ulrich (1978). *Ergonomie für Design und Entwicklung.* Köln, Germany: Otto Schmidt Verlag.

Burandt, Ulrich (Ed.) (in press). *Updating Ergonomics.* Berlin, Germany: Gestalten Verlag.

Bürdek, Bernhard E. (1991/2004). *Design, Geschichte, Theorie und Praxis der Produktgestaltung.* Berlin: Springer Verlag.

Bürdek, Bernhard E. (1997). On language, objects and design, *Formdiskurs*, 3, 6–15.

Butcher, Samuel J. (1951). *Aristotle's Theory of Poetry and Fine Arts*, 4th ed. New York: Dover.

Butter, Reinhart (1989). Putting theory into practice: an application of product semantics to transportation design. *Design Issues* 5(2), 51–67.

Butter, Reinhart (1990). The practical side of a theory — an approach to the application of product semantics. in S. Väkevä (Ed.). *Product Semantics '89.* Helsinki: University of Industrial Arts, pp. b3–b17.

Buttler, Mary Beth, and Kate Ehrlich (1994). Usability engineering for Lotus 1-2-3 Release 4, in M.E. Wiklund (Ed.), *Usability in Practice; How Companies Develop User-Friendly Products.* Cambridge, MA: Academic Press, pp 293–326.

Chen, Lin-Lin, and Joseph Liang (2001). Image interpolation for synthesizing affective product shapes, in M.G. Helander, H.M. Khalid, and T.M. Po, *Proceedings of the International Conference on Affective Human Factors Design.* London: ASEAN Academic Press, pp. 531–537.

Chernyshevsky, Nikolai G. (1855). *Die Ästhetischen Beziehungen der Kunst zur Wirklichkeit.* Dissertation at St. Petersburg University, Russia. Pp. 362-533 in N. G. Tschernyschevsky (1953), Ausgewählte Philosophische Schriften Moskau: Verlag für fremdsprachige Literatur. Cited in Kathryn Feuer's (1986) Introduction to Chernyshevsky's *What Is to Be Done?* Ann Arbor, MI: Ardis.

Cochran, Larry R. (1990). Narrative as a paradigm for career research, in R.A. Young and W.A. Borgen (Eds.), *Methodological Approaches to the Study of Career.* New York: Praeger, pp. 71–86.

Cooper, Allan (1999). *The Inmates Are Running the Asylum: Why High Tech Products Drive Us Crazy and How to Restore the Sanity.* Indianapolis, IN: Sams Publisher.

Coulter, Jeff (1983). *Rethinking Cognitive Theory.* London: Macmillan.

Cross, Nigel (Ed.) (1984). *Developments in Design Methodology.* New York: Wiley.

Cross, Nigel (2000). Design as a discipline, in D. Durling and K. Friedman (Eds.), *Doctoral Education in Design: Foundations for the Future*. Staffordshire, UK: Staffordshire University Press, pp. 93–100.

Csikszentmihalyi, Mihaly (1997). *Finding Flow: the Psychology of Engagement with Everyday Life*. New York: Basic Books.

Danto, Arthur C. (1985). *Narration and Knowledge*. New York: Columbia University Press.

Diaz-Kommonen, Lily (2002). *Art, Fact, and Artifact Production*. Helsinki: University of Art and Design.

Douglas, Mary (1986). *How Institutions Think*. Syracuse, NY: Syracuse University.

Douglas, Mary (1996). *Thought Styles; Critical Essays on Good Taste*. London & Thousand Oaks, CA: Sage Publications.

Dreyfus, Hubert L. (1992). *Being-in-the-world; A Commentary on Heidegger's Being and Time, Division 1*. Cambridge, MA: MIT Press.

Dreyfuss, Henry (1960). *The Measure of Man, Human Factors in Design*. New York: Whitney Library of Design. 2nd Edition by Allan R. Tilley and Henry Dreyfuss Associates (2002). *The Measure of Man and Women, Human Factors in Design*. New York: Wiley.

Durling, David and Ken Friedman (Eds.) (2000). *Doctoral Education in Design: Foundations for the Future*. Staffordshire, UK: Staffordshire University Press.

Dykstra-Erickson, Elizabeth (1997). Heuristics as common language for HCI design and evaluation, in K. Krippendorff (Ed.) et al., *Design in the Age of Information; a Report to the National Science Foundation (NSF)*. Raleigh, NC: Design Research Laboratory, North Carolina State University, pp. 73–78.

Eco, Umberto (1976). *A Theory of Semiotics*. Bloomington, IN: Indiana University Press.

Eco, Umberto (1980). Function and sign: the semiotics of architecture, in R. Bunt and C. Jencks (Eds.), *Signs, Symbols and Architecture*, New York: Wiley, pp. 11–69.

Eco, Umberto (1984). *Semiotics and the Philosophy of Language*. Bloomington, IN: Indiana University Press.

Edwards, Cliff (1999). Many Products Have Gone the Way of the Edsel. *Johnson City Press*, May 23, 1999, Vol. 28, p. 30.

Ellinger, Theodor (1966). *Die Informationsfunktion des Produktes*. Köln: Westdeutscher Verlag.

Enders, Gerdum (1999). *Design als Element wirtschaftlicher Dynamik*. Volume 7 of a Series on "Design im Kontext" German Design Council. Herne, Germany: Verlag für Wissenschaft und Kunst.

Ericsson, K. Anders, and Herbert A. Simon (1993). *Protocol Analysis — Revised Edition: Verbal Reports as Data*. Cambridge, MA: MIT Press.

Faber, Ingrid (1998). *Typografie im Desktop Publishing: Experten- und Laienwortschatz*. Frankfurt/M: Peter Lang AG, Europäischer Verlag der Wissenschaften.

Feuer, Kathryn (1986). *Introduction to Chernyshevsky's 'What Is to Be Done?'* Ann Arbor, MI: Ardis.

Fischer, Richard (1984). *Grundlagen einer Theorie der Produktsprache*, Heft 3, *Anzeichenfunktionen*. Offenbach: HfG Offenbach.

Flach, John M. (1994). Situation awareness: the emperor's new clothes, in M. Mouloua and R. Parasuraman (Eds.), *Human Performance in Automated Systems: Current Research and Trends*. Hillsdale, NJ: Lawrence Erlbaum, pp. 241–248.

Flach, John M. and Kevin B. Bennet (1996). A theoretical framework for representational design, in R. Parasuraman and M. Mouloua (Eds.), *Automation and Human Performance: Theory and Applications*. Mahwah, NJ: Lawrence Erlbaum.

Flach, John M., Peter Hancock, Jeff Caird, and Kim Vicente (Eds.) (1995). *Global Perspectives on the Ecology of Human-Machine Systems*. Hillsdale, NJ: Lawrence Erlbaum.

Foerster, Heinz von (1981). On constructing a reality, in Heinz von Foerster (Ed.), *Observing Systems*. Seaside, CA: Intersystems Publications, pp. 288–309.

Foucault, Michel (1980). *Power/Knowledge: Selected Interviews and Other Writings*, C. Gorden (Ed.). New York: Pantheon Books.

Foucault, Michel (1990). *The History of Sexuality*. R. Hurley (Translator). New York: Vintage Books.

Friedrich, Theodor, et al. (Ed.) (undated). *Goethe*. Vierzigster Teil: *Zur Farbenlehre* (original 1810). Leipzig: Verlag Reclam.

Galuszka, Frank and Elizabeth Dykstra-Erickson (1997). Society, sensibility, and the design of tools for collaboration, in K. Krippendorff (Ed.) et al. (1997). *Design in the Age of Information; a Report to the National Science Foundation (NSF)*. Raleigh, NC: Design Research Laboratory, North Carolina State University, pp. 79-83.

Garnich, Rolf (1979). *Ästhetik, Konstruction and Design; Eine structurelle Ästhetik*. Ravensburg: Otto Maier Verlag.

Gates, Bill (1996). *The Road Ahead*. New York: Penguin Books.

Gerdum, Enders (1999). *Design als Element wirtschaftlicher Dynamik*. Volume 7 of a Series on "Design im Kontext" German Design Council. Herne, Germany: Verlag für Wissenschaft und Kunst.

Gibson, James J. (1979). *The Ecological Approach to Visual Perception*. Boston MA: Houghton Mifflin.

Gibson, William (1984/1995). *Neuromancer (Remembering Tomorrow)*. New York: ACE Books, Penguin.

Ginnow-Merkert, Hartmut (1997). Beyond Cosmetics, in K. Krippendorff (Ed.) et al. *Design in the Age of Information; A Report to the National Science Foundation (NSF)*. Raleigh, NC: Design Research Laboratory, North Carolina State University, pp. 171-174.

Glasersfeld, Ernst von (1995). *Radical Constructivism; A Way of Knowing and Learning*. Washington, DC: Falmer Press.

Goffman, Erwing (1959). *The Presentation of Self in Everyday Life*. Garden City, NY: Doubleday.

Gomoll, Tom, and Irene Wong (1994). User-aided design at Apple Computer, in M.E. Wiklund (Ed.), *Usability in Practice; How Companies Develop User-Friendly Products*. Cambridge, MA: Academic Press, pp. 83–109.

Gramsci, Antonio (1971). *Selections from the Prison Notebooks of Antonio Gramsci* (Q. Hoare and G.N. Smith, Translators). New York: International Publishers.

Green, William S. and Patrick W. Jordan (2002). *Pleasure with Products, Beyond Usability*. London and New York: Taylor & Francis.

Grint, Keith and Steve Woolgar (1997). *The Machine at Work: Technology, Work and Organization*. Cambridge: Polity Press.

Gros, Jochen (1984). Das zunehmende Bedürfnis nach Form. *Form*, 107, 11–25.

Gros, Jochen (1987). *Grundlagen einer Theorie der Produktsprache*, Heft 4, *Symbolfunktionen*. Offenbach: HfG Offenbach.

Hargreaves-Heap, Shaun and Angus Ross (Eds.) (1992). *Mary Douglas: Understanding the Enterprise Culture*. Edinburgh: Edinburgh Press.

Heidegger, Martin (1977). *Basic Writings* (D.F. Krell, Ed.). New York: Harper & Row.

Helander, Martin G., Halimahtun M. Khalid, and Tham Ming Po (Eds.). (2001). *Proceedings of the International Conference on Affective Human Factors Design.* London: ASEAN Academic Press.

Hirsch, E.D., Jr. (1967). *Validity in Interpretation.* New Haven, CT: Yale University Press.

Holquist, Michael (1990). *Dialogism; Bakhtin and His World.* New York: Routledge.

Holt, Michael (June 6, 2003). Good Designer = Good Design Teacher? PhDs in Design [PhD-Design@jiscmail.ac.uk].

Hubbard, Ruth (1990). *The Politics of Women's Biology.* New Brunswick, NJ: Rutgers University Press.

International Standards Organization, ISO 9241-11 (1998).

Jastrow, Joseph (1900). *Fact and Fable in Psychology.* Boston: Houghton, Mifflin and Co.

Kahneman, Daniel, Paul Slowic, and Amos Twersky (Eds.) (1985). *Judgment under Uncertainty: Heuristics and Biases.* Cambridge, England: Cambridge University Press.

Käo, Tönis and Julius Lengert (1984). *Produktgestalt.* Edwin A. Schricker (Ed.). Stuttgart: Siemens AG.

Karmasin, Helene (1993). Mehrwert durch Zeichenwahl, in M. Titzmann (Ed.), *Zeichen(theorie) und Praxis.* Passau: Wissenschaftsverlag Rothe, pp. 73–87.

Karmasin, Helene (1994). *Produkte als Botschaften.* Wien: Überreuter Wirschaftsverlag.

Karmasin, Helene (1998). Cultural theory and product semantics; design as part of social communication. *Formdiskurs* 4,1:12-25.

Karmasin, Helene (2004). *Produkte als Botschaften.* Vienna, Austria: Ueberreuter Wirtschaftsverlag.

Karmasin, Helene and Mathias Karmasin (1997). *Cultural Theory.* Vienna, Austria: Linde.

Kempton, Willet (1987). Two theories of home heat control, in D. Holland and N. Quinn (Eds.), *Cultural Models in Language and Thought.* New York: Cambridge University Press, pp. 222–242.

Korzybski, Alfred (1933). *Science and Sanity; an Introduction to Non-Aristotelian Systems and General Semantics.* New York: The International non-Aristotelian Library Publishing Company.

Krampen, Martin (1979). *Meaning in the Urban Environment.* London: Pion Ltd.

Krampen, Martin (1989). Semiotics in architecture and industrial product design. *Design Issues,* 5(2), 124–140.

Krippendorff, Klaus (1961a). Der Kommunikative Aspekt der Produktgestaltung: Gegenstände als Zeichen und Symbole. Mimeo, Hochschule für Gestaltung Ulm, February 1, 1961.

Krippendorff, Klaus (1961b). Produktgestalter kontra Konstrukteur. *Output,* 4 and 5, 18–21.

Krippendorff, Klaus (1961c). *Über den Zeichen- und Symbolcharakter von Gegenständen: Versuch zu einer Zeichentheorie für die Programmierung von Produktformen in sozialen Kommunikationsstrukturen.* Graduate Thesis. Ulm: Hochschule für Gestaltung Ulm.

Krippendorff, Klaus (1986). *Information Theory; Structural Models for Qualitative Data.* Newbury Park, CA: Sage.

Krippendorff, Klaus (1989). "On the Essential Contexts of Artifacts" or on the Proposition that "Design is Making Sense (of Things)." *Design Issues,* 5(2), 9–39.

Krippendorff, Klaus (1990). Product semantics; a triangulation and four design theories, in S. Väkevä (Ed.). *Product Semantics '89*. Helsinki: University of Industrial Arts, pp. a3-a23.

Krippendorff, Klaus (1993a). Major metaphors of communication and some constructivist reflections on their use. *Cybernetics & Human Knowing*, 2(1), 3–25.

Krippendorff, Klaus (1993b). *Design: A Discourse on Meaning, a Workbook*. Philadelphia, PA: University of the Arts.

Krippendorff, Klaus (1995). Redesigning design; an invitation to a responsible future, in P. Tahkokallio and S. Vihma (Eds.). *Design – Pleasure or Responsibility?* Helsinki: University of Art and Design, pp. 138–162.

Krippendorff, Klaus (Ed.) et al. (1997). *Design in the Age of Information; a Report to the National Science Foundation (NSF)*. Raleigh, NC: Design Research Laboratory, North Carolina State University.

Krippendorff, Klaus (2004a). *Content Analysis; an Introduction to Its Methodology*. Thousand Oaks, CA: Sage Publications.

Krippendorff, Klaus (2004b). Intrinsic motivation and human-centered design. *Theoretical Issues in Ergonomics Science*, 5(1), 43–72.

Krippendorff, Klaus (in press). The social reality of meaning, *The American Journal of SEMIOTICS*, 18.(4).

Krippendorff, Klaus and Reinhart Butter (1984). Exploring the symbolic qualities of form, *Innovation*, 3(2), 4-9.

Krippendorff, Klaus and Reinhart Butter (Eds.) (1989). Product semantics, *Design Issues*, 5(2).

Krippendorff, Klaus and Reinhart Butter (1993). Where meanings escape functions. *Design Management Journal*, 4(2), 30–37.

Krug, Steven (2000). *Don't Make Me Think, a Common Sense Approach to Web Usability*. Berkeley, CA: New Riders.

Kuhn, Thomas (1962). *The Structure of Scientific Revolutions*. Chicago: Chicago University Press.

Labov, William, and David Fanshel (1977). *Therapeutic Discourse; Psychotherapy as Conversation*. New York: Academic Press.

Lafont, Christina (1999). *The Linguistic Turn in Hermeneutic Philosophy*. José Medina (Translator). Cambridge, MA: MIT Press.

Lakoff, George (1987). *Women, Fire, and Dangerous Things*. Chicago, IL: University of Chicago Press.

Lakoff, George, and Mark Johnson (1980). *Metaphors We Live By*. Chicago, IL: University of Chicago Press.

Lannoch, Helga, and Hans-Jürgen Lannoch (1989). Towards a semantic notion of space. *Design Issues*, 5(2), 40–50. Reprinted, in S. Väkevä (Ed.) (1990). *Product Semantics '89*. Helsinki: University of Industrial Arts, pp. c1–c11.

Lasswell, Harold D. (1960). The structure and function of communication in society, in W. Schramm (Ed.). *Mass Communication*. Urbana: University of Illinois Press, pp. 117–130.

Lee, Seung Hee, and Pieter Jan Stappers (2003). Kansei evaluation of matching 2D to 3D images extracted by observation of 3D objects. *Journal of the 6th Asian Design International Conference*. Tsukuba, Japan.

Lindinger, Herbert (Ed.) (1987). *Hochschule für Gestaltung Ulm; Die Moral der Gegenstände*. Berlin: Wilhelm Ernst & Sohn Verlag. Translated as Herbert Lindinger (Ed.) (1990). *Ulm Design; The Morality of Objects. Hochschule für Gestaltung Ulm 1953–1968*. Cambridge, MA: MIT Press.

Love, Terrence (April 25, 2004). PhD-Design@jiscmail.ac.uk

Lukas, Paul (1998). The ghastliest product launches. *Fortune*, March 16, 1998, vol. 44.

MacIntyre, Alasdair C. (1984). *After Virtue*. Notre Dame: University of Notre Dame Press.

Maldonado, Tomás (1961). *Beiträge zur Terminologie der Semiotik*. Ulm: Ebner.

Malone, T.W. (1980). Toward a theory of intrinsically motivating instruction, *Cognitive Science*, 5(4), 333–369.

Malone, T.W. and M.R. Lepper (1987), Making learning fun: a taxonomy of intrinsic motivations for learning, in R.E. Snow and M.J. Farr (Eds.), *Aptitude, Learning, and Instruction, III: Conative and Affective Process Analysis*. Hillside, NJ: Lawrence Erlbaum Associates, pp. 223–253.

Mansfield, Edwin, J. Rapaport, J. Schnee, S. Wagner, and M. Hamburger (1971). *Research and Innovation in Modern Corporations*. New York: Norton.

Margolin, Victor and Richard Buchanan (Eds.) (1995). *The Idea of Design*. Cambridge, MA: MIT Press, 1995.

Marx, Karl, and Frederick Engels (1845, 1970). *The German Ideology, part one*. C.J. Arthur (Ed.). New York: International Publishers.

Maturana, Humberto R. (1988). Reality: the search for objectivity or the quest for a compelling argument. *The Irish Journal of Psychology*, 9(1), 25–82.

Maturana, Humberto R. and Francisco J. Varela (1988). *The Tree of Knowledge; the Biological Roots of Human Understanding*. Boston, MA: Shambhala.

McDowel, Dan (1999). The Triton and Patterns Projects of the San Diego Unified School District. http://projects.edtech.sandi.net/staffdev/tpss99/process-guides/brainstorming.html (Accessed July 2005).

McMath, Robert (1998). *What Were They Thinking? Marketing Lessons I've Learned from Over 80,000 New Product Innovations and Idiocies*. New York: Times Business.

Michl, Jan (1995). Form follows what? The modernist notion of function as a carte blanche. *Magazine of the Faculty of Architecture & Town Planning* [Yechnion, Israel Institute of Technology, Haifa, Israel] 10, 20–31. http://www.geocities.com/Athens/2360/jm-eng.fff-hai.html (Accessed July 2005).

Miller, George A. (1956). The magical number seven, plus or minus two: some limits on our capacity for processing information. *The Psychological Review*, 63, 81–97.

Miller, Hugh and Mirja Kälviäinen (2001). Objects for an enjoyable life: social and design aspects, in M.G. Helander, H.M. Khalid, and T.M. Po (Eds.), *Proceedings of the International Conference on Affective Human Factors Design*. London: Asean Academic Press, pp. 487–494.

Mitchell, W.J.T. (Ed.) (1981). *On Narrative*, Chicago: University of Chicago Press.

Morris, Charles W. (1938). *Foundations of the Theory of Signs*. International Encyclopedia of Unified Science Vol. 1. Chicago, IL: University of Chicago Press.

Morris, Charles W. (1955). *Signs, Language and Behavior*. New York: George Braziller.

Mukai, Shutaro (1979). Zwischen Universalität und Individualität. *Semiosis*, 13(1), 41–51.

Mukai, Shutaro (1986). *Katachi no Semiosisu* (Semiosis of Form, in Japanese). Tokyo: Shichosha.

Mukai, Shutaro (1991). Characters that represent, reflect, and translate culture — in the context of the revolution in modern art, in Yoshihiko Ikegami (Ed.), *Foundations of Semiotics, Vol. 8*. Amsterdam/Philadelphia: John Benjamin Publishing Co.

Mukai, Shutaro (2003). *Katachi no Shigaku* (Japanese of *Poetics of Form*). Tokyo: Bijutsu Shuppan-sha, Publisher.

Mukai, Shutaro and Akiyo Kobayashi (2003). *The Idea and Formation of Design; 35 Years of the Science of Design.* Tokyo: Musachino Art University.

Nagamachi, Mitsuo (1995). Kansei engineering: A new ergonomic consumer-oriented technology for product development. *International Journal of Industrial Ergonomics,* 15, 3–11.

Nagamachi, Mitsuo (1996). *Kansei Engineering.* Japan: Kaibundo Publisher.

Nelson, Harold, and Erik Stolterman (2002). *The Design Way, Intentional Chance in an Unpredictable World: Foundations and Fundamentals of Design Competence.* Englewood, NJ: Educational Technology Publications.

Newell, Allen, and Herbert A. Simon (1972). *Human Problem Solving.* Englewood Cliffs, NJ: Prentice-Hall.

Nielson, Jacob (1993). *Usability Engineering.* San Diego, CA: Academic Press.

Norman, Donald A. (1988). *The Psychology of Everyday Things.* New York: Basic Books.

Norman, Donald A. (1998). *The Invisible Computer.* Cambridge, MA: MIT Press.

Norman, Donald A. (2004). *Emotional Design: Why We Love (or Hate) Everyday Things.* New York: Basic Books.

Osgood, Charles E. (1974). Probing subjective culture/Part 1: Cross-linguistic tool-making. *Journal of Communication,* 24(1), 21–35; Part 2: Cross-cultural tool using. *Journal of Communication* 24(2), 82–100.

Osgood, Charles E. and George J. Suci (1969). *Factor Analysis of Meaning. Semantic Differential Technique — A Sourcebook.* Hawthorne, NY: Aldine de Gruyter.

Osgood, Charles E., G.J. Suci, and Percy H. Tannenbaum (1957). *The Measurement of Meaning.* Urbana, IL: University of Illinois Press.

Parsons, Talcot, Edward Shils, Kaspar D. Naegele, and Jesse R. Pitts (Eds.) (1961). *Theories of Society; Foundations of Modern Sociological Theory.* New York: Free Press of Glencoe.

Peirce, Charles S. (1931). *Collected Papers.* C. Hartshorne and P. Weiss (Eds.). Cambridge, MA: Harvard University Press.

Pinch, Trevor J. and Wiebe E. Bijker (1987). The social construction of facts and artifacts: or how the sociology of science and the sociology of technology might benefit each other, in W.E. Bijker, T.P. Hughes, and T.J. Pinch (Eds.), *The Social Construction of Technological Systems: New Directions in the Sociology and History of Technology.* Cambridge, MA: MIT Press, pp. 17–50.

Pirsig, Robert M. (1999). *Zen and the Art of Motorcycle Maintenance: An Inquiry into Values* (25th Anniversary Edition). New York: Morrow.

Polkinghorne, Donald (1988). *Narrative Knowing and the Human Sciences.* Albany: State University of New York.

Popper, Karl R. (1959). *The Logic of Scientific Discovery,* New York: Basic Books.

Prieto, L.J. (1973). Signe et instrument. In *Litterature, Histoire, Linguistique.* Receuil d'Etudes Offert a Bernard Gagnebin. Lausanne: Edition l'Age d'Homme — as reviewed by Martin Krampen (1979).

Putnam, Hilary (1981). *Reason, Truth and History.* New York: Cambridge University Press.

Reinmöller, Patrick (1995). Produktsprache — Verständlichkeit des Umgangs mit Produkten durch Produktgestaltung. Köln: Fördergesellschaft Produkt-Marketing E.V.

Rittel, Horst W.J. (1992). *Planen, Entwerfen, Design; Ausgewählte Schriften zur Theorie und Methodik,* Wolf D. Reuter (Ed.). Stuttgart, Berlin, Köln: Verlag W. Kohlhammer.

Rittel, Horst W.J. and Melvin M. Webber, (1984). Planning problems are wicked problems, in N. Cross (Ed.), *Developments in Design Methodology*. New York: Wiley, pp 135–144.

Rorty, Richard (Ed.) (1970). *The Linguistic Turn: Recent Essays in Philosophical Method*. Chicago: University of Chicago Press.

Rorty, Richard (1979). *Philosophy and the Mirror of Nature*. Princeton: Princeton University Press.

Rorty, Richard (1989). *Contingency, Irony, and Solidarity*. New York: Cambridge University Press.

Rosch, Eleanor (1978). Principles of categorization, in E. Rosch and B.B. Lloyd (Eds.), *Cognition and Categorization*. New York: Wiley. pp. 27–48.

Rosch, Eleanor (1981). Prototype classification and logical classification: the two systems, in E. Scholnick, (Ed.), *New Trends in Cognitive Representation: Challenges to Piaget's Theory*, Hillsdale, NJ: Lawrence Erlbaum, 1983, pp. 73–86.

Russell, Bertrand (1959). *Wisdom of the West*. London: Rathbone Books.

Sarbin, Teodore R. (1986). *Narrative Psychology*. New York: Praeger.

Saussure, Ferdinand de (1916). *Cours de Linguistique Générale*, English translation by Wade Baskin (1959). *Course in General Linguistics*, New York: Philosophical Library.

Schön, Donald A. (1979). Generative metaphor: a perspective on problem solving in social policy, in A. Orthony (Ed.), *Metaphor and Thought*. Cambridge: Cambridge University Press, pp. 254–283.

Schön, Donald A. (1983). *The Reflective Practitioner; How Professionals Think in Action*. New York: Basic Books.

Searle, John R. (1969). *Speech Acts, an Essay in the Philosophy of Language*. New York: Cambridge University Press.

Searle, John R. (1995). *The Construction of Social Reality*. New York: Free Press.

Sebeok, Thomas (Ed.) (1986). *Encyclopedic Dictionary of Semiotics*. New York: Mouton De Gruyter.

Semantics in Design (1998). Partial proceedings: http://semantics-in-design. hfg-gmuend.de (Accessed May 2004).

Shannon, Claude E. and Warren Weaver (1949). *The Mathematical Theory of Communication*. Urbana, IL: University of Illinois Press.

Shotter, John (1993). *Conversational Realities*. Thousand Oaks, CA: Sage.

Shulyak, Lev (undated). Introduction to TRIZ. http://www.triz.org/downloads/ 40Ptriz.pdf. (Accessed May, 2005).

Silverman, Jonathan and Dean Rader (2002). *The World Is a Text: Writing, Reading, and Thinking About Culture and Its Contexts*. New York: Prentice Hall.

Simon, Herbert A. (1969/2001). *The Sciences of the Artificial*, 3rd ed. Cambridge, MA: MIT Press.

Simon, Herbert A. (1973). The organization of complex systems, in H.H. Pattee (Ed.), *Hierarchy Theory*. New York: G. Braziller, pp. 3–27.

Snyder, Carolyn (2003). *Paper Prototyping: The Fast and Easy Way to Design and Refine User Interfaces*. Morgan Kaufmann (Elsevier).

Spence, Donald P. (1982). *Narrative Truth and Historical Truth*. New York: W.W. Norton.

Spitz, Rene (2002). *The Political History of the Ulm School of Design, 1953–1968*. Berlin/ Stuttgart: Axel Menges.

Steffen, Dagmar (1997). On a Theory of Product Language, *formdiskurs*, 3(2), 16–27.

Steffen, Dagmar (2000). *Design als Productsprache*. Frankfurt/Main: Verlag form.

Stewart, John (1995). *Language as Articulate Contact; Toward a Post-Semiotic Philosophy of Communication*. Albany NY: SUNY Press.

Suchman, Lucy A. (1985). *Plans and Situated Actions: The Problem of Human Machine Communication*. Palo Alto: Xerox Corporation, ISL-6. Cited on p. 313 in S. Woolgar (1987).

Suchman, Lucy A. (1987). *Plans and Situated Actions: The Problem of Human Machine Communication*. New York: Cambridge University Press.

Sullivan, Louis Henry (1896). The Tall Office Building Artistically Considered. *Lippincott's Magazine*, March 1896. http://www.njit.edu/v2/Library/archlib/pub-domain/sullivan-1896-tall-bldg.html. (Accessed April 20, 2005). Also pp. 202–213 in I. Athey (Ed.) (1947). *Kindergarten Chats (revised 1918) and Other Writings*. New York: Wittenborn Schultz.

Tahkokallio, Päivi and Susann Vihma (Eds.) (1995). *Design — Pleasure or Responsibility?* Helsinki: University of Art and Design.

Thompson, D'Arcy W. (1952). *On Growth of Form*, 2nd ed. New York: Cambridge University Press.

Thompson, Stith (1932). *Motif-Index of Folk Literature: A Classification of Narrative Elements in Folk-Tales, Ballads, Myths, Fables, Mediaeval Romances, Exempla, Fabliaux, Jest-Books, and Local Legends*. Bloomingdale, IN: Indiana University Studies.

Uexküll, Jacob von (1934/1957). *A Stroll Through the Worlds of Animals and Men: A Picture Book of Invisible Worlds*, in C.H. Schiller (Ed.). *Instinctive Behavior: The Development of a Modern Concept*. New York: International University Press pp. 5–80.

Väkevä, Seppo (1987). *Toutesemantiikka (Product Semantics)*. Helsinki: University of Industrial Arts.

Väkevä, Seppo (Ed.) (1990). *Product Semantics '89*. Helsinki: University of Industrial Arts.

Veblen, Thorstein (1931). *The Theory of the Leisure Class; an Economic Study of Institutions*. New York: The Viking Press.

Verne, Donald Phillip (1981). *Vico's Science of Imagination*. Ithaca, NY: Cornell University Press.

Vihma, Susann (1990a). *Tiotteen muodon kuvaaminen (Interpretation of the product form)*. Helsinki: University of Industrial Arts.

Vihma, Susann (Ed.) (1990b). *Semantic Visions in Design*. Helsinki: University of Industrial Arts.

Vihma, Susann (Ed.) (1992). *Objects and Images*. Helsinki: University of Industrial Arts.

Wachsmann, Christiana (Ed.) (1991). *Objekt + Objektiv = Objektivität? Fotographie an der HfG Ulm 1953–1968*. Ulm: Stadtarchiv. Cited in P. Betts (1998).

Wade, Nicholas (July 15, 2003). Early Voices: The Leap to Language. New York: *The New York Times* Science Section: F1, F4.

Walther, Elisabeth (1974). *Allgemeine Zeichenlehre. Einführung in die Grundlagen der Semiotik*. Stuttgart: Deutsche Verlagsanstalt.

White, H. (1981). The value of narrativity in the representation of reality, in W.J.T. Mitchell (Ed.). *On Narrative*, Chicago: University of Chicago Press, pp. 1–23.

Whitehead, Alfred North, and Bertrand Russell (1910/1958). *Principia Mathematica*, 3rd ed. New York: Macmillan.

Whorf, Benjamin Lee (1956). *Language, Thought and Reality*, John B. Carroll (Ed.). New York: John Wiley and MIT.

Widdowson, Henry G. (2005). *Text, Context, Pretext (Language in Society)*. London: Blackwell.

Wittgenstein, Ludwig (1921). *Tractatus Logico-Philosophicus*. London: Routledge.

Wittgenstein, Ludwig (1953). *Philosophical Investigations*. Oxford: Blackwell.

Wittgenstein, Ludwig (1980). *Culture and Value*. (G.H. von Wright, Ed.; P. Winch, Translator.) Chicago, IL: University of Chicago Press.

Woolgar, Steve (1987). Reconstructing man and machine: a note on sociological critiques of cognitivism, in W.E. Bijker, T.P. Hughes, and T.J. Pinch (Eds.). *The Social Construction of Technological Systems: New Directions in the Sociology and History of Technology*. Cambridge, MA: MIT Press, pp. 311–328

Yagou, Artemis (1999). *The Shape of Technology — The Case of Radio Set Design*, National Technical University of Athens, Greece.

Yammiyavar, Pradeep G. (2000). *Emotion as a Semantic Construct in Product Design*. Bangalore, India: Indian Institute of Science, Centre for Electronics Design and Technology.

Zaltman, Geralt (2003). *How Consumers Think: Essential Insights into the Mind of the Market*. Boston, MA: Harvard Business School Press.

Zillmann, Dolf (1964). *Konzept der Semantischen Aspektanalyse*. Zürich: Institut für Kommunikationsforschung.

图片提供者

Photographic

Jared Baer of Fifth Dimension Technologies, copyright holder
Figure 1.3b

Reinhart Butter
Figure 2.7a, b, c, d; Figure 3.1a, b; Figure 3.6a, b, c; Figure 3.9a, b; Figure 3.10a, b, c; Figure 3.12b; Figure 3.14c; Figure 7.3a, b, c, d; Figure 7.5a, b, c, d, e, f; Figure 7.7a, b, c, d; Figure 7.10a, b, c; Figure 9.7

Lin-Lin Chen and Joseph Liang
Figure 7.1; Figure 7.4

Robert M. Dickau, Math Forum @ Drexel University, Philadelphia.
Figure 7.2

Cecile Duray-Bito. Copyright © 1992 by Houghton Mifflin Company. Reproduced by permission from The American Heritage Dictionary of the English Language, Third Edition.
Figure 3.5

Dyson, copyright holder
Figure 7.6b, c

Fiskars Brand Inc., copyright holder
Figure 3.13c

Foto Gauditz, Hannover, photographer; Herbert Lindinger, copyright holder
Figure 9.2a, b

Klaus Krippendorff
Figure 1.3a; Figure 3.1j, l; Figure 3.3b; Figure 3.8a, b; Figure 3.14a,
b; Figure 3.15c, d; Figure 4.2a, b, c, d; Figure 4.6a, b; Figure 7.8f;
Figure 7.10a, b, c, d; Figure 9.6a, b, c; Figure 9.10a, b

Lisa Krohn
Figure 1.3c; Figure 3.1i; Figure 3.8a

Lewis Lee for Virtuoso Photo, photographer; Tim Terleski of TXS
Design, designer and copyright owner.
Figure 3.1k

Hugh Miller and Mirja Kälviäinen
Figure 4.4

Paul Montgomery
Figure 7.6a

Musachino Art University, Tokyo, Japan, photographer unidentified
Figure 7.8a, b, c, d, e

The Museum of Modern Art, photographer unidentified
Licensed by SCALA / Art Resource New York.
Figure 2.3 a, b

Verena Paepcke
Figure 3.1c, d, e, f, g, h; Figure 3.7b; Figure 3.8b; Figure 3.12a, c,
d, e, f, g, h, j, k, l; Figure 3.15a, b

The Ulmer Museum/HfG-Archiv Ulm, copyright holder, photographer
unidentified
Figure 9.1; Figure 9.3a, b; Figure 9.4a, b; Figure 9.5; Figure 9.8

Cover design

Peter Megert/Klaus Krippendorff

译后记

发现这本书，是2011年。当时我和清华大学美术学院蔡军教授一同应Craig Vogel教授的邀请，访问辛辛那提大学建筑-设计-艺术与规划学院，在该院图书馆中翻阅到此书。尽管该书是2006年出版的，我却如获至宝。克劳斯·克里彭多夫是产品语意学理论的代表人物，我在设计符号学的著述中多次提及；此书是在新时代、新语境下克里彭多夫对设计符号学最系统、最全面、最深入的解读。

本书原名《The Semantic Turn: A New Foundation for Design》。看到语意学转向，相信大家都会联想到20世纪哲学的"语言学转向"（the Linguistic Turn）。这是现代哲学的方法论转换，在这一转换过程中"语言"取得中心地位。因此，克里彭多夫的书名，其实远不止是对设计符号学的梳理、完善和解读，更为深刻的是，他揭示出正在进行中的设计方法论转换，而在这一转换中"意义"将取得中心地位。2015年，Ezio Manzini在《设计，在人人设计的时代，社会创新设计导论》中强调作为"解决问题和意义建构"，即是如此。

记得2004年去西安交通大学与李乐山教授交流，当时我介绍了产品语意学中的"语境"（Context）理论，李老师颇为赞赏，并指出从产品语意到介面语意的发展趋向。2011年与蔡军教授讨论产品语意学时，蔡老师也提出：产品语意学是从工业社会转向信息社会的先声，以诺基亚手机为代表的信息产品是从工业设计到信息设计的过渡形态。我深以为然。

从辛辛那提回到芝加哥后，我立即与中国建筑工业出版社联络引进版权事宜。诚然，这不是一本新书；建工社也很明白，这种纯理论的书绝对不是畅销书。但本着对我国设计理论界的一贯支持，中国建筑工业出版社还是毅然决然地引进了该书的版权。在此，我向当时协助的李晓陶编辑、孙炼编辑表示感谢，对中国建筑工业出版社表示由衷地感谢。

此书的翻译过程，可谓艰辛。中国建筑工业出版社决定引进版权后，我就开始琢磨翻译的事情。由于该书初版于2006年，我希望加快翻译，让中国读者能够早日看到这本书。于是联系了美国伊利诺伊理工大学设计学院毕业的两位硕士，高飞和黄小南。两位长期旅居国外，英语远优于我；我们都在ID学习工作过，设计观念和术语上容易达成共识；两人又有丰富的设计经验和研究经验。于是，翻译工作于2012年正式启动。

应该说，翻译此书需要极大的勇气。2005~2006年，我博士刚毕业，不知深浅，翻译了德国Birkhauser Bürdek教授的《产品设计：历史、理论与实务》（中国建筑工业出版社，2007年版），着实掉了一层皮。该书初译本略显粗糙，在2012年第二次印刷时，我已悄然进行了部分修订。而克里彭多夫的这本书，理论性更强、知识面更宽，翻译难度也更大。

2013年底，此书三人分头翻译的部分基本完成。在此，需要再次感谢高飞和黄小南，在辛苦的工作之余，挤出时间翻译此书。作为高校教师，我有责任去做一些新知识的引介和传播工作；作为设计符号学的研究人员，我也有义务推介该领域的新成果；但高飞和黄小南纯然地是为了引介新知识、传播新智慧，爱知者也。由于三个人分头同步翻译，文风和专业术语上不完全一致，于是2014年我开始统稿校对工作。大约2014年10月，一次在出差的火车上电脑出现故障，莫名地损失了文件，深度数据恢复也仅只找回数月前的一些碎片。已完成50%的统稿校对工作不得不推倒重来，几个假期一点一滴的积累灰飞烟灭。此事对我打击极大，统稿校对工作由此完全停滞。期间克里彭多夫曾发邮件问及翻译进度，我都无言以对。2015年获得了国家社科基金艺术学一般项目之后，我的心情才平复下来。于是，重启再出发。断断续续，直到2016年春节，才利用完整的假期，于2月10日完成统稿校对第一稿，2月底第二稿。应该说，本着对符号学的挚爱之情，本着对克里彭多夫的崇敬之意，本书的翻译和统校才得以完成。

至此，已距该书初版10年有余。那么，今天重读阅读十年前出版的著作，还有价值吗？或许很多读者会有此疑问，我想，答案毫无疑问地坚决肯定。

首先，暂不论此书内容如何，仅以克劳斯·克里彭多夫在产品语意学时代的先锋和权威地位，以设计符号学在设计理论史上的重要价值和作用，此书都应该成为设计理论研究者案头必备的经典读物。

其次，此书不仅是克里彭多夫对设计符号学理论的全面总结，更关键的是，他提出影响至今的设计方法论转向这一核心命题。

最重要的是，本书的核心价值在于：（1）理论价值：建构了全面、深入、完整的设计意义理论。尽管我自己也出版过几本关于设计符号学的著述，但多停留在符号学基本观念与方法在设计学中的应用探索阶段，所以我在几本书中无一敢以"设计符号学"命名。因为一旦称其为"学"，需要严谨的理论架构、完善的学理论证和成熟的知识系统。一方面，符号学自身译之为"学"其实都不够严谨，或许像现象学被称为"现象学运动"一样称之为"符号学运动"更为贴切。另一方面，设计学的核心和边界一直变动不居，两个动态开放的知识体系进行交叉融合因而更难界定。此外，符号学体系过于庞杂，个人仅只摸着一点皮毛，因此将拙著定义为《设计符号基础》，即，符号学基础理论在设计学中的应用。但是，阅读克里彭多夫的著作，全然没有符号学术语的困扰，而是将符号学的思想、理论和方法从骨子里融入设计，从意义出发，全面深入地研究了人为事物的使用意义、语言意义、生命意义、生态意义，构建了完整的设计语意学理论。（2）史料价值：从乌尔姆到信息时代的设计理论演进轨迹。克里彭多夫是乌尔姆设计学院的学生，从亲历者的视角，对比尔、本泽、马尔多纳多等学者的评述，有助于研究者更全面、更深入地理解乌尔姆；追溯比对克里彭多夫的理论研究，能够有效反映出全球设计语境的变迁轨迹。这或许可以成为一个难度极大却相当有趣的博士论文选题。（3）知识图谱：以UCD为核心的交叉学科知识导引。本书翻译的最大难点并不在于符号学，而是作者广博的知识体系，以UCD为圆心，涉及符号学、哲学、认知心理学等。这个UCD知识图谱展现的不仅是既有知识的跨学科运用，更多的是启迪未来。如"利益相关者"这个概念，现在已是服务设计理论的核心概念，但需要提醒读者，克里彭多夫在2006年出版的本书中已做充分论述。因此，作为全球设计理论学术史上的一个重要里程碑，我想，本书也会与维克多·帕帕奈克的《为真实的世界而设计》一样，常读常新。

此外，需要对本书中两个关键术语的翻译做出说明。

一是"语意"，而不是"语义"。

与设计符号学相关的主题词包括设计语言、设计符号、产品语意、形态语义、设计语义等，较不统一。

从中国知网上的检索情况来看：（1）以"设计语言"为题的论文最早可以追溯至1986年朱淳在《新美术》上发表的《现代建筑与现代设计语言》和1990年汤志坚在《中国电子学会生产技术学会计算机数控技术研讨会论文集》发表的论文《试论设计语言》。（2）与"产品语意"相关的文献，最早可以追溯至1992年汤志坚在《桂林电子工业学院学报》上发表的《操纵装置语意学设计研究》，而1995年刘观庆在《艺苑》上发表的《产品语意学初探》，则是国内首篇以"产品语意学"（Product Semantics）为题的论文。（3）1994年高飞、叶尚辉在《西安电子科技大学学报》上发表了《机械产品的语义造型》，1998年，刘子建在《西北轻工业学院学报》上发表《产品语言及其视觉语义性》，2002年彭亮、张响三在《家具与室内装饰》上发表的论文《论椅子与设计语义学》是首篇以"设计语义学"为题的论文，同年任立昭、何人可也在《广西工学院学报》上发表了《设计语义学探讨》，而2003年魏长增、张品在《包装工程》上发表的《工业设计与产品语义学》则是首篇以"产品语义学"为题的论文。因此，从文献的角度，"语意"和"语义"在设计界的初现较为接近，但还是"语意"略前。

从中文的文字表达来看，语义，指语素、词、词组、句子、句群、篇章这些语言单位本身所具有的意义，是客观现实在人们意识中的反映，它同语音形式结合后，就形成了语言单位，强调是其客观存在的意义，一般指向唯一。语意，指语言单位经人们用于口头、书面表达后，融进了使用者个人的主观思想后所表达的意思，强调的是言语的意思侧重使用者表达时的情感和主观想法，指向并不唯一，使用范围相对"语义"来说更为宽泛。因此，从词源的角度"语意"也比"语义"更为符合设计理论的实际指向。

从符号学理论的发展脉络来看，符号学的源头包括索绪尔的语言符号学（Semiology）和皮尔士的逻辑符号学（Semiotics）。从索绪尔衍生出列维·斯特劳斯、罗曼·雅克布森、格雷马斯、罗兰·巴特等符号学者的研究，以及哥本哈根语言学派、布拉格语言学派、巴黎符号学派等不同旁系。从皮尔士则拓展出莫里斯关于语法学、语意学、语用学的三分法，马克斯·本泽将符号学理论运用于设计学的探索，Nauta的"符号学立方"、罗纳德·斯坦珀的"符号学阶梯"等。尽管克里彭多夫在本书中已经模糊了Semiology和Semiotics的分野，而聚焦于"意义"这一符号学的核心，但就作者的经历和该书的背景看，更贴合Semiotics的脉络。毕竟，本泽的研究显然基于皮尔士理论；为克里彭多夫赢得学术声誉的产品语意学的理论源头显然也在皮尔士阵营。

因此，尽管很多译本都将"semantics"译为"语义学"，也作"语意学"，但我还是坚持"语意学"更佳。

二是"介面"，而不是"界面"。

interface design通常被译为界面设计，但我认为不妥。

从中国知网上检索到的文章来看，1988年黄顺珍在《深圳大学学报》上发表的《微机财务管理系统的结构、界面设计及核数技术》是最早出现"界面设计"的文章；1990年张卫国在《计算机工程》上发表的《人机界面及规范化人机界面设计方法》。但1998年《中文信息》上刊发Jakob Nielsen的《获得可用性的10条准则》，则译为"用户介面设计"。

从词源的角度，inter的意义是"之间"，interface的直译即面与面"之间"，而不是面与面的"分界"。从发生学的角度，interface design的话题是随着计算机技术的发展而逐渐进入设计学的视野，最初主要集中在人机交互领域（human computer interaction），表现形式主要是电脑屏幕中呈现的图标（icon），看上去属于视觉传达设计。隐藏在屏幕和视觉之后的，是信息结构和行为逻辑，对应的是信息架构和交互设计。如果将屏幕看作人与计算机的分界，译成界面也未尝不可。但关键在于，interface design的目的是为了交流与沟通，是为了消除人与计算机之间存在的隔阂和差异，这一点可以从近年来交互设计向自然交互、直觉交互的发展得到验证。在此意义上，interface是面与面之间的桥梁与中介，是不同的面进行沟通交流的媒介，因此interface design的实质性意义是介面设计，而不是对象化的界面设计。由此看来，interface design在本质上还是属于传达设计（communication design）范畴，但不是图形设计（graphic design）。当然，广义的介面包括硬介面（实体介质）和软介面（数字化介质）。放在人际交流的视角，硬介面如书信、便条、海报等，软介面如电子邮件、QQ、微信等；置于操作控制的视角，硬介面如物理按键、产品形态等，软介面如触摸屏上的图标等。

因此，本书中将"interface"一词译为"介面"，也希望大家在日后的研究与写作中，不要被"界面"的对象性所误导，用"介面"还原交互设计的真相。

本书的第1章、第2章、第4章、第6章和第9章由胡飞和USD联合实验室的研究生们共同翻译，第3章和第5章由高飞翻译，第7章和第8章由黄小南翻译。全书由胡飞统稿校对。

最后需要对中国建筑工业出版社的鼎力支持再次表示感谢，向本书的责任编辑陈仁杰表示感谢，向本书的合译者高飞、黄小南表示感谢，向参与本书翻译和校对工作的武汉理工大学USD联合实验室和广东工业大学USD联合实验室的研究生们表示感谢！

《设计：语意学转向》深刻揭示出设计已经从形式赋予转向意义赋予；设计创新，从意义出发！

感谢恩师柳冠中先生、何人可先生和张凌浩教授为本书撰写推荐，感谢辛向阳教授为本书作序。

辛向阳教授在序言中将赫斯特·里特尔（Horst Rittel）的"wicked problem"称为"诡异问题"。最初本书中我将其译为"棘手问题"，将"tame problem"译为"顺手问题"。为此，我还专门与辛老师电话沟通，他觉得"wicked problem"译为"棘手问题"或"诡异问题"都没有错误。

在《鱼价引爆经济学》中，译者将"wicked problem"译为"棘手问题"。所谓"棘手问题"是相对于"顺手问题"（tame problems）而言的。像国际象棋、博弈理论和猜谜游戏等属于相对的顺手问题，相对容易处理。而真实世界充满混乱，世情常常超出理性，世事循环往复而非直线，各种因素层层叠叠、相互影响，从而引发更大的混乱和出人意料的结果。

根据Horst Rittel和Melvin Webber的定义，"wicked problem"就是那种只有通过解决或部分解决才能被明确的问题（1973）。这个看似矛盾的定义其实是在暗示，必须首先把这个问题"解决"一遍以便能够明确地定义它，然后再次解决该问题，从而形成一个可行的方案。

塔库马大桥（Tacoma Narrows Bridge）的设计就是一个典型的"wicked problem"。轻型的桥塔、柔韧的桥面成为彼时悬索桥设计的时尚。建于华盛顿州的塔库马大桥的桥面只有常用悬索桥桥面高度的三分之一到四分之一。1940年11月7日，在风中振颤了几个月的塔库马大桥，在风力作用下，桥面扭曲变形过大，最终破坏倒塌。事发后，以著名空气动力学家冯·卡门（Von Karman）和一著名桥梁专家带领的调查委员会给出了一个不太确定的报告：塔库马大桥破坏可能是由于涡流风的随机运动引起的强迫振动导致的。从"wicked problem"的角度看，直到这座桥坍塌，工程师们才知道应该充分考虑空气动力学因素。只有通过建造这座大桥（即解决这个问题），他们才能学会从这一问题中应该额外考虑的环节，从而才能建造出到现在依然矗立不倒的另一座桥梁。

比较而言，"棘手问题"的译法更强调问题的复杂性特征，"诡异问题"则强调先给出解决方案才能进行再设计的"非正常性"。显然，后者更贴合设计学的语境。

　　之所以为这一组概念纠结了数日，不仅是因为这组概念涉及设计学的核心问题，更是因为我不希望再出现"语意"与"语义"、"介面"与"界面"此类的模糊不清，甚至误读的问题。因此将本书中的"wicked problem"统一译为"诡异问题"，对应的将"tame problem"译为"正常问题"。

　　此外，这也说明本书涉及了大量设计学的核心理论和关键问题，希望读者尤其是设计学的研究生和研究者们细细品读。同时，心中暗暗涌起淡淡的恐慌。如有翻译不当之处，欢迎读者指出并来信告知。

胡飞

2016年11月11日

于广州小谷围

　　能有机会为中国关心和从事设计的读者带来一本含金量很高的设计专业书籍，我感到十分荣幸。翻译过程中对作者和本书的一些背景性的了解希望能跟大家分享，可能会对读者有一些帮助。作者克劳斯·克里彭多夫是出生于德国的一位国际知名的设计学学者、教授。由于作者深厚的学术背景和德语为母语的语言背景，本书的语言精确严谨有余，浅显易懂不足。所以在翻译本书的过程中，我在尽量保持作者语言风格原貌的原则下，对有些语言进行了微调，以便大家阅读得更加顺畅。

　　如果您拜读过唐纳德·诺曼所著的设计方面的书，您可能会觉得诺曼先生的著作更通俗易懂，本书稍显生硬、晦涩。希望大家了解，本书毕竟是一本重量级的学术著作，而不是诺曼先生所追求的通俗畅销书。重要的是，本书的英语和日语两个版本在出版之后已经被很多设计教授和学生列为必读书目之一。作者在本书中旁征博引，把现有的理论进行了总结和回顾，把以用户为中心的设计理论从多方面进行了梳理，给出了理论的框架，并配以实用的例子。本书不但对传统的工业设计有相当的指导意义，而且对新兴的用户介面设计具有非常高的可适性。不论您是学生、专业设计师，还是学术界的学者，都希望您能从本书中得到理论上的帮助和实践上的启发。

高飞

2016年10月

于芝加哥

　　《设计：语意学转向》是作者十年前撰写的，但在今天这个"互联网思维"盛行、全民创新的年代，书里的内容不但不过时，反而给我更加深刻的启示。克里彭多夫不单单把用户放在设计的中心，他提出：一件产品对不同的人来说，在不同的使用环境下，不同的使用时刻都有不同的意义。他在书中指出如何系统地理解产品对利益相关者的意义，例如，产品购买者、使用者、重复利用者、社群等相关人士。这样，我们在做产品开发的时候，不仅仅从"以用户为中心"着眼，更能够看到产品对整个生态系统的影响，才能够设计出对用户和对社会有价值的产品。

黄小南

2016年9月

于北京

译者简介

胡飞（1977—），男，湖北武汉人，博士，教授，教育部"长江学者奖励计划"青年学者，广东工业大学艺术与设计学院常务副院长。兼任中国体验设计发展研究中心主任、"广东省体验设计集成创新科研团队"带头人、广东省可持续设计创新工程技术研究中心主任、广东省引进"工业设计集成创新科研团队"核心成员。

毕业于清华大学美术学院，师从柳冠中先生。美国伊利诺伊理工大学访问学者，合作教授Keiichi Sato。广东工业大学机械工程博士后，合作教授陈新。

长期致力于以用户为中心的创新研究与实践。主持国家级、省部级课题10余项，出版著述11部，发表论文50余篇，主持和参与科研项目经费累计逾3000万元。

邮箱：philhu2002@hotmail.com

高飞（1982—），男，北京人，双硕士，美国庄臣公司首席设计师。本科毕业于清华大学车辆工程系车身设计专业，美国伊利诺伊理工大学设计学和工商管理学双硕士。曾任第一代上海大众朗逸外造型主设计师。

邮箱：feigaodesign@gmail.com

黄小南（1984—），女，福建福州人，硕士，用户研究员和设计理论研究员。本科毕业于新加坡国立大学，美国伊利诺伊理工大学设计学硕士。曾于华硕、庄臣及诺基亚等公司从事设计和用户研究工作。

邮箱：xiaonansomia@sina.com